国家自然科学基金面上项目　No：51878286
国家自然科学基金青年科学基金项目　No：50908087

亚热带郊野公园气候适应性设计

Climate-Adaptive Design of the Country Park in Subtropical Area

方小山　著

中国建筑工业出版社

图书在版编目（CIP）数据

亚热带郊野公园气候适应性设计 / 方小山著. —北京：中国建筑工业出版社，2019.9

ISBN 978-7-112-24113-2

Ⅰ.①亚… Ⅱ.①方… Ⅲ.①亚热带—郊区—公园—气候环境—舒适性—园林设计 Ⅳ.① TU986.5

中国版本图书馆CIP数据核字（2019）第185884号

本书主要是对亚热带湿热地区郊野公园室外环境微气候的热舒适性进行研究，并在现场实测、软件模拟、项目实践、使用后评价等基础上尝试总结提出亚热带湿热地区郊野公园气候适应性规划设计策略，本书重点论述以下四项内容：亚热带湿热地区郊野公园典型案例调研与热环境实测研究；亚热带湿热地区郊野公园室外环境热舒适阈值初步研究；基于 ENVI-met 软件的郊野公园景观设计因子对室外热环境影响的模拟研究；基于气候适应性的亚热带湿热地区郊野公园规划设计策略的提出及景观案例实践的总结反思。本书适合风景园林、城乡规划、建筑学、环境艺术等专业科教人员、学生及从业者阅读，可作为高等院校相关专业的教学参考书，以及作为郊野公园爱好者、管理建设者、游客大众的科普读物。

责任编辑：程素荣　孙　硕
责任校对：芦欣甜

亚热带郊野公园气候适应性设计
方小山　著
*
中国建筑工业出版社出版、发行（北京海淀三里河路9号）
各地新华书店、建筑书店经销
北京点击世代文化传媒有限公司制版
北京中科印刷有限公司印刷
*
开本：787×1092毫米　1/16　印张：12½　字数：328千字
2019年8月第一版　2019年8月第一次印刷
定价：138.00元
ISBN 978-7-112-24113-2
（34625）

序 言

我国东南沿海大部分地区为亚热带湿热气候区，这些地区城市化进程迅猛。由于在城市化进程中，未能做好科学的规划，致使摊大饼等现象多有发生，使得城市生态失衡、微气候恶化等问题较为严重。同时，随着经济与生活水平的提高，人们对生活环境品质的要求也越来越高。面对严峻的生态环境形势与气候变化影响，在健康中国和生态文明战略思想背景下，如何传承传统智慧、应对气候挑战、营造地域景观、创建宜居环境，是建筑学、城乡规划学与风景园林学等学科的重要职责与使命，也是我国城乡建设的重要议题。以改善城乡人居环境、创造宜人微气候、应对全球气候变化为主要目的的气候适应性研究，已成为当前国内外风景园林学科前沿领域的研究热点问题。

本书基于亚热带湿热地区郊野公园气候适应性设计研究，创新性地提出了园林环境微气候研究的思路与方法，在现场实测、软件模拟、项目实践、使用后评价等工作的基础上，阐述了亚热带湿热地区郊野公园室外热环境特点，并首次提出其热舒适 SET 阈值。本书还总结了亚热带湿热地区郊野公园气候适应性规划设计策略，结合案例实证，进而提出基于热舒适预判的设计优化建议与应用方法。该研究从学科交叉的角度出发，立足于对郊野公园微气候条件的科学解析，采用多种环境信息收集与分析手段，为郊野公园研究提供了新的视角，为郊野公园规划设计提供基础依据。该研究成果是对亚热带湿热地区气候适应性设计理论的重要补充，可指导亚热带湿热地区郊野公园的规划设计。其研究思路、方法与成果，为岭南园林、湿地公园气候适应性设计方面的后续研究作出开拓性探索，提供了有益的参考。

本书作者方小山博士学习成长于华南理工大学建筑学院。她于 2002 年硕士毕业后留校至今，在我院风景园林专业（原景观建筑专业）任教达 16 年之久。她先后在华南理工大学建筑学院获得建筑学学士学位、城市规划专业硕士学位及建筑技术科学专业博士学位，并被公派到伦敦大学学院 UCL 巴特莱特学院访学。求学过程中学科的交叉使其知识结构更加完整，学术视野更为广阔，为其日后的科研工作奠定了更为坚实的理论基础。综合性、交叉性与跨界协同，正是风景园林学科的本质特点与发展需求。此外，方小山早年已考取了国家一级注册建筑师和注册城市规划师执业资格。十余年来，她结合风景园林规划设计实践，实证研究气候适应性设计的技术与方法，尝试营造高品质的园林空间。方小山近年获得中国风景园林学会“优秀风景园林规划设计”等奖项，是对其多年来探索与努力的肯定。

方小山为人谦和，尊师重道，勤勉认真，实事求是，具有锲而不舍的钻研精神。她在国家自然科学基金委及亚热带建筑科学国家重点实验室的支持下，长期关注亚热带湿热地区气候适应性设计研究，取得了不少成果。本书是其博士论文的深化。欣闻方小山老师的研究成果即将付梓，应允为序，以勉励其不畏困阻、继续探索前行。

吴硕贤

中国科学院院士

华南理工大学建筑学院教授

2019 年盛夏

前言

人类在对自然界认识的初期就建立了“气候”的概念。中国古代以5日为候，3候为气，1年分为72候、24节气，合称“气候”。“气候”的英文（Climate）源于希腊语“Klima”，是指地球相对于太阳的倾角，由于太阳角度（纬度）与地理条件的差异，全球形成不同的气候带。“适应”的英文（Adapt）来源于拉丁文，原意是调整、改变。本书特指对气候的适应。适应性设计强调的是当外部条件变化时系统的自我反馈、自我调节和自我修复的能力。气候适应性设计是指在设计中充分利用气候资源、发挥气候的有利作用、避免气候的不利影响，达到不用或少用人工机械设备创造健康舒适环境的目的，最终实现减少不可再生资源消耗和保护生态环境的目标。在景观环境中，无论从景观效果需求还是从客观条件限制，以及节能设计的角度，使用人工机械设备进行微气候改善的可能性很小，因此，气候适应性设计在景观设计中显得尤为重要。

我国东南沿海大部分地区为亚热带湿热气候区。这些地区城市化进程迅猛，使得城市生态失衡、微气候恶化等现象越来越严重。同时，随着社会经济的快速发展，人们内心对亲近大自然的渴望愈发强烈。郊野公园的出现和发展是社会进步、城市发展和人们精神文化生活水平提高的必然产物。它不仅促进了人们的身心健康，而且在保育生态环境、涵养水源、保护自然景观、调节城市微气候等方面起到了重要作用。笔者在郊野公园的设计实践中发现，当前的理论研究和实践总结，对郊野公园游客活动区微气候热舒适性设计缺乏必要的关注。首先，缺乏郊野公园室外热环境的气象数据统计资料，因此无法得知郊野公园室外热环境的大致情况及其变化规律。其次，现实情况很不理想。结合本人对珠江三角洲地区郊野公园典型案例的实地微气候测量，发现在没有作遮阳隔热设计的区域，其室外气温最高值比当地气象站公布的还要高，而经人工处理后的不透水地面则使微气候环境更为恶劣。由于缺乏对郊野公园热环境的关注，没有对影响该热环境的相关设计因子进行总结，因此设计师无法在设计中通过对相关因子的有效控制来营造较为舒适的室外热环境。同时，郊野公园作为城市郊区的外部公共开放空间，是供人们郊游休憩的活动场所。受客观条件制约，不太可能通过空调等设备方式去提高其热环境的舒适性。所以，结合地域气候的规划设计手法对营造舒适的室外游憩环境尤为重要。

本书结合笔者在实践中营造热舒适室外环境的思考，对亚热带湿热地区郊野公园外部空间微气候的热舒适性进行研究，提出了“认知客观条件→探寻设计目标→设定导控指标→提出设计策略”的室外热舒适设计研究思路，并在现场实测、软件模拟、项目实践、使用后评价等基础上，尝试总结提出亚热带湿热地区郊野公园气候适应性规划设计策略与技术要点，重点进行了以下四项工作：

（1）亚热带湿热地区郊野公园典型案例热环境实测研究，总结郊野公园游客活动区春、夏、秋三季室外微气候的主要特征及景观设计因子对郊野公园室外热环境的影响。

（2）亚热带湿热地区郊野公园室外环境热舒适SET阈值研究，并对人工环境与自然环境下的热舒适阈值进行对比探讨。

（3）基于ENVI-met软件的郊野公园景观设计因子对室外热环境影响的模拟研究，结合室外环境热舒适SET目标阈值，提出相关景观设计因子的关键导控指标。

（4）提出亚热带湿热地区郊野公园气候适应性规划设计策略与技术要点，同时，结合实证研究，提出基于热舒适模拟的“设计预判→设计优化”思路与应用方法。

本研究成果可指导亚热带湿热地区郊野公园的规划设计，是对亚热带湿热地区气候适应性设计理论的重要补充，是相关设计导则编制的核心内容。本书最突出的贡献是：以郊野公园气候适应性设计策略研究为例，提出并验证了室外热舒适设计研究的思路与方法，为后续的气候适应性相关研究奠定了基础。由于气候适应性设计的研究既包含古人传统智慧，也面向未来变化发展，本书虽逾十载而成，但仍有许多有待提升之处，敬请各位读者不吝指正！

回想我和先生宋振宇合著发表《气候启发形式》一文开始，不知不觉中对气候适应性设计的关注与探索已经十七年有余。本书是此漫漫研究历程中的阶段性成果。如今笔者与课题组同仁，有幸获得国家自然科学基金的继续资助，正在开展“岭南园林气候适应性设计策略与关键技术”的相关研究。路漫漫其修远兮，吾将上下而求索！

方小山

2019 年 07 月　写于华桂园

目 录

第1章 绪论

1.1 研究背景

我国东南沿海大部分地区为亚热带湿热气候区，这些地区城市化进程迅猛，使得城市生态失衡、微气候恶化等现象越来越严重。同时，随着社会经济的快速发展，人们内心对亲近大自然的渴望愈发强烈。郊野公园的出现和发展是社会进步、城市发展以及人们精神文化生活水平提高的必然产物，它不仅促进了人们的身心健康，同时也在保育生态环境、涵养水源、保护自然景观、调节城市微气候等方面起到了重要作用。例如，香港的郊野公园建设，造福社会，取得了很好的效果。在地少人多的情况下，保护了全港约 3/4 的生态环境，同时成为很受欢迎的游憩休闲空间。近 20 年来，每年香港郊野公园的游客数目均达到 1000 万人次以上，而且每年游客数量稳步上升，到 2008 年已经超过 1250 万人次。我国郊野公园的建设将有利于构建和谐社会，推进生态文明建设，促进区域环境的可持续发展；这也是建设美丽中国、创建生态城市、营造宜居环境的时代要求。

（1）我国郊野公园的发展建设现状及存在问题

在全球生态日益恶化的大背景下，郊野公园作为城市重要的公共绿地与开放空间，是城市生态系统中的重要节点，在缓解城市生态矛盾及调节环境热舒适性方面起着重要作用。笔者对珠江三角洲地区郊野公园的实地调研中，看到香港郊野公园的规划与建设能有效遏制城市摊大饼式的发展，有利于营建宜居山水城市（图 1-1）。2008 年，第五届中国城市森林论坛——《广州宣言》提出让“森林走进城市，让城市拥抱森林”的共识[1]。对于亚热带城市密集地区，如珠江三角洲地区，郊野公园的选址布局及建设将对城市的用地规划布局、城市病的缓解（如城市热岛、干岛、雾岛效应）、城市微气候的调节、城市生态环境的平衡等方面有重要的影响和起

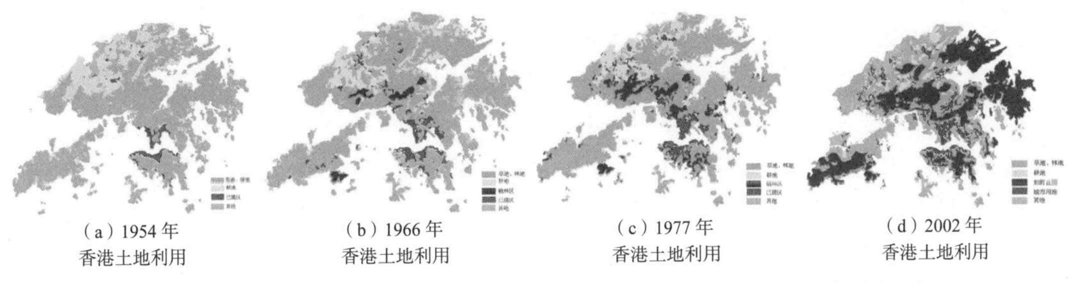

（a）1954 年 香港土地利用　（b）1966 年 香港土地利用　（c）1977 年 香港土地利用　（d）2002 年 香港土地利用

图 1-1　香港郊野公园选址布局与城市发展的互动关系示意（图中红色代表建成区）

着互动作用。如何营造受大众欢迎的舒适的郊野游玩场所具有迫切的现实意义与理论意义。

随着社会需求的不断扩大以及政府相关决策部门的日益重视，我国郊野公园的建设数量在逐渐增加，已经开始进入快速发展期。据资料调研，目前香港已划定23个郊野公园[2]；根据《深圳市绿地系统规划》，深圳规划建设21个郊野公园[3]；从2008开始，按北京市总体规划，北京市启动绿化隔离地区“郊野公园环”建设，完成环城郊野公园绿地建设10处，总面积将达到666.7公顷[4]，近年将筹建郊野公园合计60座；南京规划了46个郊野公园，并将随着南京新一轮城市总体规划修编写入南京市绿地系统规划之中[5]。2012年12月，上海市完成《上海市郊野公园概念规划》及近期建设试点方案，上海郊区将布局建设21处郊野公园，总面积约400平方公里；并选取5个郊野公园作为近期建设试点。昆明、成都、天津、漳州等城市都掀起了郊野公园的建设热潮[6]。

与此同时，郊野公园在建设发展中存在的一些问题亟须关注，如：对郊野公园的建设缺乏科学认识，郊野公园发展定位不清晰；郊野公园旅游资源潜力尚未充分挖掘，缺乏特色；郊野公园旅游环境日益恶化，园区内安全隐患较大；郊野公园内配套设施不完善；开山采石、房地产开发等潜在的威胁和破坏。并且，郊野公园规划设计方面的理论研究相对滞后，系统性的研究较为缺乏，关注亚热带湿热地区郊野公园地域特色的研究更为鲜见。许多学者也在相关论著中呼吁：关于郊野公园规划设计的系统理论研究及建设管理亟待加强[7]。本书是对亚热带湿热地区郊野公园规划设计理论研究的重要补充。

（2）全球城市热环境恶化与极端天气的频繁出现

地球变暖已成为全球性环境问题。根据政府气候变化专门委员会“气候变化2007综合报告”显示：近50年（1956 ~ 2005年）的线性变暖趋势几乎是近100年（1906 ~ 2005年）的两倍[8]。亚热带地区湿热多雨，在夏季多台风与瞬时暴雨；并且近年极端天气频繁出现，出现频率及强度均有所增加，例如2014年5月22日夜间到23日白天，广州市从化、增城大部分地区遭遇特大暴雨，日降雨量均超当地1950年以来的历史纪录；据统计，从5月22日0时到24日0时48小时内，从平均降雨量为238毫米，增成平均降雨量为201毫米，其中增城派潭站达521毫米，增城拖罗水库达507毫米[9]。2015年10月3日，台风“彩虹”登陆广东湛江，最大风力15级（50米/秒）；10月4日下午，龙卷风的袭击对广东多个地方造成破坏；据监测，10月3日14时至5日17时，过程雨量大于300毫米的站点有106个，其中阳江阳春市三甲镇山口站655.5毫米，阳江阳春市永宁镇硖石站599.5毫米，茂名信宜市新宝镇上峰站514.0毫米，阳江阳春市三甲镇山坪圩长沙街站508.0毫米；同时，台风“彩虹”中心进入广西地区时，中心附近最大风力有13级（38米/秒，台风级），是1949年以来10月份进入广西地区的最强台风。2017年8月台风“天鸽”猛扑广东，监测显示，珠海12点10 ~ 15分之间观测到51.9米/秒（16级）的瞬时大风，打破当地风速纪录（原纪录为1993年9月17日44.6米/秒）。2018年9月16日17时，强台风“山竹”在江门台山登陆，中心最低气压约955百帕，最大风力14级（45米/秒），是有可靠气象纪录以来登陆广东的环流最大台风，也是1979年荷贝台风以来对珠三角整体影响最大的台风。据广东省气候中心统计数据表明，2018年9月的“山竹”是1949年以来登陆珠三角的第二强台风（仅次于“天鸽”），登陆时中心附近最大风力仅次于“天鸽”，但是大风影响范围、大风持续时间远远超过“天鸽”，“山竹”创造了广东台风史上新纪录，是真正的“风王”。因此可见，近年极端天气事件的级别在不断上升，挑战着人类的生存底线。

除了自然气候的挑战，人类的建设活动对自身的生存环境也带来了很大影响。目前，城市的高速与高密度发展导致室外环境恶化，并造成恶性循环[8]。预计2020年，我国城镇化率将达到50%～55%，到2050年可能达到60%～70%。但近年来，我国室外热环境质量的总体水平却在逐年下降，以新开发的居住区为例，“通过实测湿球黑球温度（WBGT）指标显示，超过国际标准ISO7243规定的热安全域值（WBGT32℃）的居住区数量，占到了城市居住区开发总项目的65%，超过热舒适域值（WBGT28℃）的数量占到78%”[10]。其中，问题最为严重的区域是位于我国长江流域及其以南的“湿热地区”。全球气候的变化已经引起从政府到民间众多专家学者、团体组织的关注，2014年中欧社会论坛第四届大会的主题就是“应对气候变化，反思发展模式，共建公民伦理”，探讨应对全球气候变化的全民共识与相应措施。

（3）郊野公园规划设计理论中对气候适应性设计缺乏必要关注

根据笔者近年对相关文献的调研，发现在郊野公园规划设计理论研究中对气候适应性设计方面的关注较为欠缺。首先是没有针对郊野公园室外热环境的气象数据统计资料，因此无法得知郊野公园室外热环境的大致情况及其变化规律；再次是由于缺乏对郊野公园热环境的关注，因此没有对影响该热环境的相关设计因子进行总结，因此设计人员也无法在设计中通过对相关因子的有效控制来营造较为舒适的室外热环境。通过对珠江三角洲地区郊野公园典型案例的实地微气候测量，发现在没有作遮阳隔热设计的区域，其室外干球温度最高值比当地气象站公布的还要高，而人工处理后的不透水地面（如水泥地面）则使微气候环境更为恶劣（详见第2章郊野公园实测分析部分）；同时，郊野公园作为城市郊区的外部公共开放空间，是提供给人们郊游休憩的活动场所，在这里受客观条件制约，不太可能通过空调等设备方式去提高热环境的舒适性，因此，结合地域气候的规划设计手法对营造舒适的游憩环境更为重要，基于地域气候条件、创造室外热舒适环境的研究迫在眉睫。

笔者曾负责过广东天鹿湖森林（郊野）公园总体规划优化及入口区景观设计等项目，尝试对相关设计因子进行导控以优化场地的微气候环境，笔者在设计实践探索中的思考引发本书对气候适应性设计策略的研究。

（4）热舒适研究领域与规划设计领域的衔接桥梁亟需有效搭建

研究界对城市热环境的研究已经超过190年，关于这方面的研究大致可分为城市大气候研究和城市微气候研究两大类[11]。近年来，这些研究不再局限于对温度、湿度、太阳辐射和风速等常规气象参数的观测，还拓展到了热舒适、污染物扩散和建筑外饰面材料等其他领域；并且，研究设备和技术条件得益于科学技术的进步，研究的成果取得较大的发展。但“气候科研人员所提供的观测数据基本上不能影响到城市规划的具体方案，而且这些数据在多数时候也不能满足规划师和建筑师的要求”[12]，原因就是热舒适研究领域与规划设计领域的衔接桥梁未能有效搭建。在热舒适研究领域的成果亟需转化为可直接指导及运用于规划设计的指引或建议。本研究尝试在对亚热带湿热地区郊野公园室外环境热舒适研究的基础上，探索其游客活动区热舒适关键设计因子的导控指标，寻求可直接指导规划设计的相关设计策略与要点。

1.2 研究目的与意义

（1）研究目的

本书内容主要是对亚热带湿热地区郊野公园室外环境微气候的热舒适性优化设计进行研

究。微气候（Microclimate）有别于大气候（Macroclimate），是指靠近地被、动植物赖以生存的气候环境。在这个环境中，下垫面的不同性质都会对环境温度、湿度、风速、辐射热等热环境指标产生较大影响，并决定环境的热舒适程度。本书研究的目的是在满足人的使用需求与舒适性要求的前提下，通过现场实测、软件模拟、项目实践、使用后评价等环节，分析亚热带湿热地区郊野公园微气候的变化规律及其相关设计因子，并以亚热带湿热地区郊野公园室外环境的热舒适指标阈值为目标导向，探寻相关因子的量化导控指标，建构气候适应性规划设计策略。本研究将室外热舒适研究与规划设计研究进行有效链接，该成果为亚热带郊野公园规划设计提供具有参考性的指导，是对郊野公园规划设计理论与方法的补充完善，并为建构基于气候适应性的亚热带郊野公园规划设计导则奠定基础。

（2）研究意义

1）对郊野公园规划设计理论研究的补充与拓展

本研究重点关注亚热带郊野公园规划设计策略的气候适应性、环境适宜性、地域代表性，定性分析与定量分析相结合，实现理论研究的跨学科交叉合作与交流，为相关研究提供了一个新的视角。亚热带郊野公园气候适应性规划设计策略的提出有助于缓解目前郊野公园规划设计理论研究滞后于建设发展的局面，是对郊野公园规划设计理论的重要拓展与补充，该成果对郊野公园规划设计具有重要的指导作用，对亚热带郊野环境的景观优化与规划设计也具有一定的参考作用。

2）对亚热带城市室外热环境研究的发展补充

目前，对亚热带城市室外热环境的相关研究已取得较多的成果，其中以亚热带建筑科学国家重点实验室中建筑热环境与建筑节能子实验室的成果较为突出。本研究是在该实验室的平台上对郊野公园室外环境的热舒适性进行相关研究，并尝试提出亚热带湿热地区郊野公园春夏秋三季的室外热舒适阈值，该成果是对目前相关研究的补充与发展。

3）对亚热带地区气候适应性设计理论研究的补充

亚热带湿热地区的气候对植被类型、建筑物的形式以及室外空间的形态都有本质的影响，因此这些特征也将综合反映在该地区郊野公园的空间形态与相关要素上。本研究以亚热带湿热地区的郊野公园为研究对象，重点关注以热舒适为导向的规划设计策略，是对亚热带地区气候适应性设计理论的补充。

4）对模拟软件 ENVI-met 应用研究的补充

德国的 ENVI-met 城市小尺度三维气候模拟软件被认为是目前室外热环境科研领域研究最好的流体力学模拟软件[12]，主要始于中高纬度寒冷地区的应用。目前，研究界正从理论以及现场实测两个方面对其进行系统的校验，对其边界条件值的设定进行探索，并且对软件自带的各条件要素进行分析，从而探讨该软件是否能够直接应用于其他温度带地区的研究。

华南理工大学建筑节能中心在近年的课题研究中逐步探索 ENVI-met 软件在亚热带地区室外热环境模拟研究中的运用，并取得较为可喜的成果[12]，本研究正是在这个基础上进行的。本书结合亚热带湿热地区郊野公园室外环境热舒适的研究，运用德国的 ENVI-met 城市小尺度三维气候模拟软件对郊野公园室外环境进行微气候数据模拟。通过模拟数据与实测数据进行对比分析，校验该软件在亚热带湿热地区郊野公园室外热环境模拟研究中的应用。同时，本书提出了基于 ENVI-met 模拟软件辅助设计、优化方案的思路和方法。

1.3 研究对象与范围

本书结合亚热带湿热地区的特定区位及气候条件，从地域特色形成与挖掘的角度对郊野公园规划设计的气候适应性理论进行研究，提出从规划设计上应对湿热气候的研究思路和方法。由于受篇幅所限，本书重点探讨在湿热气候条件下，从优化郊野公园游客热舒适体验的角度，有哪些应对的设计策略与技术。

（1）研究对象

本书研究的对象是郊野公园。郊野公园的概念最早出现在英国，其建设及运营在英国发展得较为完善。国外对郊野公园的定义有不同的提法。较普遍采用的是英国对郊野公园的定义："A country park is an area designated for people to visit and enjoy recreation in a countryside environment" [13]。在《旅游与游憩规划设计手册》（中译本）中对郊野公园的定义是："在城市边缘区，土地比较便宜和容易获得的地区" [13]。据统计，在英国国土范围内，有大约六成郊野公园分布于城市边缘地区；约四成深入英国郊外农村腹地，仅有约 1% 位于内城及工业用地。[14] 据资料显示，65% 的郊野公园与英国一般大城镇相距大概有几英里的路程 [14]。由此可见，超过一半的郊野公园在城市边缘区（图 1-2）。因此，在区位特点上，郊野公园与城市公园和森林公园及自然风景区有很大区别（图 1-3）。

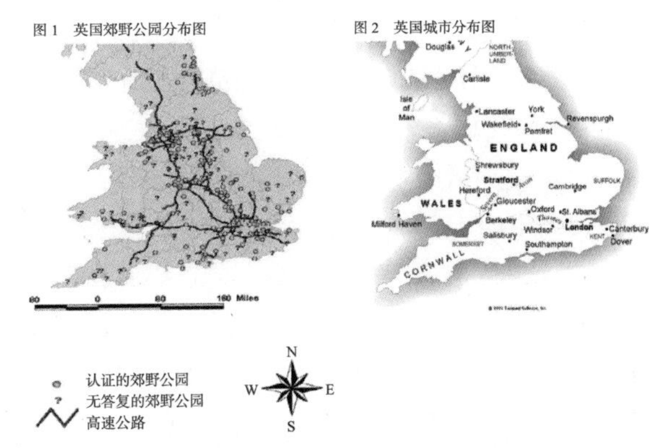

图 1-2 英国郊野公园及城市分布图 [15]
（图片来源：笔者翻译图例）

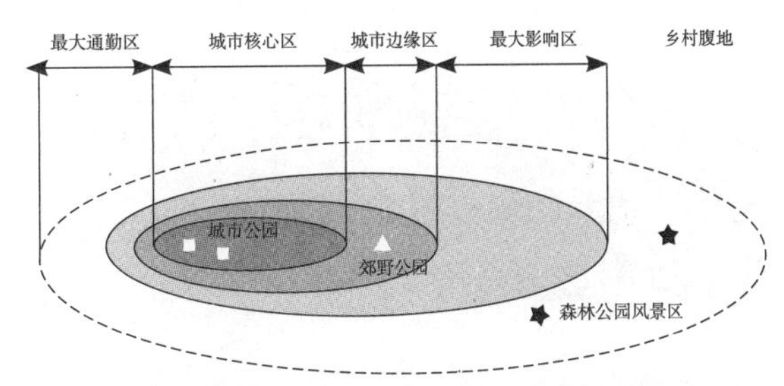

图 1-3 洛丝乌姆（L·H·Russwurm）城乡交错带理论 [16]

近年来，我国对郊野公园的理论研究与实践建设成果陆续可见。目前，香港是国内建立郊野公园最成功的城市。在香港的《郊野公园条例》中并没有郊野公园明确的定义；而在《港澳大百科全书》（1993 年出版）中对郊野公园的定义是："一般系指远离市中心区的郊野山林绿化地带，开辟郊野公园之目的是为广大市民提供一个回归和欣赏大自然的广阔天地和游玩的好去处" [17]。在《城市绿地分类标准》（CJJ/T85-2002）中，郊野公园的定义是指："城市建设用地以外，位于城市郊区，以自然景观为主体，或经一定时间的生态保护、恢复后，具有良好自然生态环境，经科学保育和适度开发，为人们提供郊外休闲、游憩、自然科普教育的公众开放性公园" [18]。

据调研，英国 65% 的郊野公园位于城市边缘，同时大部分郊野公园位于交通主干道和高速公路附近；根据《郊野公园评审手册》（Country Park Accreditation Handbook），英国郊野公园一般建议选址于距离居民聚居区 10 英里的地方。国内有学者认为，郊野公园在利用现代交通工具的条件下一般两个小时之内到达比较适宜 [19]。

由此可见，各种对郊野公园的相关界定主要包括了区位、交通、功能、景观特质等四个方面：①区位：一般位于远离市中心区的城市边缘地带；②交通：广大市民借助公共交通或私人交通工具在两个小时之内到达比较适宜；③功能：给公众参观、游憩、回归大自然的公园，同时具有生态保育功能；④景观特质：结合设计的郊野山林、乡村景观、自然绿化等。基于以上相关研究，本研究将郊野公园这一研究对象的范围界定为已被各城市认定的郊野公园，以及尚未被正式认定、但在区位、交通、功能、景观特质等四个方面具备着郊野公园相近特征与作用的郊野游憩区域。

（2）研究的地域范围

本书研究的地域范围是以珠江三角洲地区为代表的亚热带湿热地区。地域气候对植被类型、动植物群落、建筑物形式以及室外空间形态都有本质的影响，不同的地域气候会形成不同的环境景观特征，而这些特征也反映在该地区郊野公园的空间形态与相关要素上。例如，英国的郊野公园受温带海洋性气候影响，其景观特质明显区别于本书所研究的位于亚热带湿热地区的郊野公园（图 1-4、图 1-5）。因此，应对不同气候条件下的设计策略与技术也需因地制宜，有所不同。

1）亚热带季风性湿润气候区

亚热带（Subtropics），又称副热带，是地球上的一种气候地带。一般亚热带位于温带与热带之间的地区（大致 23.5° N ~ 40° N、23.5° S ~ 40° S 附近）。亚热带的气候特点是夏热冬暖（微寒），最冷月均温在 0 摄氏度以上 [20]。根据世界气候分布图 [21]，珠江三角洲地区是位于亚热带季风性湿润气候区之中，而海南岛则属于热带季风气候。

图 1-4　英国 Lullingstone 郊野公园

图 1-5　广东深圳马峦山郊野公园

湿热气候即温热、潮湿气候。湿热气候区的气候特点是雨量大、温湿度高、日照强烈、雷电迅猛。英国人斯欧克莱（Szokolay）的气候分类方法按照空气温度、湿度以及辐射状况，将全球气候分为四种类型——干热气候、湿热气候、温和气候及寒冷气候，按此分类地球上的地域可大致分为相应四个区：干热气候区、湿热气候区、温和气候区和寒冷气候区。湿热气候区位于赤道及赤道附近，包括我国长江中下游及其以南地区、东南亚、太平洋诸岛、澳大利亚北部、美国中南部和加勒比地区以及北非等大片地带 [22]。

有学者认为，“我国‘湿热地区’在地理上属于亚热带地区和边缘热带地区，占据 27% 的国土面积，涉及渝、粤、闽、湘、鄂、江、浙、皖以及四川盆地和黔贵部分地区等共 21 个省、直辖市、自治区。这一地区，拥有珠江三角洲和长江三角洲两大经济发达区域，生活在该地区的人口数量高达 7 亿之多，国内生产总值占全国的比例高达 65.4%，是一个人口密集、经济相对发达、城市化进程发展迅速的地区，热岛效应十分普遍”。[10]

2）夏热冬暖地区

我国《民用建筑设计通则》（GB50352-2005）将中国划分为了7个主气候区、20个子气候区，根据各个子气候区气候特点对建筑设计提出了不同的要求。[23、24] 在中国建筑气候区划图（GB50178-93）[25] 中可知，我国的夏热冬暖地区包括了广东、广西、海南、香港、澳门、台湾、福建南部等区域。全国建筑热工设计分区（GB50176-93）基本也和中国建筑气候区划图一致。

3）亚热带湿热地区

笔者将亚热带季风性湿润气候区与夏热冬暖地区的分布图进行图层叠加，两者重叠的部分将是本研究的地域范围，这里包括夏热冬暖地区的大部分，但不包括海南省、雷州半岛和台湾的南部。

本书重点探讨以珠江三角洲为代表的亚热带湿热地区，这些地区的气候特征如下：①气温高且持续时间长。一般日间温度在32℃以上，年平均温度24℃ ~ 30℃ [26]；7月份平均气温为26℃ ~ 30℃，平均最高气温为30℃ ~ 38℃；日平均气温≥ 25℃的天数，每年约有100d ~ 200d[22]。②相对湿度大，年降水量多。相对湿度75%以上，最热月的相对湿度为80% ~ 90%。年降雨量在2500mm以上。很多地区常发生台风、暴雨，在短期内降雨可达100mm/h，且往往发生暴风30m/s[26]。③太阳辐射强度较大。水平辐射强度最高约为930W/m^2 ~ 1045W/m^2[22]。④四季变化较为明显，季候风旺盛，主导风为东南风和南风。风速不很大，平均在1.5m/s ~ 3.7m/s之间 [22]。

笔者对珠江三角洲地区的各个主要城市，包括广州、深圳、佛山、珠海、中山、东莞等城市的郊野公园建设发展状况进行了大量的资料调研、实地考察和专题访谈。通过近五年的调研工作，笔者目前大致了解珠江三角洲地区各主要城市郊野公园的建设发展现状，并获取了丰富的一手资料；同时，以相关课题为依托的珠江三角洲地区郊野公园数据库也已初步建设。（图1-6）

图1–6 珠江三角洲地区郊野公园数据库浏览网页截图

（3）郊野公园室外热环境研究的空间尺度

在景观设计上，所涵盖的尺度一般包括细部尺度（1m × 1m）、空间尺度（10m × 10m）、场所尺度（100m × 100m）、邻里尺度（1km × 1km）、社区尺度（10km × 10km）、区域尺度

（100km × 100km）等六个部分[27]。在关于郊野公园的规划设计研究中，从选址布局到细部设计同样也会涵盖着这六个尺度。本书对郊野公园室外热环境的研究，重点关注的是游客活动区室外环境热舒适优化设计研究，其景观设计尺度主要为空间尺度、场所尺度与邻里尺度，即约从10m × 10m ~ 1km × 1km 的范围。

同时，城市热环境的研究尺度分类来源于气象学，可分为空间尺度和时间尺度。空间尺度可以从单栋建筑物到整个城市，不同的研究尺度分别有其适用的观测方法和理论原理。参考Oke对城市气候尺度的划分，城市热环境的研究可以分为以下三个尺度：①中尺度（城市尺度），即研究整个城市及其周边地区；②局地尺度（城市小区尺度），即在城市尺度热环境时空分布特征的基础上，对某一区域（小区）的热环境进行更细致的研究；③微尺度（街道、单体建筑物尺度），即在小区尺度的基础上研究某一栋或几栋建筑物周围的室外热环境[8]。城市尺度研究多着眼于市区与周边郊区及农村地区的热环境差异，以及随着城市发展产生的土地利用状态改变而引起的城市热岛强度变化；局地尺度的研究多着眼于某一区域规划及绿化对该区域热环境的影响；微尺度研究多着眼于表面材料的热特性和建筑及街道的几何形态对微热环境的影响。三种尺度的研究相互补充和完善[8]。

本书主要是针对亚热带郊野公园室外环境微气候的热舒适性优化设计进行研究。Landsburg（1947）定义了“微气候”（Microclimate）为地面边界层部分，其温度和湿度受地面植被、土壤和地形影响（Geiger，1959）[28]。本研究中，微气候（Microclimate）是相对于大气候（Macroclimate）而言的，是指靠近地被、动植物赖以生存的气候环境。在这个环境中，下垫面的不同性质以及不同的规划设计都会对环境温度、湿度、风速、辐射热等热环境指标产生较大影响，并决定环境的热舒适程度。而凯文·林奇在《总体设计》中谈道：“设计者对微气候有着特别的兴趣，这种微气候是由整体气候的一些局部因素的变化所形成的，如地形、植被、地表状况以及建筑物的结构形式。人们接触到的是气候情况，设计者实际上可以调整的也是气候情况”[29]。

综上所述，本书研究的景观设计尺度主要为空间尺度、场所尺度与邻里尺度，即约从10m × 10m ~ 1km × 1km 的范围，气候尺度主要为Oke对城市气候尺度的划分中的微尺度与局地尺度；在对郊野公园典型案例现场微气候实测与软件模拟的基础上，尝试界定亚热带郊野公园室外环境热舒适指标，并对亚热带湿热地区郊野公园规划设计的重要景观因子、游客活动区地域材料选择与构造做法选定及植被设计原则进行研究，尝试提出基于气候适应性、彰显地域特色的亚热带郊野公园规划设计策略。

（4）相关概念的界定

1）气候适应性设计

人类在对自然界认识的初期就建立了“气候”的概念。中国古代以5日为候，3候为气，1年分为72候、24气，各个候、气都有其自然特征，合称“气候”，这个“气候”概念是用来描述天气平均状态的，与现代的“气候”概念含义基本一致[30]。气候一词的英文（climate）来源于希腊语“Klima”，是指地球相对于太阳的倾角。希腊人认识到气候主要是太阳角度（纬度）的函数，他们将地球划分为热带、温带和寒带[31]。《中国大百科全书》对气候的解释是：“地球上某一地区多年的天气和大气活动的综合状况。它不仅包括各种要素的多年平均值，而且包括极值、变差和频率等。”这里“多年”在时间界定上按世界气象组织规定为30年左右[32]。气候一般是指某一地区多年天气的综合表现，包括该地区多年的天气平均状态和极端状态[33]。因此，适应地域气候的设计需要关注天气的这两种状态。

“适应”的英文“adapt”一词来源于拉丁文，是生命科学中的一个概念，原意是调整、改变、特指对气候的适应；适应性设计强调的是当外部条件变化时系统的自我反馈、自我调节和自我修复的能力[34]。气候适应性设计是指在设计中充分利用气候资源、发挥气候的有利作用、避免气候的不利影响，达到不用或少用人工机械设备创造健康舒适环境的目的，最终实现减少不可再生资源消耗和保护生态环境的目标。在景观环境中，无论从景观效果需求还是从客观条件限制，以及节能设计的角度，使用人工机械设备进行微气候改善的可能性很小。因此，气候适应性设计在景观设计中显得尤为重要。

2）热环境评价标准

室外热环境的研究主要包括热安全与热舒适两个方面。热舒适可以简单地定义为“人对于其所处的环境既不感到过冷也不感到过热时的一种状态”，这是由“无任何不舒适感”所限定的一种中和状态[35]。目前国内外常用的评价室外热环境的指标有湿黑球温度 WBGT（Wet Bulb Global Temperature）、新标准有效温度 SET*（Standard Effective Temperature）、热舒适模型 PMV-PPD（Predicted Mean Vote- Predicted Percentage of Dissatisfied）、热岛强度、有效温度 ET*（Effective Temperature）以及平均辐射温度 MRT 等[6]，在近年的相关研究中也常用到生理等效温度 PET（Physiological Equivalent Temperature）。其中，最为常用的是 SET、PET 和 WBGT，但在实际应用时各有偏重。SET 是考虑了室外热环境参数及人体热平衡，因此可以对热环境进行舒适性评价，它被美国采暖制冷及空调工程师协会（下文简称 ASHRAE）所采用且为大量实验及理论研究所验证；PET 是被德国工程协会认可的对不同气候的热舒适评价指标，使人们能将外部复杂的热环境与自身在室内的感受进行比较；而 WBGT 仅是一个环境热应力参数，不涉及个人变量，偏重从安全性角度对室外热环境进行评价。本研究主要以郊野公园室外环境的热舒适性评价为研究目标，兼顾其安全性，并希望研究结论能与 ASHRAE 采用的指标进行比较，因此选取 SET 作为郊野公园室外热环境的评价指标。

1.4 国内外研究现状

（1）关于郊野公园领域的研究

1）国外研究现状及发展动态

法例及管理条例

“郊野公园”这名称源于英国，其建设及运营在英国发展的较为完善[19]。1966 年，一份名为《Leisure in the Countryside》的政府白皮书提出了建立郊野公园的决议，其目的是使人们能更便利地享受到郊外休闲娱乐，缓解国家公园的压力，并且减少对乡村资源的破坏。1968 年，乡村法《Countryside Act 1968》再次提出了为人们提供享受郊野旅游的设施和安全场所、为保护乡村自然景观设立郊野公园。因此，英国在 1968 年建立了最早的郊野公园；到 1995 年为止，英国利用林地、草地、丘陵、湖泊、河岸等建立了约 220 多个郊野公园，每年接待 3000 多万游客[19]。目前英国的郊野公园总数大概为 267 个，其中 82% 是由英国政府在 1970 年代根据《Countryside Act 1968》所划分出来的[36]。所有郊野公园的总面积加起来超过 31980 平方公里，约占英国面积的 12.9%[37]。

英国郊野公园有较为严格的评审；通过《郊野公园评审手册》可知，该手册对英国郊野公园的面积、边界、交通、管理、设施配置、景观效果等方面设定了基本的标准；同时，国家设立“绿旗奖”以表彰和奖励符合既定的高标准的绿地建设。另外，英国郊野公园基本都设有各自公园的管理手册及网页，经营管理较为完善[37]。

从目前了解到的国外对郊野公园的相关法例及管理条例中极少涉及针对地域气候条件的设计指引，并且郊野公园发展得最早及最为完善的英国在气候特征上与亚热带湿热地区有明显差异，因此，针对亚热带湿热地区郊野公园的气候适应性设计策略及导则的建构有待深入研究。

学术界

国外对郊野公园的定义有不同的提法。较普遍采用的是英国对郊野公园的定义：“A country park is an area designated for people to visit and enjoy recreation in a countryside environment”[13]。在《旅游与游憩规划设计手册》（中译本）中对郊野公园的定义是：“在城市边缘区，土地比较便宜和容易获得的地区”[13]。

在笔者的资料调研过程中，发现国外相关文献对国家公园的关注较多，而关于郊野公园的研究论述相对较少。比较具有代表性的研究是大卫·兰伯特（David Lambert）的《The history of the country park，1966-2005：Towards a renaissance?》，文章对郊野公园的起源和发展进行较为详细的回顾与总结，并提出郊野公园的发展趋向复兴的想法，但该研究未有对郊野公园气候适应性设计方面进行相关的论述。从目前找到的国外关于郊野公园的研究文献来看，针对郊野公园气候适应性规划设计方面的研究相对缺乏。

2）国内研究现状及发展动态

法例及管理条例

郊野公园在我国是一种新兴的公园类型，目前理论和实践正处于起步阶段，因此在目前日益加快的建设过程中存在理论研究相对滞后于郊野公园建设发展的局面。目前，香港是国内建立郊野公园最成功的城市。香港最初设立郊野公园的目的，是为了保护当地自然环境并向市民提供郊野的康乐和教育设施。1972 年郊野公园发展五年计划（1972 年 ~ 1977 年）获得立法通过，这标志着香港郊野公园规划和发展进入实质阶段，1976 年香港政府制定了《郊野公园条例》，目前全港已划定 23 个郊野公园和 15 个特别地区（其中 11 个位于郊野公园内），共占地 41582hm^2，已覆盖全港土地面积的 40% 以上[38]。1976 年 8 月，香港政府订立了《郊野公园条例》和设立“郊野公园管理局”，以有效的法制来保育郊区发展。当时管理局主要职责为审批郊野公园的发展，并为未来的发展提出意见；而“郊野公园科”内设有不同职级官员，负责开拓新公园、管理和改善现有公园设施、执行相关法例保护郊野地方，避免受到破坏[39]。

在香港的《郊野公园条例》中并没有郊野公园明确的定义。而在《港澳大百科全书》（1993 年出版）中对郊野公园的定义是：“一般是指远离市中心区的郊野山林绿化地带，开辟郊野公园之目的是为广大市民提供一个回归和欣赏大自然的广阔天地和游玩的好去处”[17]。

深圳市在 2004 年制定《深圳市公园（郊野）管理规定》，以政府令形式发布实施，该条例使得深圳市目前 21 个市级公园和 18 个新规划建设的郊野公园共 560 余平方公里的绿地得到更好保护[40]。目前国内已经有许多城市如北京、上海、成都等都开展了郊野公园建设的尝试，将郊野公园纳入到城市规划体系；根据《深圳市绿地系统规划（2004-2020）》，深圳也在其绿化系统规划的基础上在全市划定森林、郊野公园的建设控制，规划了 22 个郊野公园，目前建设完成的有4个，这说明“郊野公园”在我国国内的绿地系统规划中已经获得明确的地位[41]。

在目前已有的郊野公园相关条例及规定中，暂无发现针对郊野公园气候适应性规划设计方面的指引与要求。

学术界

笔者在调研中发现，国内对于郊野公园的研究成果在2004年后逐渐增多（图1-7），主要为个案的探讨以及对郊野公园建设经验的介绍与总结，如香港大学的Cheung LTO以香港郊野公园为例研究对游客行为管理模式的优化[42]；香港理工大学的Lee CS、Li XD等人以香港为例研究在城市、郊区和郊野公园的土壤重金属污染问题[43]；香港中文大学的Lin H 、Gong JH以城门郊野公园为例研究虚拟现实中郊野公园的管理问题[44]；又如张骁鸣对香港郊野公园的发展与管理进行相关介绍[38]；庄荣对香港郊野公园模式进行初步探讨[45]；官秀玲总结香港郊野公园管理及对大陆郊野公园的启示[7]；方小山、黎英健、黄杰结合实地调研，以香港仔与西贡西郊野公园为例，对香港郊野公园人文资源的特色与保护利用进行分析总结[46]；李信仕等人对香港、深圳的郊野公园建设进行比较，探讨郊野公园的规划设计[47]等。同时，对国内相关案例的介绍文献也日益增多，尤其是深圳的案例，如张锦新对深圳市马峦山郊野公园生态修复规划进行介绍[48]，杨际明对深圳市塘朗山郊野公园总体规划进行介绍[49]，江俊浩对成都十陵郊野公园的规划设计进行介绍[50]，孙卫国等人对湛江东坡荔园郊野公园个案的复合规划模式进行介绍[51]等。还有学者对国外的郊野公园建设经验进行总结介绍，如方小山、梁颖瑜和朱祥明、孙琴分别对英国郊野公园的特点和设计要则进行介绍[37、52]，徐晞、刘滨谊对美国郊野公园的游憩活动策划及基础服务设施设计进行介绍[53]等。但以上相关研究暂未涉及郊野公园气候适应性规划设计方面。

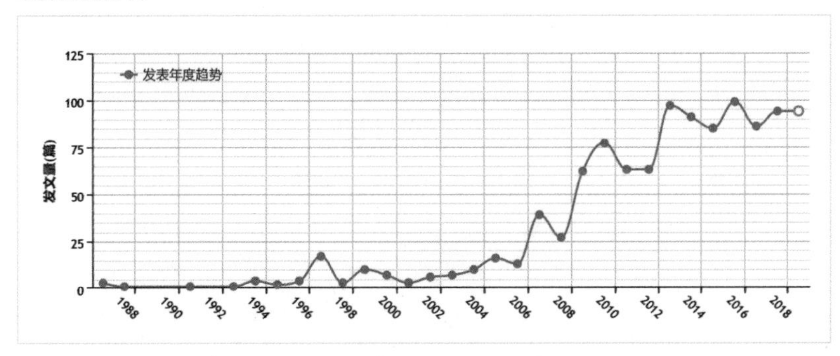

图1-7 “中国知网”统计近20年关于郊野公园研究文献的增长趋势[59]（资料来源：中国知网截图）

值得关注的是，国内已有学者注意到郊野公园的规划设计理论尚未形成完善体系，对此进行了初步探讨，如彭永东、庄荣以深圳七娘山郊野公园和三亚狗岭郊野公园为例从发展定位、建设顺序、强化保育等方面对郊野公园总体规划进行探讨[54]，高玉平从建设目标、功能定位、技术要点等方面对郊野公园的规划设计进行初步探索[19]，徐树杰、孟祥彬从方案概念、功能设施、种植设计、材料选用等四个方面对北京市海淀区郊野公园规划设计理论与实践进行总结研究[55]。还有学者注意到郊野公园的地域性问题，如林楚燕对郊野公园的定义做了较多的资料调研与界定，并初步提出郊野公园地域性研究框架，为进一步挖掘郊野公园的亚热带地域特色奠定了理论基础[13]；但是缺乏进一步细化及量化的研究，未能对亚热带或国内其他典型气候区域提出地域特色的差异或特征，亦未有对郊野公园气候适应性设计策略进行研究。又如，方小山、邝志峰等人在实地调研的基础上对香港西贡西郊野公园的地域特色与设计特点进行较为系统的总结，并发表论文《The design characteristics and inspiration of the Sai Kung West country park in HongKong》[56]，该文初步关注地域气候与郊野公园设计特色之间的关系，但缺乏量化的分析研究。另外，还有学者关注到郊野公园在城市发展及生态环境中的重要作用，如丛艳国等人以香港郊野公园为例分析郊野公园对城市空间生长的作用机理[57]，张骁鸣在探讨香港新市镇与郊野公园发展的空间关系[41]，张公保在分析郊野公园在城市绿地系统中的作用[58]等。这部分的成果关注的是城市发展与郊野公园的互动关系及生态作用，未有从城市微气候的角度进行切入研究。

近年关于郊野公园研究的专题性成果增加迅速，其中有对郊野公园的绿化配置进行研究的，如蔡伟从空间、生态、功能的角度进行植物景观模式的总结论述[60]；张婷从空间形态与游憩功能的角度提出植物群落配置的相关评价与策略[61]；顾亚春以南京典型的郊野公园案例为例，对植物群落的组成、类型、空间进行分析评价[62]，申书侃对北京市八个郊野公园案例的植物配置与游憩功能关系进行研究[63]，但这些研究并未对绿化配置、植物群落设计对郊野公园游憩场地微气候影响的关系进行研究探讨。有的从生态安全的角度对郊野公园与城市的关系进行研究，例如陈广绪从生态安全的角度对杭州郊野公园的布局及发展进行研究[64]；杨芳以北京为例对郊野公园空间分布特征及优化策略进行分析研究[65]；李婷婷从郊野公园的评价指标与规划设计进行探讨，初步构建以功能为导向的郊野公园评价指标体系[66]。但该体系的缺乏对地域特色的评价指标，并且未涉及对场地微气候的关注，王恒结合景观生态学的基础理论，以咸阳二道原郊野公园为例探讨郊野公园景观生态规划[67]；孙琴从游憩行为、景观功能、生态环境三个方面对我国郊野公园景观规划设计的发展策略进行初步的探讨，并总结太仓市金仓湖郊野公园的设计导则[68]，但同样未涉及对气候适应性设计策略的关注。有若干研究已关注到地域特征层面的研究，如郝美彬针对山地形郊野公园的景观规划设计进行研究[69]；胡俊勇关注到水体在南方郊野公园中的优化设计，主要从水质优化和水景优化两方面进行研究[70]，但对地形、水体的关注未能涉及其设计对场地微气候的影响与热舒适环境的营造。

这些相关论著研究的切入角度各有不同，但由此可见，学术界对郊野公园的关注在逐渐加强，研究内容的范围在逐渐扩大，为进一步完善的郊野公园规划设计理论奠定了基础。在解读资料的过程中亦发现，以上研究成果关注到亚热带湿热地区郊野公园规划设计理论的研究较少，针对郊野公园气候适应性规划设计方面的研究则更少。

（2）关于室外环境热舒适领域的研究

1）国外研究现状及发展动态

自 1818 年 L.Howard 出版了关于伦敦城市温度场的《伦敦气候》一书以来，对城市热环境的研究已经超过 190 年。自此英、法、美、日、德以及中国等许多国家关于这方面的研究大致可分为城市大气候研究和城市微气候研究两大类。其中城市大气候研究经过热环境静态观测、动态测量和城市热环境研究三个发展阶段，城市微气候研究又分为实测研究和数值模拟[11]。近年来，这些研究不再局限于对温度、湿度、太阳辐射和风速等常规气象参数的观测，还拓展到了热舒适、污染物扩散和建筑外饰面材料等其他领域。并且，研究设备和技术条件得益于科学技术的进步，研究的成果取得较大的发展。目前，国外学者对室外热环境的观测研究成果较为丰富，主要包括住宅区及街区、城市公园、沿河区域、校区、绿化屋顶和绿化墙体等；日本有学者结合风洞实验进行建筑组团、城市街区的微气候条件测试分析 [10]。但有学者提出，“气候科研人员所提供的观测数据基本上不能影响到城市规划的具体方案，而且这些数据在多数时候也不能满足规划师和建筑师的要求” [12]，原因就是热舒适研究领域与规划设计领域的衔接桥梁未能有效搭建。

早前对舒适性的研究较多是针对室内开展，并建立在稳态分析的基础上；而关于室外非稳态环境下的人体热舒适性研究则相对较少。人体热舒适性的评价指标可分为宏观评价（气候舒适度、城镇热舒适度）和微观评价（有效温度和标准有效温度、湿黑球温度指标 WBGT、热舒适方程、PMV-PPD 指标、不舒适指标 DlSC），但是这些指标在评价外部空间舒适性方面还是存在一定的缺陷 [11]。目前国际上公认的评价和预测热舒适的标准是 ISO7730 和 ASHRAE55-2010。由于研究非稳态环境下的人体舒适性问题更具现实意义，有学者逐渐对室外环境热舒适进行研究。在热环境评价体系的研究中，对室外热环境及其热舒适指标的研究还比较少。有学者认为，“无论是室内还是室外，通过研究人体与外界的热平衡状态从而获得其自身的热舒适情况都是热环境质量的最佳评价方法” [12]。目前常用于评价室外热环境的指标有 PMV-PPD，ET*，WBGT 和 SET、PET 等，但尚无法确定用于室外热舒适评价的最佳指标。其中，标准有效温度指标（SET）是根据生理条件制定的一项合理的、适用于室内环境的热舒适指标，已被美国采暖制冷及空调工程师协会（下文简称 ASHRAE）所采用且为大量实验及理论研究所验证。在《室内气候》一书中提到结合人体室内热感觉标尺对应的 SET 阈值范围，但由于室外的环境与室内相比更加复杂，并且还有人的心理因素的影响，所以标准有效温度指标（SET）用于室外时有一定的局限性。因此，有学者近年对 SET 运用于室外热环境评价进行相关研究，例如 Jennifer Spagnolo、Richard de Dear 结合对悉尼的户外及半户外空间热舒适性的调查研究，得到针对悉尼的户外热舒适 OUT- SET* 值为 26.2℃，高于 ASHRAE Trans. 92（1986）提出的室内热舒适 SET 值 24℃ [71]。另外，布鲁克斯（C.E.P.Brooks，1973）的试验表明，热带地区和温带地区的居民对气候的习惯性稍有差别，他建议以 40° N 为标准，每降低纬度 5°，其舒适温度将提高 0.56℃（1° F）[72]。目前，关于亚热带湿热地区室外热舒适 SET 的阈值的范围尚未见到正式的研究成果，针对亚热带湿热地区郊野公园室外热舒适的研究也尚未发现。

整体来说，目前对于室外热环境研究方法主要有实测与模拟两大类，实测包括地面实测、遥感、航拍等；模拟包括实验模拟、数学模型模拟以及计算机软件模拟等方法。

地面现场测试是研究建成环境微气候的主要手段，其局限性在于只能对已存在环境的微气候做出客观的记录与反映，而不能对其做出预判。Chen Yu 等分别测量了新加坡 Bukit Batok 国家公园和 Clementi Woods 公园及其周边的空气温度与湿度，结果显示，周边的空气温度最多可以降低 1.3℃ [73]。Ca 等在东京的研究结果也表明，一个 0.6 平方公里的公园可以影响到 1 公里外下风向的商业区，使其正午温度下降 1.5℃ [74]。在地面实测研究中，Bonan 通过对 Colorado 一个居民小区的测试发现，在炎热的夏季，非草地的温度高于草地，说明蒸腾作用重要性，同时草坪布置和住宅密度对小区的微气候也有影响 [75]。Al Hemiddi 测量了加州大学洛杉矶分校

（UCLA）校园内不同绿地的全年表面温度和离地1.5米处的空气温度，他发现在夏季晴天时，公园内灌木丛附近的空气温度比附近无树荫行人道低约3℃，在最热的几天内，无遮挡的停车场表面温度可达50℃，而同一时刻，公园内的草地则为29℃，有树荫的行人道为23℃[76]。相关研究结果表明：公园绿化对微气候的降温作用非常明显；即使是小面积的公园绿化，对其附近微气候也能起到一定的改善作用，但该类研究中并无指出量化的设计参考指标。在目前的实测研究中，关注夏季微气候的较多，而关注其余季节的实测研究则不多见；针对亚热带湿热地区郊野公园室外热环境的实测研究也较少。

在计算机软件模拟中，美国伯克利环境设计研究中心和建筑环境中心Edward Arens教授与其团队利用ENVI-met软件模拟分析设计场景中人的热感觉并对场景的热环境优化提出建议[77]。德国波鸿鲁尔大学的Michael Bruse和Heribert Fleer（1998）利用ENVI-met软件来模拟分析城市规划中的局部变化（如树木、草坪和新建筑群）在不同种尺度条件下对微气候所带来的影响[78]。该数值模拟软件基于计算流体力学（CFD）和热力学原理，对城市小尺度空间内地面、植被、建筑和大气之间互相作用进行动态模拟[79]。软件模拟能弥补实测研究中的不足，对场景的热环境可以做出量化的预判，但由于模拟模型的建立及其背景条件目前无法达到与实际情况完全同步，因此模拟结果的可参考性是值得关注的问题。虽然ENVI-met被认为是目前室外热环境科研领域最好的流体力学模拟软件[12]，但是其主要始于中高纬度寒冷地区的应用，是否适用于亚热带湿热地区郊野公园的室外热环境模拟研究有待进一步校验。

2）国内研究现状及发展动态

我国有关环境热舒适性的研究主要开始于20世纪50年代，并建立在国际上通用的热环境评价标准、热舒适理论的基础上；近20年来取得较大的进展，在人体舒适性实验研究、人体舒适性模型研究、室内外热环境研究等方面都取得了丰硕的成绩。

在热舒适性实验中，李百战在对重庆地区夏季热环境状况的实测调查中建立了室内人体环境模拟与评价模型，提出了重庆地区住宅热舒适指标；付祥钊则在对长江流域进行大量调查研究的基础上建立了该地区的建筑热环境舒适性标准和可居住性标准[11]；西安建筑科技大学的刘加平院士、茅艳在2006年对人体热舒适气候适应性进行研究，并建立我国不同气候区的人体热舒适“气候适应性模型”[80]；华中科技大学绿色城市与建筑研究中心在李保峰教授的主持下对夏热冬冷地区建筑设计的生态策略及气候适应性设计策略进行研究[81]；重庆大学环境科学系根据室内热舒适指标PMV，建立了城市户外热舒适度综合评价模型，较好地反映了夏季户外人体热舒适情况，有助于户外建筑环境规划与设计[82]；华南理工大学建筑节能中心的张宇峰教授致力于湿热地区人体热适应对热反应的影响研究，关注人体在建筑热环境中的生理和心理反应，统计了大量的实验样本信息，并取得了相关研究成果。以上众多关于热舒适的研究成果，主要是针对室内热环境进行的，关于亚热带湿热地区室外环境的热舒适标准则尚未提出，针对该地区郊野公园室外环境热舒适的研究则极少。

在室外热环境研究方面，国内在热环境实测和计算机数值模拟方面也取得较大的研究成果。华南理工大学建筑节能研究中心孟庆林教授带领研究团队对湿热气候条件下的室外热环境进行多方面的实测分析及模拟研究；如李琼在2008年对华南理工大学校内典型居住建筑组团进行了室外热环境的昼夜连续观测及模拟分析，分析湿热地区规划设计因子对组团微气候的影响[10]；同时，孟庆林教授团队在CAD平台上自主研究开发热环境模拟计算软件DUTE，可以导入气候参数模拟计算目标片区的热岛强度[83]，并在此基础之上，主持编制了《城市居住区热环境设计标准》(JGJ286-2013)；华南理工大学建筑节能研究中心陈卓伦的博士论文《绿化体系对湿热地区建筑组团室外热环境影响研究》具体介绍了目前热环境模拟的相关软件的特色，并结合ENVI-met对住区组团的绿化种类、下垫面类型、水体深度这三个方面进行了敏感性分析并得出相关结论[12]；陈光博士生利用城市小尺度三维微气候模拟软件ENVI-met对华南理工大学31～34号楼教学组团室外热环境进行模拟分析，验证说明ENVI-met模型具有实际应用的意义[8]；杨小山的博士论文《室外微气候对建筑空调能耗影响的模拟方法研究》也是利用城市小尺度三维微气候模拟软件ENVI-met进行相关分析[79]；赵炎、卢军等人对住宅小区的室外热环境实测和数值模拟的研究，提供了一系列实测和研究的方法，并对优化设计提出建议[8]；建筑环境联合实验室利用改进的CTTC(Cluster Thermal Time Constant)模型并结合CFD(Computational Fluid Dynamics)模拟方法，综合考虑太阳辐射、绿化措施以及建筑布局对热环境的影响，预测和评价住宅小区不同区域的热环境并给出评价指标[84]；李晓锋研究的住宅小区微气候的模拟方法是以CFD模拟模型、室外辐射计算、联合计算方法为研究对象，建立了层次化的模拟体系[85]；林波荣通过三维植物冠层流动模拟植物与环境的热传递模型及地表建筑等固体表面导热的有限差分计算方法，建立了有绿化情况下室外热环境的通用模拟体系，并结合现场测试结果进行了验证，此外还模拟研究了不同绿化形式对住宅小区室外热环境的影响，为优化园林绿化设计以改善室外热环境奠定了基础[86]；广州大学汤国华教授对岭南湿热气候与传统建筑进行较为深入的研究，并以可园为例从园林热环境的角度进行研究，总结其通风、防晒的设计手法[87]。以上的相关研究为本书提供了研究方法的参考，但上述研究均未涉及郊野公园室外热环境相关指标的测试与模拟分析等方面。

另外，在室外热环境研究与设计实践相结合方面也取得一定的成果，如郑凯斯、陶杰针对高层围合式居住组团，用简化的居住建筑模型进行CFD模拟，总结出高层围合式居住组团的通风基本规律，并将其应用于广州市实际高层围合式居住组团室外风环境的优化设计当中，从高层围合式组团的规划布局、建筑架空的处理以及弱化高层居住组团内部高速风的角度提出了相关设计建议[8]；方小山结合设计实践案例，对天鹿湖郊野公园主入口区进行实测分析，探讨景观设计因子对郊野公园室外热环境的影响，并将其归纳总结的气候适应性设计策略运用在其他景观案例之中[88]。

这些工作都为本研究的开展奠定了坚实的基础。综观目前国内在亚热带湿热地区室外热环境研究领域的成果，暂时以对住区、校区、临街商业建筑、架空层等的研究较多，对景观环境如郊野公园室外空间热舒适环境的相关研究仍较少。本研究是在华南理工大学建筑节能研究中心相关研究平台上展开的。

(3)关于气候适应性设计的研究

1)国外研究现状及发展动态

对于建筑形态与气候关系的研究，国外开展得比较早。最早可追溯至公元前1世纪，建筑师维特鲁威(Vitruvius)所著的《建筑十书》中就提到建筑朝向与气候设计原理方面的论述。1940至1950年代，气候与地域已成为影响设计的重要因素，许多建筑大师，如勒·柯布西耶、路易斯·康、阿尔瓦·阿尔托、赖特等，在各自的许多作品中都已充分考虑了生物气候和地域特色的因素。V·奥戈雅的《设计结合气候：建筑地方主义的生物气候研究》(1963年)(Design with Climate：Bioclimatic Approach to Architectural Regionalism），概括了建筑设计与气候、地域关系研究的各种成果，提出“生物气候地方主义”的设计理论，关注气候、地域和人体生物感觉间的关系；B·吉沃尼（Givoni）在《人·气候·建筑》一书中，从热舒适性出发考察和分析气候条件，提出可能采取的设计策略。这部分的研究与实践探索主要是针对欧美国家的地域气候展开。

其他一些国家的建筑师也对结合地域气候与特色的设计进行了相关探索，如印度建筑师C·柯里亚结合自己的设计实践，提出“形式追随气候”的设计概念[89]；埃及建筑师哈桑·法赛（H.Fathy）研究了住屋形式随不同气候而产生的变化，探索符合本土特色的建筑[89]；另外，印度的多西（B·V·Doshi）、里瓦尔（R·Rewal）、斯里兰卡的吉奥弗利·巴瓦等一批建筑师，在反映本土地区文化、气候、自然条件及建筑传统方面都有很优秀的作品。这部分主要是结合热带气候条件展开对设计手法和建筑形式的探索，而针对设计指标的量化分析则较少。

2000年，理查德·海德（Richard· Hyde）出版了《设计反映气候：温带和热湿气候地区建筑研究》（Climate Responsive Design：A Study of Buildings in Moderate and Hot Humid Climates）一书，该书主要介绍温带和热湿气候地区的建筑构件及其构造设计。阿尔温德·克里尚、尼克·贝克、西莫斯·扬纳斯、S·V·索科洛伊的《建筑节能设计手册——气候与建筑》（Climate Responsive Architecture：A Design Handbook for Energy Efficient Buildings），以论文集的形式汇聚了气候建筑学领域众多国际知名建筑师和科学家长期研究的结晶，认为气候应该作为建筑设计的一个基本参数[90]。大卫·劳埃德·琼斯的《建筑与环境——生态气候学建筑设计》，主要从关注气候因素对生态建筑设计的影响进行研究；C·艾伦·肖特的《面向不同气候条件下低能耗、高效、大进深公共建筑的设计策略类型学》针对大进深公共建筑提出了在不同气候特点下的设计策略；艾佛·理查兹的《T·R·哈姆扎和杨经文建筑师事务所：生态摩天大楼》主要介绍建筑师杨经文在其生物气候学理论指导下所设计的高层建筑及相关领域里的建筑作品，是杨经文建筑师多年对亚热带地区建筑设计探索的成果总结之一[91]；林坤新在《建筑规划与设计的持续发展策略与研讨——马来西亚个案分析》中结合完成的个案分析了持续化设计的特点，并探讨了气候因素与生态设计、节能设计的影响。以上的研究有部分关注到湿热气候，但主要是针对建筑设计层面展开的。

在1980年代以后，气候适应性的相关研究逐渐拓展至城市层面，如B·吉沃尼的《建筑和城市设计中的气候考虑》系统分析了气候的成因以及城市、建筑的影响因素，并就不同气候区域提出了建筑和城市设计的方法、策略。只有少量的研究关注到景观设计与气候条件结合的手法，如奇普·沙利文的《庭院与气候》主要通过案例的分析，讲解在庭园中利用传统技术与设计手法来调节微气候，控制各个季节的气温和湿度，在创造景观的同时节约能源[92]，该书从设计手法总结记录了许多欧洲著名庭院应对气候条件的经验，但没有设计指引的角度提供量化的参考指标。

综上所述，国外从地域气候角度进行气候适应性设计的相关实践探索与研究历史悠久，成果丰硕，为我国气候适应性设计研究提供了具有参考性的基础。目前，其研究在理论和实践方面主要是结合建筑设计的研究居多，结合景观环境气候适应性的相关研究并不多见；并且研究成果中多为定性分析及实践案例总结居多，结合设计导控指标的相关研究较少，同时，关注亚热带湿热地区的相关文献较少。

2）国内研究现状及发展动态

国内对气候特点与人居环境设计的关注可追溯我国古代风水理论中的朴素自然观；并且，处于各个不同地域气候下的先民们根据生活经验创造出了适应当地气候、极具地域特色的各地民居与传统建筑。

随着科学技术与建筑气候学的发展，气候适应性设计的相关研究与实践也取得较多的成果，在设计规范与标准方面提出了针对不同气候区的要求，如我国建设部在1960年第一次制订了《全国建筑气候分区初步区划》；1989年中国建筑科学研究院与北京气象中心等又对该气候区划进行了修订，在每一个区分别采取不同建筑技术措施，指导做出合宜的建筑设计。另外，我国制定了一系列的建筑节能标准和规范，其中《绿色建筑评价标准》（GBT50378-2006）、《城市居住区热环境设计标准》（JGJ286-2013）等从热工学层面提出了指标导控要求。但如何在设计中实现相应的导控指标，并且相关指标在室外园林环境中是否适用有待进一步的研究。

在译著专著方面，国内也取得一定的成果，曾先后出版了一些重要的译著，如《人·气候·建筑》、《建筑物·气候·能量》等，主要侧重研究与人体热舒适性相关的问题。随着我国对于建筑能耗需求越来越大，学者开始考虑如何将节能应用到建筑设计当中，如宋德萱教授的《节能设计与技术 》、孟庆林教授的《建筑表面被动蒸发冷却》等，主要侧重节能建筑的研究，探索建筑中资源的节约、循环、再生的技术问题；林宪德先生的《节能建筑之美》、《绿色建筑——生态·节能·减废·健康》[93]、刘先觉先生的《生态原点——气候建筑》等，提出了应对气候特点的具体措施与建筑造型手法；政府部分也对推动节能技术的发展积极出版专著，如台湾出版了《绿建筑绿改善——打开绿建筑的18把钥匙》等书籍[94]。另外，还有学者将建筑气候学拓展到城市尺度，如林宪德提出了由生态建筑到地球环保[95]；董卫、王建国研究了国内外大量案例，从可持续发展的角度探讨了适应气候特点的城市规划和建筑设计技术要点[96]；柏春指出有必要加强城市空间形态与城市气候要素之间相互作用关系的研究，提出“城市空间形态气候合理性”的概念，并建立关于城市气候学与城市设计学交叉研究的体系和框架[97]。上述研究成果奠定了气候适应性研究的理论基础，但其关注点集中于建筑设计及建筑技术层面。

在风景园林设计、室外景观环境设计的气候适应性研究方面，近年成果不断涌现：同济大学刘滨谊教授结合近年主持国家自然科学基金重点项目“城市宜居环境风景园林微气候适应性设计理论和方法研究”，对园林设计要素组合的气候效应参数化、城市风景园林小气候空间原理、小气候与人体热舒适关系展开研究，提出城市滨水带风景园林小气候适应性设计框架；[98-100]董靓教授等人以成都杜甫草堂景区、成都望江楼公园为例，通过实地监测和调查问卷，分析使用主体行为与微气候舒适度值的相关性，对我国西南部湿热气候区风景园林微气候舒适度评价进行探索，并研究旅游建筑景观对微气候舒适度的影响及提出改善策略；[101-103]赵晓龙教授等人对寒带植物群落空间特征与风环境三维分布进行研究，探讨寒带地区植物群落微气候适宜性空间设计[104]；李保峰教授与其团队老师常年致力于夏热冬冷地区的建筑节能与设计研究[105]，并对城市微气候调节与街区形态要素的相关性研究[106]；金虹老师致力于严寒地区城市微气候调节原理与设计方法研究，对严寒地区广场微气候舒适度与相关因子进行探索[107]；冷红老师对寒地城市公共空间的气候适应性规划设计进行研究，特别是冬季公众健康视角下的寒地城市空间规划策略研究[108]；王晶懋、刘晖等对校园绿地植被结构与小气候温湿效应的关系进行了研究[109]。值得一提的是，在2018年1月，由刘滨谊教授团队牵头，由同济大学、西安建筑科技大学与《中国园林》杂志社共同主办，在同济大学召开的第一届风景园林与小气候国际学术研讨会，围绕“风景园林与城市宜居小气候”、“风景园林空间类型与小气候”与“风景园林小气候适宜性评价”三个议题展开，研讨会上该领域国际国内的专家学者共聚一堂，分享交流研究成果，并形成了相应的会议论文集。上述众多成果多是各个高校科研单位结合自身所处气候区的气候条件进行研究总结，研究成果的地域特色鲜明，在研究思路、工作方法等方面为本研究提供了很好的借鉴与参考。

在学位论文研究方面，随着绿色建筑、可持续发展理论的深化拓展，关注地域特点、利用自然气候资源的设计观念与方法逐步受到重视，国内近年来各高校的相关研究成果亦很丰富，这些研究多是结合各个高校科研单位所处气候区的气候条件进行分析，成果的地域特色鲜明[110、111]，但涉及亚热带湿热地区气候适应性景观设计的成果则较少。

同时，从目前了解到的信息来看，在对岭南地区湿热气候适应性设计的相关研究成果目前主要集中于华南地区。在创作实践上，20 世纪 50 ~ 60 年代，留学德、日归来的华南理工大学夏昌世、陈伯齐教授在结合湿热地区气候的基础上，创立了采用从气流角度进行分析的研究方法，并运用在建筑创作之中；夏昌世教授结合湿热气候与建筑造型创造的“夏氏遮阳”构造，兼具通风、遮阳效果；并且，一批岭南建筑师对营造适应湿热气候、富于地域特色的建筑进行积极的探索，涌现出如白云山庄、矿泉别墅等一批现代岭南建筑精品。在理论研究方面，华南理工大学林其标教授结合建筑设计和热工学从事建筑防热研究多年，提出了“建筑防热”的概念，深入研究了亚热带建筑的遮阳、隔热、自然降温，其论著《亚热带建筑——气候·环境·建筑》，早在 1997 年就提出了要遵循气候的特点和从改善热环境的角度进行亚热带地区的建筑设计[26]；汤国华先生在《岭南湿热气候与传统建筑》一书及其博士论文中系统归纳总结了岭南传统建筑适应气候条件的各种设计技术与方法，对现代岭南建筑的创作有重要的启发作用[112、113]；台湾成功大学的林宪德教授在《热湿气候的绿色建筑》的论著中介绍了绿色建筑的发展、原则，并详细探讨了在热湿气候下绿色建筑在通风、节能、采光照明等方面的具体设计原理与技术特点[114]；华南理工大学建筑节能中心的孟庆林教授长期致力于湿热地区的建筑节能研究，建立了建筑被动蒸发冷却技术理论体系和建筑遮阳技术理论体系，建立了动态热湿气候风洞检测实验方法，提出了建筑热环境和建筑能耗的分级模拟设计方法等，其基础研究成果指导南方 46 个地区的节能建筑设计超过 0.6 亿平方米；华南理工大学建筑节能中心的赵立华教授主要从事建筑热工及节能领域的科研工作，就建筑热过程模拟及建筑能耗分析进行了系统的研究，在国内较早开展热桥多维传热的研究，提出热桥简化计算方法及避免热桥的构造处理方法，并不断深入研究；华南理工大学建筑节能中心的孟庆林教授、张磊副研究员对亚热带地区的屋顶遮阳设计及效果进行了相关研究；华南理工大学的宋振宇与方小山从 2002 年起就开始关注亚热带湿热地区的气候适应性设计策略，并陆续发表《气候启发形式——浅谈印度现代建筑对岭南地区建筑设计的启示》等一系列文章[89、115、116]，并且尝试将所总结的气候适应性设计策略运用在建筑、规划与景观设计之中；华南理工大学的陶郅教授、宋振宇、方小山合著了《适于亚热带地区的建筑设计——以河源职业技术学院图书馆建筑创作实践为例》[115]，同时宋振宇等人结合实践的工程个案对亚热带地区建筑设计的气候适应性策略进行了初步的探索与总结[116]；而且，宋振宇 2006 年的硕士学位论文《适于岭南湿热气候的高校生态图书馆设计初探》在对我国 20 世纪 90 年代后建成的高校图书馆典型案例进行现场调研及分析研究的基础上，提出适合岭南地区湿热气候下高校生态图书馆的设计策略：设置热缓冲层策略、营造生态空间策略和运用自然能源策略，对气候适应性建筑设计策略进行了更为系统的归纳与总结，并结合工程项目进行设计探索实践与反思[117]；方小山与华南理工大学的汤黎明教授结合景观工程实例的探索实践，发表《The Climate-adapted Landscape Design for the Hot-humid Region》等论文，总结、反思亚热带气候适应性设计策略在景观设计中的运用[88]；此外，华南地区有一批学位论文，如华南理工大学董玮的硕士论文《湿热气候区建筑复合表皮遮阳构件设计方法探索》、周峰的硕士论文《亚热带地区医院护理单元气候适应性设计研究》等，均是根据湿热气候的特点，从建筑复合表皮遮阳构件及医院护理单元探讨相关的气候适应性设计[118、119]；另外，还有华侨大学宣怡的硕士论文《湿热地区大学校园户外空间的气候适应性研究——以厦门地区为例》关注到湿热地区的校园气候适应性设计问题[120]。以上关于亚热带湿热地区气候适应性设计的相关研究一方面为本研究奠定了较为坚实的基础；而另一方面，上述相关研究关注建筑设计居多，关注室外景观设计较少。因此，本研究将结合案例调研与设计实践，以郊野公园的规划设计为切入点，对亚热带湿热地区气候适应性景观设计策略进行探索研究，以对现有的气候适应性设计的相关研究进行补充与拓展。

（4）小结与评价

在搜集国内外相关文献资料的过程中，笔者发现国外对郊野公园尤其是亚热带地区郊野公园的相关论著相对较少，并且其中有相当部分是对郊野公园发展的背景及景点概况的一般介绍。在室外热舒适指标研究方面，目前国际上公认的评价和预测热舒适的标准 ISO7730 和 ASHRAE55-2010 主要是以欧美等国家的健康青年为研究对象，这些标准未必适用于中国人，也未必完全适用于亚热带地区；同时，研究非稳态环境下的人体舒适性问题更具现实意义，因此亚热带室外热舒适指标的阈值界定存在较大的研究空间。同时，笔者发现在国外的研究中，对于气候建筑学领域的研究已积累了相当的成果，但针对亚热带湿热地区郊野公园的气候适应性设计方面的专门论著则暂未发现。

综观国内关于郊野公园的相关研究，专著译著较少，学位论文与期刊论文相对较多，其中又以对郊野公园个案的相关介绍居多。而在规划设计方面较为系统的理论研究，尤其是针对亚热带湿热地区郊野公园设计理论的研究则较为鲜见。与此同时，国内在亚热带室外环境热舒适领域与亚热带建筑设计领域的研究已积累了相当丰硕的成果，其中又以亚热带建筑科学国家重点实验室所在的华南地区的研究成果居多。这些成果在建筑设计气候适应性策略的研究上已提出了较为系统、完整的研究框架与理论体系，为本书研究的工作开展奠定了坚实的基础。但在目前调研的相关文献中，笔者发现对亚热带气候适应性的设计理论研究仍以建筑设计部分为主，对于亚热带地区风景园林规划设计的气候适应性策略的研究成果仍不多见，具体针对亚热带地区郊野公园气候适应性设计策略方面的研究则更少。本书尝试通过跨学科的研究与合作，探索建立亚热带室外环境热舒适领域与亚热带气候适应性规划设计领域的有效链接模式。

在研究方法上，本书将主要采用现场实测与计算机软件模拟两种方式进行亚热带郊野公园室外环境微气候的热舒适性研究；同时，始用于中高纬度寒冷地区的 ENVI-met 软件目前逐渐被学者运用在亚热带地区的微气候模拟研究当中，本书有专门章节论述该软件在亚热带湿热地区郊野公园模拟中的相关校验及研究工作。

1.5 本研究工作重点

由前文所述可知，气候适应性设计包括的内容非常深广，受时间精力及篇幅所限，本书只从优化郊野公园游客热舒适体验的角度，探讨应对湿热气候的研究思路与方法，并由此提出相应的规划设计的策略与技术。同时，结合笔者在项目实践案例中的具体应用，与读者分享案例的实践效果与本人的总结思考。

（1）研究目标

本书在对亚热带湿热地区（尤其是珠江三角洲地区）部分代表性郊野公园室外热环境进行现场调研与实测的前提下，分析郊野公园微气候在白天的变化规律与主要特征，总结影响微气候的相关设计因子，尝试提出亚热带湿热地区郊野公园室外热环境的热舒适阈值，并对关键景观设计因子进行模拟分析，探寻其设计导控指标，最后总结提出适用于亚热带湿热地区、彰显地域特色的郊野公园气候适应性规划设计策略。

（2）研究内容

本书重点关注亚热带湿热地区郊野公园景观设计的地域特色及气候适应性研究，将风景园林、建筑技术、城市规划、建筑设计等学科的理论有机结合，定性分析与定量分析相结合，实现理论研究的跨学科交叉合作与交流，为相关研究提供了一个新的视角。

在充分关注亚热带湿热地区空气湿热、阳光强烈、雨水充足等气候条件的前提下，研究主要包括以下四个方面：

1）分析亚热带湿热地区郊野公园室外热环境变化规律与提出关键设计因子

本书通过对珠江三角洲地区典型郊野公园的热环境现状进行基础资料调研与现场实测（测量与问卷调查），首次系统、定量地分析了亚热带湿热地区郊野公园室外热环境的基本特征与规律；并提出了影响其室外热环境的关键景观设计因子，提出热缓冲带是最为关键的影响因子，为后续的研究提供指引。

2）提出亚热带湿热地区郊野公园室外环境春夏秋三季热舒适阈值

在室外热舒适指标研究方面，目前国际上公认的评价和预测热舒适的标准主要是以欧美等国家的健康青年为研究对象，这些标准未必完全适用于中国人，也未必适用于亚热带湿热地区，因此亚热带室外热舒适指标的阈值界定存在较大的研究空间。本书通过问卷调查、实地测量、数据统计分析等多种方式尝试探寻亚热带湿热地区郊野公园室外环境春、夏、秋三季热舒适指标阈值。该成果也是本研究将建筑技术研究与规划设计研究有机连接的关键结合点。

3）提出基于气候适应性的亚热带湿热地区郊野公园规划设计关键导控指标

本书以亚热带湿热地区郊野公园室外环境热舒适指标阈值为目标导向，结合软件模拟与实测研究的方式对影响郊野公园微气候的景观设计因子进行了校验分析。同时，结合亚热带郊野公园热舒适阈值的研究，运用模拟软件ENVI-met对郊野公园游客活动区理想模型进行模拟实验，尝试寻求亚热带郊野公园规划设计关键因子的导控指标，为亚热带郊野公园气候适应性规划设计策略提出基于模拟分析的量化指标。

4）提出亚热带湿热地区郊野公园气候适应性的规划设计策略与实证研究

本书结合对亚热带郊野公园室外环境热舒适指标及关键规划设计导控指标的研究，在舒适性、安全性和健康性的规划设计目标与基本原则下，提出亚热带湿热地区郊野公园气候适应性设计策略,并结合相关案例对设计要点进行具体阐述。本书同时提出了结合 ENVI-met 模拟软件，基于热舒适预判的设计优化建议与应用方法。最后，结合四个景观工程实践案例探讨气候适应性设计策略在景观设计案例中的运用。该设计策略的提出是对郊野公园规划设计理论的有力补充，部分成果可直接指导郊野公园的规划设计，是对亚热带湿热地区气候适应性规划设计理论研究的重要补充与拓展。

（3）拟解决的关键科学问题

1）亚热带湿热地区郊野公园室外热环境变化规律及相关设计因子分析；

2）亚热带湿热地区郊野公园室外环境热舒适指标 SET 阈值的界定；

3）基于气候适应性的亚热带湿热地区郊野公园规划设计关键导控因子的模拟研究；

4）亚热带湿热地区郊野公园规划设计气候适应性策略的提出及量化分析研究。

（4）研究方法

1）实证性动态分析研究

本书采取的是综合系统的研究方法，对郊野公园的地域特色进行多层面的分析。采用定性与定量相结合的方法，重在实证性的动态分析，并适当地进行比较研究。

2）文献查阅与资料收集

通过查阅与收集相关资料，了解国内外相关研究的成果与最新动态，对本书可能涉及的风景园林、建筑技术、城市规划、建筑设计，以及生态学、统计学、植物学、地理学等学科的理论与方法进行重点研究。

3）实地调研、访谈、网络调查等调研方法

对于珠江三角洲地区的郊野公园的调研，主要以实地调研、现场测量、问卷调查、专题访谈以及网络调查等方法，保证资料信息的准确性和时效性。对珠江三角洲地区各代表性郊野公园进行室外热环境现场实测，主要测试参数包括温度、风速、湿度、黑球温度以及下垫面表面温度等，从中把握郊野公园微气候在白天的分布与变化特征。

4）跨学科的研究交流

本书将以风景园林、建筑技术、城市规划、建筑设计的理论为核心，综合借鉴多学科的理论方法与研究成果，形成对研究目标的全面认识以及多元求解的效果。

5）比较及对比研究

本研究运用 ENVI-met 模拟软件建立相关测试模型，分别进行春、夏、秋三季的模拟实验，进而对实测与模拟数据进行对比校验研究。另外，国外对郊野公园的相关建设研究早于国内，而香港在郊野公园的建设发展与规划管理方面已经积累了超过 40 年的经验，因此，本研究通过对比研究的方法，在了解、熟悉他人成果的基础上展开相关研究。

6）计算机模拟及量化分析

运用模拟软件 ENVI-met 对郊野公园游客活动区理想模型进行模拟实验，尝试寻求亚热带郊野公园规划设计关键因子的导控指标，为亚热带郊野公园气候适应性规划设计策略提出基于模拟分析的量化指标。

（5）研究框架

本书研究框架如图 1-8 所示。

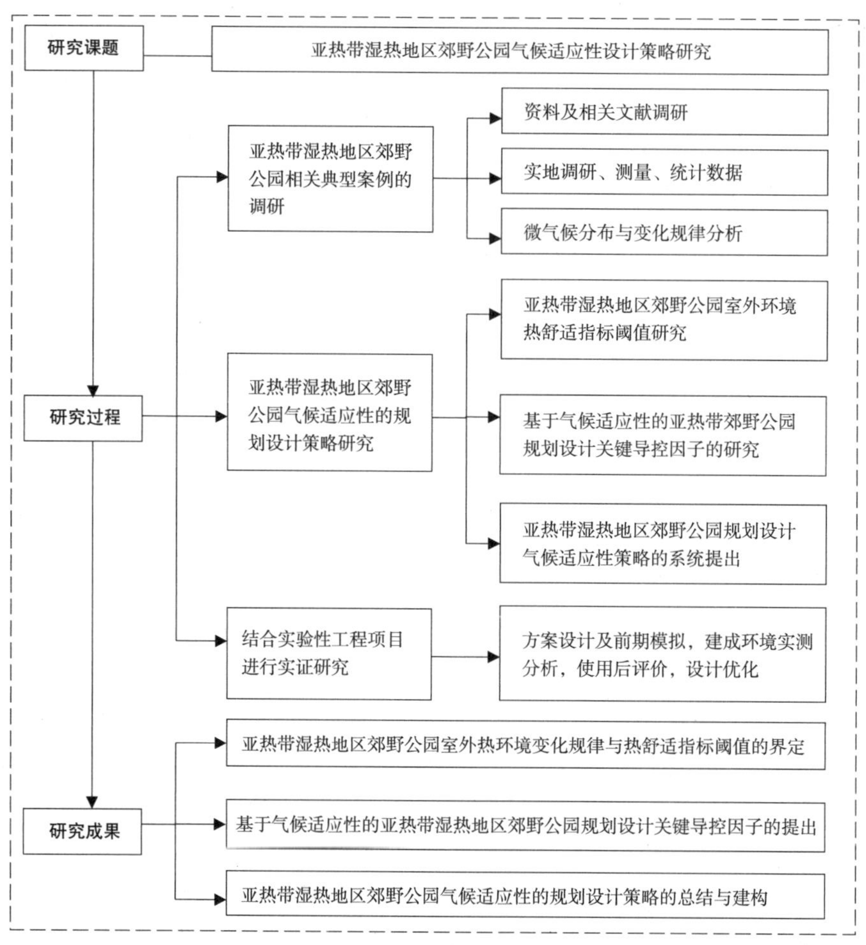
研究课题
亚热带湿热地区郊野公园气候适应性设计策略研究
资料及相关文献调研
亚热带湿热地区郊野公园相关典型案例的调研
实地调研、测量、统计数据
微气候分布与变化规律分析
亚热带湿热地区郊野公园室外环境热舒适指标阈值研究
研究过程
亚热带湿热地区郊野公园气候适应性的规划设计策略研究
基于气候适应性的亚热带郊野公园规划设计关键导控因子的研究
亚热带湿热地区郊野公园规划设计气候适应性策略的系统提出
结合实验性工程项目进行实证研究
方案设计及前期模拟，建成环境实测分析，使用后评价，设计优化
亚热带湿热地区郊野公园室外热环境变化规律与热舒适指标阈值的界定
研究成果
基于气候适应性的亚热带湿热地区郊野公园规划设计关键导控因子的提出
亚热带湿热地区郊野公园气候适应性的规划设计策略的总结与建构

图 1–8　本书研究框架图

第2章

亚热带湿热地区郊野公园典型案例室外热环境实测研究

现场实测是研究室外微气候的重要手段，并且实测取得的相关数据能为后续的模拟及理论研究提供验证与依据。根据资料调研，目前关于郊野公园微气候现场实测的研究较少，针对亚热带湿热地区郊野公园的室外热环境的测试研究则更不多见。结合相关课题研究，本人带领课题组从 2009 年起对珠江三角洲地区各个主要城市，包括广州、深圳、佛山、香港、珠海、中山、东莞等城市的郊野公园建设发展状况进行了大量的资料调研和实地考察，同时，香港作为在郊野公园建设与发展方面较为成功的城市，是实地考察的重点。

通过 2009 ~ 2010 年第一轮的调研工作，初步较为全面地了解珠江三角洲地区各主要城市郊野公园的建设发展现状。并且通过对调研获取的资料信息进行分析处理，在郊野公园规划设计、植物资源以及热环境测量数据方面均取得较大的进展。在第一轮的实地调研工作中，主要对广东天鹿湖森林公园（原天鹿湖郊野公园）、香港的香港仔郊野公园、西贡西郊野公园等郊野公园的室外微气候环境进行现场实测，根据取得的实测数据进行分析。

在 2011 ~ 2012 年展开的第二轮实地调研工作中，考察的重点城市是香港、广州、深圳、佛山，除了深入公园实地考察、进行全白天现场热环境测量以外，还与各郊野公园的相关负责人及资深工程师进行了访谈。其中，深圳主要调研了塘朗山郊野公园和马峦山郊野公园；佛山主要调研了南海狮山郊野公园、南海三山郊野公园；香港主要是船湾郊野公园与城门郊野公园。进行了室外热环境实测的郊野公园包括：佛山南海三山郊野公园、深圳马峦山郊野公园、广东天鹿湖森林公园（原天鹿湖郊野公园），均进行了全白天现场热环境的测量（塘朗山郊野公园因为天气原因被迫放弃测量），并完成了相应的测试分析报告。其中，广东天鹿湖森林公园（原天鹿湖郊野公园）分别在 2011 年的春季、夏季、秋季各进行了实地调研及实测。

通过近年来对珠江三角洲地区各个主要城市郊野公园典型案例相关且持续的调研，本研究获取了大量的现场资料、测试数据与部分规划设计图纸，为后续的相关研究奠定了较为坚实的基础。本章将对亚热带湿热地区郊野公园典型案例在热环境实测中的相关测试情况与结果进行分析论述，包括广东天鹿湖森林公园（原天鹿湖郊野公园）在 2010 年夏季，2011 年春、夏、秋三季全白天现场热环境的测量；2011 年夏季对佛山南海三山郊野公园、深圳马峦山郊野公园的全白天现场热环境测量以及 2010 年夏季对香港仔郊野公园的现场热环境测量。本研究通过对历次郊野公园现场热环境测量数据的分析，初步总结影响郊野公园户外热环境的相关设计因子，为亚热带郊野公园气候适应性设计策略的提出做基础性工作（图 2-1）。

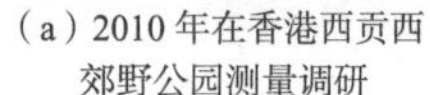

（a）2010 年在香港西贡西郊野公园测量调研　（b）2010 年在香港香港仔郊野公园测量调研　（c）2011 年在深圳马峦山郊野公园测量调研　（d）2012 年在香港城门郊野公园交流调研

图 2–1　笔者带领调研小组在部分相关郊野公园调研时的合照（来源：课题组提供）

2.1　基于实践项目的景观设计因子对微气候影响的初步实测

为了探讨景观设计因子对郊野公园微气候的影响，并对设计实践项目中气候适应性设计手法的运用进行总结，笔者在 2010 年夏季（8 月 14 日），对设计实践项目——广东天鹿湖森林公园（原天鹿湖郊野公园）东大门主入口区进行了现场实测，分析相关设计因子对场地微气候的影响，反思在设计过程中通过调整相关设计因子以优化郊野公园热环境的方法。

2.1.1　测试区域

广东省天鹿湖森林公园的前身为天鹿湖郊野公园，始建于 1996 年，位于广州市东北部，毗邻科学城，是萝岗区重点打造的十公里地带中心区，是广州市东部重点生态安全保障区。地理环境优越，交通方便，公园森林茂密，山清水秀，环境幽静，植被良好，树种繁多，林相丰富。经纬度：东经 113°8′51″E ~ 113°11′7″E，北纬 23°12′35″N ~ 23° 14′26″N，处于亚热带气候区（一般亚热带位于温带靠近热带的地区，大致 23.5° N ~ 40° N、23.5° S ~ 40° S 附近）。本研究的设计实践项目是该公园的主入口区，位于森林公园的西北部，用地面积约为 64300m^2。设计目标是营造一个具有标志性的公园主入口空间，同时也为市民提供一个丰富多彩的公共休憩场所。

本次测试的区域主要为天鹿湖郊野公园主入口区的一期建成部分，包括礼仪集会广场、停车场、广场后花园及半山荷花池等部分。东大门主入口区的停车场、广场位于山脚，靠近公路；荷花池位于半山，周围有大片密林。实测时该期工程已建成并投入使用。设计及测试的区域高程变化较大，山下广场区域用地高程从 120m 变化到 143m，局部坡度较陡；半山荷花池高程 181m 与山下广场的平均高程 130m 相差约 51m。

2.1.2　测试目的与内容

本次测试的主要目的是结合设计实践项目初步探讨景观设计因子对微气候的影响，因此，结合在设计中关注的内容如遮阳（含人工与植物遮阳）、下垫面材料（如硬质铺装、水体、草地）等景观设计因子进行重点观测。同时，由于调研场地内高程变化丰富，地形较为复杂，山下广场区与半山荷花池区高程相差较大，因此，不同海拔高度以及地形变化对游客活动区微气候的影响也是本次观测的内容。

本次测试主要以定点观测为主，在测试区域设置自记仪逐时记录行人高度（距地 1.5m 左右）的空气温度、湿度、黑球温度。同时，采用流动观测的方法，每隔 30 分钟观测不同测点的风速以及风向。测试时间从上午 10：00 ~ 17：00，为游客相对集中时段。

2.1.3 测试仪器

本次实验采用 HOBO 自记仪记录空气温度、湿度，采用黑球湿球温度指数仪记录黑球温度，采用万向风速计流动观测记录不同测点的风速与风向。所有自记仪的读数间隔均为 1 分钟（进行数据分析采用每半小时的数据）。HOBO 自记仪均被放置在用铝箔包裹好的铝合金套筒中，并用三脚支架将这些套筒固定在离地约 1.5m 的高度，黑球湿球温度指数仪放置在三角支架的顶端。实测所采用的仪器如表 2-1、图 2-2、图 2-3 所示。

测试仪器与精度 [10]　　表 2-1

测量参数	测量仪器	仪器精度	记录时间间隔
1.5m 行人高度处空气干球温度及相对湿度（定点观测）	HOBO 温湿度自记仪 型号：H08-032-08 产地：美国	温度测量范围：-30 ~ 50℃ 温度测量精度：±0.3℃ 相对湿度测量范围：0 ~ 100% 相对湿度测量精度：±3%	1 分钟 （自动）
WBGT， 黑球温度 （定点观测）	湿球黑球温度指数仪 型号：WBGT-2000 产地：中国	温度测量范围：10 ~ 60℃ 温度测量精度：±1℃ 自然湿球温度测量范围：5 ~ 40℃ 自然湿球温度测量精度：±0.5℃ 黑球温度测量范围：20 ~ 120℃ 黑球温度测量精度： ±0.5℃（20 ~ 50℃时） ±1℃（50 ~ 120℃时）	1 分钟 （自动） 30 分钟 （手动）
WBGT， 黑球温度 （移动观测）	综合热效应检测仪 型号：WBGT-103 产地：日本	WBGT 测量范围：0 ~ 50℃ WBGT 测量精度：±2℃ 温度测量范围：0 ~ 50℃ 温度测量精度：±1℃ 相对湿度测量范围：10% ~ 90% 相对湿度测量精度：±5% 黑球温度测量范围：0 ~ 60℃ 黑球温度测量精度：±2℃	30 分钟 （手动）
风速 （移动观测）	热球风速仪 型号：QDF-6 型 产地：中国	风速测量范围：0 ~ 30m/s 风速测量精度：±3%（满量程）	30 分钟 （手动）

图 2-2　HOBO 温湿度自记仪

图 2-3　湿球黑球温度指数仪

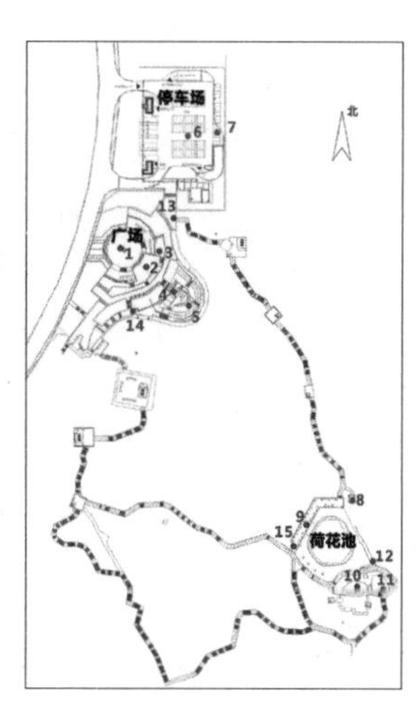

图 2-4　测点布置图

2.1.4 测点布置情况

测试区内共布置测点 12 个（图 2-4），主要考察道路下垫面性质、树荫、人工构筑物以及大面积水体对热环境参数的影响。各测点的位置、树荫遮蔽、下垫面情况及测试参数如表 2-2、图 2-5 所示。

测点布置一览表 **表 2–2**

测点	位置		遮阴情况	下垫面	测试参数
1	东大门广场	圆形广场中央	暴晒	花岗岩硬质铺地	T，RH，BGT
2		圆形广场东南	索膜下	室外木地板铺地	T，RH，BGT，W
3		广场绿化花坛	树荫下	低矮灌木	T，RH
4		后花园水池旁	暴晒	水泥砖硬质地面	T，RH
5		后花园水池旁	浓密树荫下	草地	T，RH
6	停车场	车行道路	暴晒	水泥地面	T，RH，W
7		停车位旁	较疏树荫下	草地	T，RH，W
8	荷花池	荷花池边亭子	亭子内	室外木地板铺地	T，RH
9		栈道上	暴晒	室外木地板铺地	T，RH，BGT，W
10		休息平台 1	浓密树荫下	水泥地面	T，RH，W
11		休息平台 2	树间阳光下	水泥地面	T，RH，W
12		小溪旁	浓密树荫下	泥地面	T，RH，W

（注：T 为空气温度，RH 为相对湿度，W 为风速，BGT 为黑球温度）

（a）测点 1 暴晒广场　（b）测点 2 索膜下　（c）测点 3 广场花坛树荫下　（d）测点 4 花园渗透地面　（e）测点 5 水池边树下　（f）测点 6 暴晒停车场

（g）测点 7 停车场树荫下　（h）测点 8 荷花池旁亭子　（i）测点 9 暴晒木栈道　（j）测点 10 树荫下平台　（k）测点 11 树间阳光平台　（l）测点 12 树荫下小溪下

图 2–5 测点布置环境情况一览图

2.1.5 城市气象参数

为了更好地比较天鹿湖郊野公园主入口区各景观设计因子对微气候的影响，笔者根据广州市中心气象台五山气象站提供的当天广州市的天气记录数据，与实验测量所得的数据进行参照。2010 年 8 月 14 日广州市的天气状况是晴，温度是 27 ~ 35.3℃，当天上午 10：00 的气温是

32.3℃，下午 5：00 的温度是 33.1℃，白天最高气温是 35.3℃。

2.1.6　实测结果分析

（1）空气温度

从当天的气温折线图分析可知（图 2-6）：当天白天各测点的气温变化在 28 ~ 38℃之间，气温波动明显，并且最高气温高出广州五山气象站纪录的当天最高气温约 2.7℃；在太阳暴晒下的硬质地面温度最高（如测点 1、测点 4、测点 6）从上午 10:00 开始已经超过 30℃，下午 14：00 ~ 16：00 气温最高，接近 38℃，到下午 5：00 气温仍在 33 ~ 34.3℃之间；水边树荫下测点气温最低（如测点 10、测点 12），并且全天波动较小，在 29 ~ 31℃之间，上午 10:00 的气温低于气象站纪录气温约 3℃，到下午 5：00 气温在 29 ~ 31℃之间，远低于气象站纪录气温，说明“水体 + 树荫”的设计降温效果明显，当天最大降温效果接近 8℃。索膜下测点 2、广场树荫下的测点 3、后花园大树下测点 5、荷花池亭子内测点 8 的气温居中，气温变化约在 28 ~ 33℃之间，说明人工与植被遮阳降温效果明显；气温波动较暴晒下的测点小，但较水边树荫下的明显。景观设计因子的降温效果从大到小依次为：树荫下水体旁 > 水体边构筑物内 > 水体旁 > 树荫下 > 人工构筑物下。地面的不同材质对气温也有不同影响，例如同样是暴晒条件下，木栈道地面就比广场花岗岩石材地面、停车场的水泥地面的气温低。同时，海拔高度的差异对气温也有较为明显的影响。

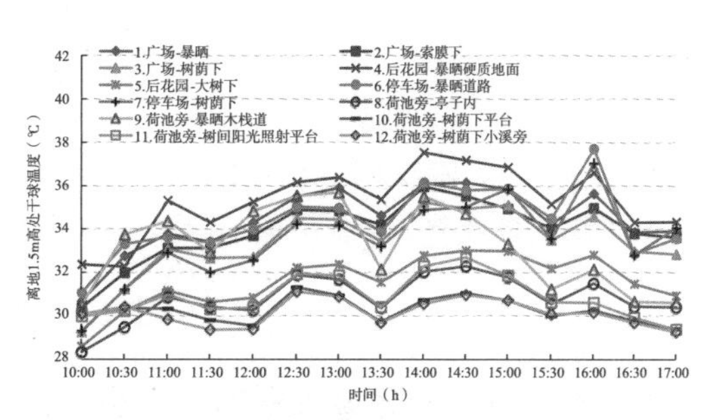

图 2-6　实测区域各测点空气温度日变化图

（2）相对湿度

通过对各个测点的湿度值分析（图 2-7）可知：水体边的测点湿度较高（测点 8、测点 10、测点 11、测点 12），树荫下草地上的测点湿度居中，索膜下木质铺地湿度较低（测点 2），停车场、广场硬质地面湿度最低。

（3）风速

通过比较可以发现（图 2-8），位于开阔空间的测点 2、测点 7 的风速较大，大部分时间风速达到 1m/s 以上，偶有 4m/s 的阵风；周围被林木遮挡的测点 11、测点 12 风速值较小，大部分时间风速在 0.5m/s 以下；测点 9 风速值居中，大部分时间风速为 0.5 ~ 1.5m/s。测点 2 受场地局地风的影响，通风较为良好稳定，全白天大部分时间风速为 1 ~ 2m/s。

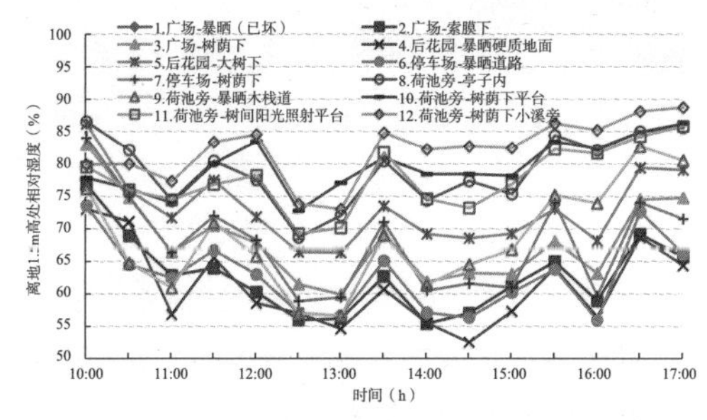

图 2-7　实测区域各测点空气湿度日变化图

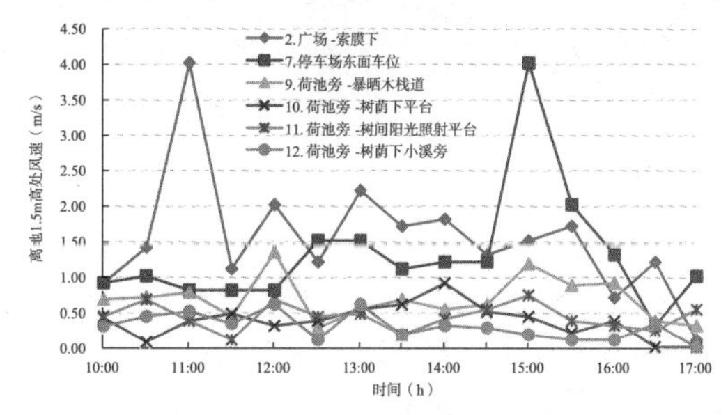

图 2-8　实测区域各测点风速日变化图

（4）黑球温度

通过比较可以发现（图 2-9），暴晒条件下的测点 1 和测点 9 的黑球温度变化规律相近，基本都是在中午 12 点达到最大值，最高达到 53℃；在 12：00 ~ 16：00 是全白天最高时段。测点 1 和测点 9 的黑球温度值相差不大，但都远大于测点 2，差值最大约达 15℃；并且，在暴晒工况下黑球温度波动明显，波动幅度超过 20℃（测点 9），而测点 2 在人工构筑物下黑球温度波动较为平稳，实测数据在 33 ~ 40℃之间，波动幅度在 8℃以内。

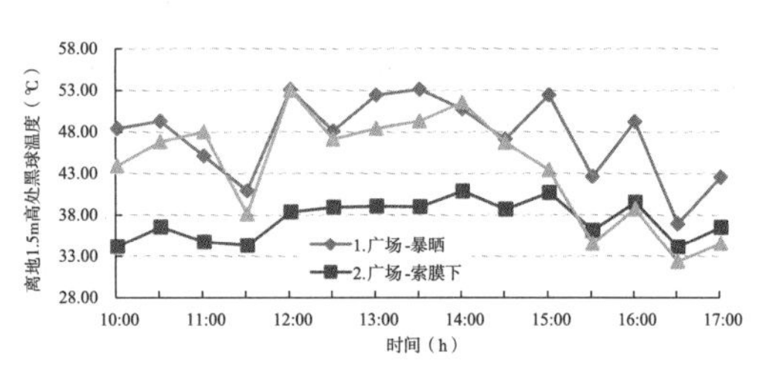

图 2-9　实测区域各测点黑球温度日变化图

（5）各测点最高温度与广州五山气象站当天最高温度比较

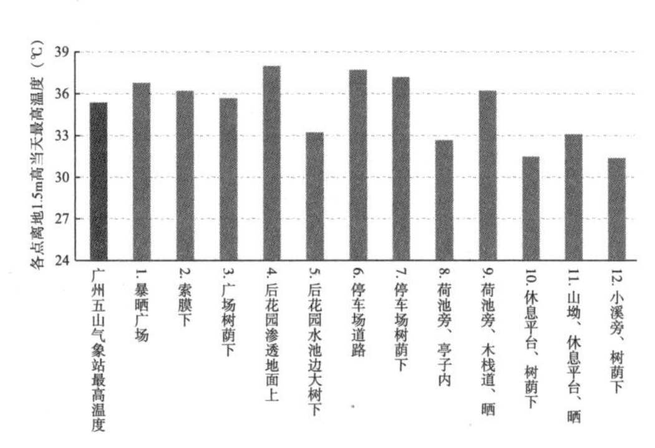

图 2-10　各测点最高温度与广州五山气象站当天最高温度比较

由图 2-10 可知，在暴晒条件下，测点的最高气温都比广州市五山气象站当天最高气温高出很多，温差最大接近 3℃；在采取人工或植被遮阳的单一设计条件下，环境有所改善，但测点的最高气温依然比五山气象站当天最高气温高出约 0.3 ~ 0.8℃；而采用了景观设计因子复合作用的测点（如测点 8、测点 10、测点 12）在水体、植被遮阳、周边大面积自然植被作为热缓冲环境等条件的共同作用下，其测点的最高气温低于五山气象站当天最高气温约 2.4 ~ 4℃。

2.1.7　测试结论

通过综合分析比较实测所得的数据，可以得到以下结论：

（1）在亚热带郊野公园的室外环境设计中遮阳设计很有必要

在暴晒条件下，测点 1 和测点 9 的黑球温度在 12：00 ~ 16：00 是全白天的最高时段，两个测点基本都是在中午 12 点达到最大值，约 53℃，说明在郊野公园游客集中活动时段太阳辐射很强烈。当天暴晒下测点的最高气温都比广州市五山气象站的最高气温高出很多，温差最大接近 3℃。因此，在亚热带郊野公园的室外游客活动区中进行遮阳降温设计是很有必要的。

（2）热缓冲环境对微气候热舒适性有重要作用

根据当天的实测数据，测点 10、测点 12 在平均风速为 0.5m/s 的情况下，气温最低，这与其周边具有浓郁的山林植被、测点接近水体有关。在大片暴晒硬质铺地上，即使通风条件良好，测点最高气温都高出广州市当天最高气温 3℃（如测点 7）；而在有树林遮阴且周围是大片绿地的情况下，测点的最高气温均低于广州市当天最高气温值 2.4 ~ 4℃。由此可见，在测试区域周边的浓密树林作为热缓冲环境对微气候的热舒适性有重要作用，其影响大于遮阳、通风等设计手法。

在此，笔者尝试对“热缓冲环境”进行界定：位于设计区域周边的具有良好自然植被的环境，对设计区域的微气候有重要而明显的影响；当热缓冲环境为带状浓密树林或林带时，可称之为“热缓冲带”，其设计的宽度、高度、郁闭度将对场地的微气候有直接影响。

（3）乔木及人工建构筑物具有一定的遮阳降温作用

1）高大乔木遮阳降温效果明显，测点 3、测点 5、测点 10、测点 12 的气温在山上、山下各测试区域内最低，说明乔木对太阳辐射有明显的遮挡作用，并且植物的蒸腾作用、光合作用会吸收周边环境的热量，降低气温。

2）索膜、亭子等人工构筑物对太阳辐射有明显阻挡作用。

3）在广场中，测点 3 的气温低于测点 2，说明高大乔木的遮阳效果优于索膜等人工建构筑物。

（4）水体蒸发的降温作用较为明显

温度与空气中的湿度有关，水边的湿度大，温度明显降低。在太阳暴晒下，水体蒸发作用的降温效果较为明显，如测点 10、测点 12。从测点 5 与测点 3 的数据比较可以发现：后花园水池边大树下的测点 5 与广场大树下的测点 3 在遮阴相同的情况下，水边的湿度较大，温度明显较低。

（5）渗透性地面对微气候热舒适性有一定作用

大片绿地对比大片硬质铺地，能有效减少热辐射，提高舒适度。在广场区，测点 3、测点 5 的气温比测点 1、测点 2、测点 4 低 2 ~ 4℃；在停车场区，测点 7 比测点 6 的气温低 1 ~ 2℃；在半山荷花池区测点 12 的气温最低。这说明泥地及草地的地表蒸发与地被植物的蒸腾、光合作用有助于吸收周边环境的热量，能有效降低气温。

（6）通风具有一定的降温作用

在停车场区域的测点 6，测点风速较大，气温比同样暴晒下的测点 1、测点 9 低 1 ~ 2℃。因此，较大的风速有助于降低温度，改善热环境。

（7）绿化及水体有助于减少气温波动幅度

在实测时间内，处于水体及树荫下测点最高气温与最低气温的差值在 1 ~ 2℃，而暴晒区域下测点最高气温与最低气温的差值达到 4.5℃。因此，绿化及水体有助于减少最高温度与最低气温的差值，使得局部区域的气温相对稳定。

（8）景观设计因子的降温效果排序

根据本次实测，可初步归纳在室外环境中景观设计因子的降温效果从大到小依次为热缓冲环境（热缓冲带）+ 树荫 / 水体 / 草地 > 树荫下水体旁 > 水体边构筑物内 > 水体旁 > 树荫下 > 人工构筑物下。地面的不同材质对气温也有不同影响，例如同样是暴晒条件下，木栈道地面就比广场花岗岩石材地面、停车场的水泥地面的气温低。同时，海拔高度的差异对气温也有较为明显的影响。

2.1.8　设计反思

在实测结果中，绿化停车场的热环境舒适度未能令人满意，这与树木的选种、车道为混凝土地面有较大的关系；广场索膜下空间的温度仍偏高，这与索膜周边无遮阴大树、与广场暴晒区热量交换频繁等因素有关。这些未尽人意之处表明气候适应性设计的运用需采用复合策略的方式才有可能达到较为理想的预期效果。

2.2　景观设计因子在夏季对微气候影响的实测研究

本部分的研究是在上文基于实践项目初步实测研究的基础上，结合其他具有代表性的郊野公园案例，进一步探讨景观设计因子对微气候的影响。笔者在珠江三角洲的主要城市中选择了若干郊野公园进行室外热环境测试，包括深圳马峦山郊野公园、佛山三山郊野公园及香港仔郊野公园。马峦山郊野公园的地形高程变化明显，水体资源丰富，并且结合地形变化呈现出不同的静水景观与动水景观，该实测重点关注水体、高程变化及地面材质对微气候的影响。三山郊野公园地形相对平缓，水体面积不大，关注的重点是景观遮阳（包括植物遮阳与人工遮阳）、地面材料及静态水体对微气候的影响。香港仔郊野公园是较为成熟的郊野公园案例，在港岛原有的蓄水植林区发展起来，其景观特色是有上水塘和下水塘两个水库及生态良好的山林景观，测试的重点是考察海拔高度的变化对微气候的影响，同时也进一步测试诸如水体、草地、景观遮阳等相关设计因子对热环境的影响。

由于本部分实测研究采用的仪器与前文一致，测试方式也相同，因此关于测试仪器的介绍下文不再赘述。

2.2.1 深圳马峦山郊野公园 2011 年夏季现场实测情况及数据分析

2.2.1.1 现场实测

深圳马峦山郊野公园位于深圳市龙岗区，南邻深圳东部华侨城，西接盐田区三洲田水库，东至葵涌镇，总面积 28km^2，海拔 300 ~ 590m。其中有深圳最大的瀑布，谷内岩石因水流冲刷而形成各种形态，溪水清澈，植被浓郁。笔者带领调研小组于 2011 年 8 月 11 日对深圳马峦山郊野公园的微气候进行了实测。通过测量记录空气温度、湿度、气流速度等热环境变量，分析其变化的总体规律，探讨景观设计因子对郊野公园微气候的影响。

（1）测试区域

本次测试主要分为入口区（梅坑）与半山区两个主要区域，入口区部分的水体较为开阔平稳，半山区的水体结合该处的瀑布跌水及小溪等动水景观进行测量。实测除关注水体对微气候的影响外，对景观遮阳、地面材质等景观设计因子也同样进行关注。其中，梅坑入口区的测点包括停车场、入口休息亭附近区域等，半山区包括半山休息亭、小溪上的石桥等测点。

（2）测试内容

本次测试主要以定点观测为主，在梅坑入口停车场、梅坑入口休息亭、半山休息亭等测点设置温度、湿度自记仪逐时记录行人高度（距地 1.5 ~ 2.0m）的空气温度、湿度。同时，采用流动观测的方法，每隔 30 分钟观测不同点的风速以及黑球温度。测试时间从上午 10：00 到下午 18：00，为该公园游客相对集中时段。由于实测当天出现阵雨，因此实测数据受其影响出现波动。

（3）测点布置情况

本次测试共布置测点 10 个（图 2-11、图 2-12），分别在入口区（梅坑）设置 6 个测点与半山区设置 4 个测点。主要考察不同下垫面、不同遮蔽物以及水体对微气候热环境参数的影响。各测点的位置及下垫面、遮蔽情况的测试参数见表 2-3、图 2-13。

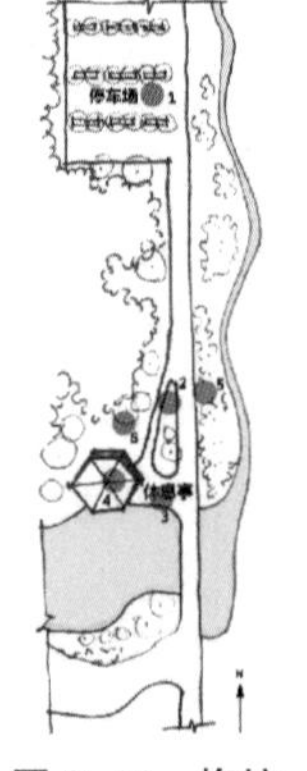

图 2-11 梅坑入口区测点布置图

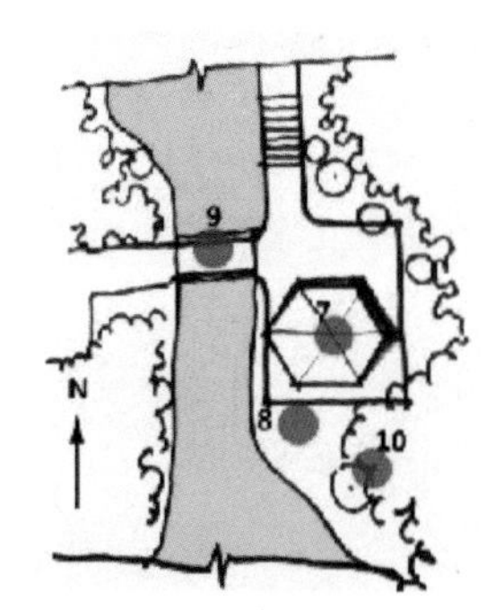

图 2-12 半山区测点布置图

测点布置一览表　　**表 2-3**

测点编号	位置		遮阴情况	铺地	水体	测试仪器	备注
1	入口	停车场	无	植草砖	无	T，RH，W，BGT	一人持风速仪在各点轮流测量，30 分钟一轮。除风速仪外其余固定放置
2		休息亭周边	无	水泥	无	T，RH，W，BGT	
3			无	水泥	有	T，RH，W，BGT	
4			亭子	水泥砖	有	T，RH，W	
5			无	草地	无	T，RH，W，BGT	
6			树	草地	无	T，RH，W	
7	半山休息亭周边		亭子	水泥砖	有	T，RH，W	
8			无	草地	有	T，RH，W	
9			无	石	有	T，RH，W	
10			树	草地	有	T，RH，W	

（注：T 为空气温度，RH 为相对湿度，W 为风速，BGT 为黑球温度）

（a）测点 1　入口停车场，晒，植草砖　（b）测点 2　入口，晒，远水，硬质　（c）测点 3（仪器损坏）入口，晒，水边，硬质　（d）测点 4　入口，亭下，硬质

（e）测点 5　入口，晒，草地，远水　（f）测点 6　入口，树下，草地，远水　（g）测点 7　半山，亭下，硬质

（h）测点 8　半山，晒，水边，草地　（i）测点 9　半山，晒，水边，石桥上　（j）测点 10（仪器损坏）半山，树下，水边，草地

图 2-13　测点布置环境情况一览图

2.2.1.2　实测结果分析

（1）梅坑入口区域

1）温度对比

由图 2-14 可见，当天由于是晴有阵雨天气，受降雨影响，最高气温偏低，并且实测时间内

各测点的气温变化波动较大，在 27.6 ~ 32.6℃之间。由于在当天 11：30 ~ 12：00 间、13：00 左右、14：30 左右分别出现阵雨，各测点温度下降，并且在天 11：30 左右降幅最为明显；各点最高气温出现在 13：30 ~ 14：00 点之间。在各点中，测点 5 平均温度最高，受时间及天气影响变化最剧烈，温差幅度达 4.8℃，当天最高气温到达 32.6℃；测点 4 平均温度最低，变化最为和缓，温差幅度为 2.6℃，当天最高气温仅 29.8℃，说明水体加上人工遮阳设施降温效果明显，当天最大可降温约 2.8 摄氏度。从测点 4 与测点 6 的气温变化曲线可以看出，在景观遮阳条件下，微微流动的水体对微气候具有明显降温效果，并且有助于气温的稳定。而从测点 1、测点 2、测点 5 的比较可以看出，小面积草地在暴晒条件下相对于植草砖与混凝土硬质地面而言，在降温方面无明显优势，其热环境关键在于周边的热缓冲环境的界定。测点 5 与测点 6 的对比可以看出在同样条件下，乔木遮阳可有效降低气温 2℃以上。在本次试验中，景观设计因子的降温效果从大到小依次为水体边构筑物内 > 草地树荫下 > 小面积植草砖 > 小面积硬质地面或小面积草地。

2）湿度对比

当天由于阵雨原因，湿度明显偏高；各点湿度最高出现在 11：30 ~ 12：00 区间，此时正好下阵雨，降水使环境湿度明显增加，达到当天最大值；各点湿度最低出现在 13：30 左右。测点 6 的平均湿度最大（87.7%），当天最大值为 96%，最小值为 81.4%。测点 5 的平均湿度最小（79.6%），当天最大值为 91.2%，最小值为 69.3%。对于近水的亭下测点 4 湿度居中，说明近水区域未必湿度最高。通过对测点 1、2、5 对比可见，在无遮阴条件下，不同地面材质的平均湿度从高到低依次为小面积植草砖 > 小面积硬质地面 > 小面积草地（图 2-15）。

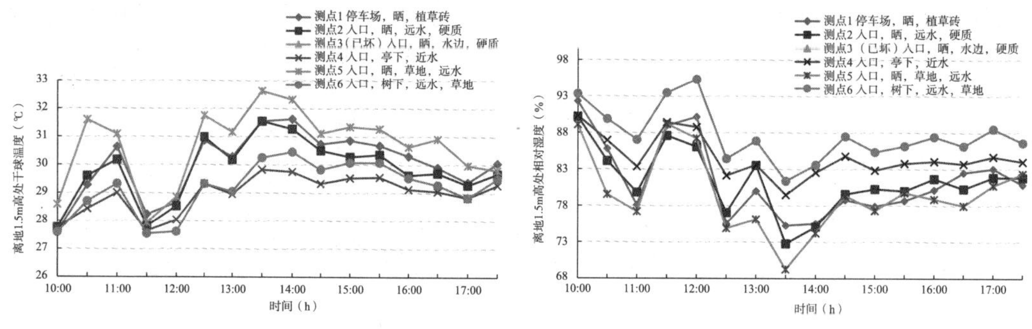

图 2–14　梅坑入口区实测区域各测点空气温度日变化图　　图 2–15　梅坑入口区实测区域各测点空气湿度日变化图

3）温度湿度综合对比

梅坑入口区实测区域各测点温度与相对湿度综合对比表　　表 2–4

测点		1	2	4	5	6
环境描述		晒，远水，植草砖	晒，远水，硬质	亭下，近水	晒，远水，草地	树下，远水，草地
平均值	温度（℃）	30.1	29.8	29	30.7	29.2
	湿度（%）	81.5	81.4	84.7	79.6	87.7
最大值	温度（℃）	31.6	31.7	29.9	32.7	30.5
	湿度（%）	94.3	92.3	93.5	91.2	96
最小值	温度（℃）	27.6	27.6	27.3	27.9	27.2
	湿度（%）	74.1	72.8	78.8	69.3	81.4
极差	温度（℃）	4	4.1	2.6	4.8	3.3
	湿度（%）	20.3	19.5	14.6	21.9	14.6

（注：测点 3 因为 HOBO 数据缺失，无法进行分析）

（2）半山休息亭区域

1）温度对比

半山区域各测点的气温同样受当天阵雨影响，在 11：30、13：00、14：30 左右均有所下降，11:30 左右的那场降雨较为明显，因此 11:30 到达当天最低气温。全日最高温度出现在 14 点左右。从图 2-16 可见，测点 7 气温变化较为平缓，最高气温为 29.3℃，最低气温为 26.6℃，并且温度较其他两测点低。测点 8、测点 9 温度波动较为明显，测点 8 气温最高，达到 33.6℃，最低气温为 27℃；测点 9 当天最高气温为 32.5℃，最低气温为 27.4℃。由此可见，在同样靠近流动水体的测点中，人工遮阳降温的效果明显。而在靠近水体的暴晒区域，小面积草地的气温与小面积硬质地面的气温接近。在亚热带夏季炎热天气，无遮阴条件下，小面积草地受气候影响的温度波动变化较硬质石头路面更为明显。

另外，从图 2-16 可以看到，阵雨能带来环境降温影响，但影响气温的强弱与时间长短受降雨强度的影响。

2）湿度对比

受阵雨影响，三个近水的测点湿度偏高，全日波动范围在 72% ~ 97.1% 之间，尤其是早上至中午时段湿度较高；全日湿度最低点出现在 13：30 ~ 14：00 之间，其波动曲线与当天降雨情况相符，变化趋势与梅坑入口区相近。其中，湿度变化较为剧烈的是测点 8（暴晒下草地），波动范围是 72% ~ 97.1%；较为平稳的是测点 7（亭下硬质铺地），波动范围是 84.2% ~ 95.3%；测点 9（水上暴晒下石桥）则居中。由图 2-17 可见，有遮阳设计的环境平均湿度高于暴晒下环境，并且湿度变化较平缓。通过测点 8、9 对比可知，在无遮阳设计条件下，亲水的草地平均湿度略高于亲水的硬质石路面，并且湿度变化较为剧烈。

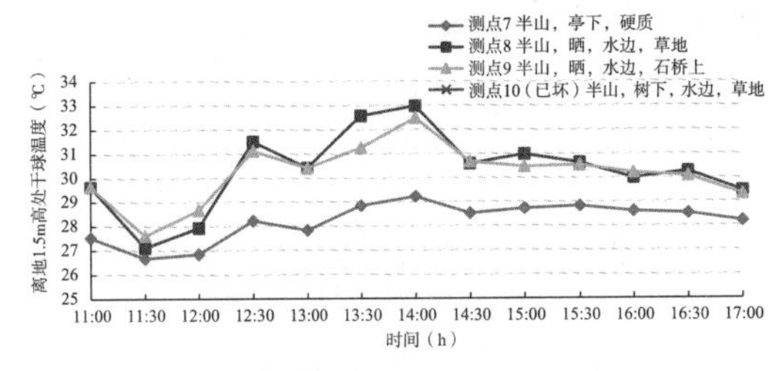

图 2-16　半山区实测区域各测点空气温度日变化图

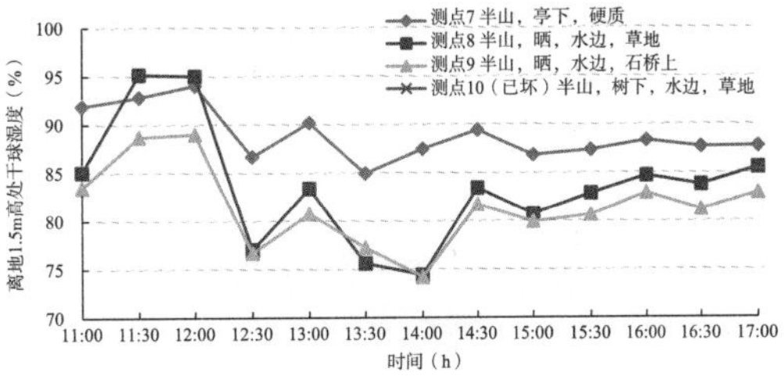

图 2-17　半山区实测区域各测点空气湿度日变化图

3）温度湿度综合对比（表 2-5）

半山区实测区域各测点温度湿度综合对比表　　表 2-5

测点		7	8	9
环境描述		半山，亭下，水边，硬质，	半山，晒，水边，草地	半山，晒，水边，石桥
平均值	温度	28.1	29.9	29.9
	湿度	89.4	84.6	82.8
最大值	温度	29.3	33.6	32.5
	湿度	95.3	97.1	96.2
最小值	温度	26.6	26.2	27
	湿度	84.2	72	72.9
级差	温度	2.7	7.4	5.6
	湿度	11.1	25.1	23.3

（注：测点 10 HOBO 数据损失）

2.2.1.3　测试结论

通过综合分析比较实测所得的数据，可以得到以下结论：

（1）在亚热带郊野公园的室外环境设计中避雨设计很有必要

在亚热带湿热地区，降雨频繁，实测当天就有三次降雨，并且多是突然而来的阵雨，因此，在游客活动区以及游客步道的设计中，考虑避雨设施的设计很有必要。同时，避雨与人工遮阳设施可以结合设计。

（2）乔木及人工建构筑物具有一定的遮阳降温作用

1）高大乔木遮阳降温效果明显。测点5（暴晒）、测点6（乔木遮阳）在远离水面相同距离、草地为地面界面的条件下，测点6的平均温度较测点5低1.6℃，当天最大温差约为2.1℃。

2）亭子等人工构筑物遮阳降温效果明显。在同样近水的条件下，测点7比测点8、测点9的平均温度低，当天最大温差约为4.3℃，并且该测点气温变化较测点8、9更为平缓宜人。

（3）流动水体降温作用较为明显

测点4（亭下，近水）平均温度最低，变化最为和缓，当天最高气温仅29.8℃，说明水体加上人工遮阳设施降温效果明显，当天最大可降温约2.8℃。根据前文天鹿湖郊野公园夏季实测发现乔木遮阳降温效果优于人工遮阳，但在本次测试中发现，测点4（水边亭下）的平均温度比测点6（树下，远水）低0.2℃，最大温差达到0.6℃；从测点4与测点6的气温变化曲线可以看出，在景观遮阳条件下，说明微微流动的水体对微气候具有明显降温效果，并且有助于气温的稳定。

（4）暴晒条件下，小面积草地对比小面积硬地无明显降温作用

在同样近水暴晒条件下，测点8（草地）、测点9（石桥）的平均温度均是29.9℃，测点8的当天最高温度是33.6℃，高于测点9约1.1℃；最低温度是26.1℃，低于测点9约0.8℃。暴晒条件下，草地平均温度与石桥上相当，但温度变化较为剧烈。而从湿度上看，草地测点平均温度高于石桥上测点，变化幅度也较大。因此，可以推论小面积的草地对比小面积硬地无明显降温作用，并且受天气变化的影响更为明显。由此可见，有必要结合理想模型的模拟实验研究不同面积绿地对微气候的影响。

（5）暴晒条件下，植草砖优于混凝土硬地铺装

在同样远水暴晒条件下，测点1（植草砖地面）的平均黑球温度是36.8℃，比测点2（水泥地面）低约2.2℃。测点1当天最高黑球温度是45℃，而测点2当天最高黑球温度约是47.5℃。由于黑球温度包括了周围的气温、热辐射等综合因素，间接地表示了人体对周围环境所感受的辐射热状况，因此，可初步推论硬质地面（如水泥地面）的热辐射较强，烘烤感明显，易使人感觉不适；植草砖地面相较而言，热辐射相对较小，优于混凝土硬地铺装。

（6）景观设计因子的降温效果排序

在本次试验中，景观设计因子的降温效果从大到小依次为水体边构筑物内 > 草地树荫下 > 植草砖 > 硬质地面或小面积草地。同时，海拔高度的差异对气温也有较为明显的影响。例如，同样是近水亭下测点，入口区测点4的平均温度为29℃，而半山区测点7的平均温度为28.1℃，比测点4低了约0.9℃；并且，测点7的当天最低温度（26.6℃）与最高温度（29.3℃）均比测点4（最低温度27.3℃与最高温度29.9℃）要低。

2.2.2　佛山南海三山郊野公园 2011 年夏季现场实测情况及数据分析

2.2.2.1　现场实测

佛山南海三山郊野公园由镰岗尾、大松林、中心岗三座山及山脚下绿地组成，位于佛山、平洲进入三山新城的重要通道——三山大道的南侧，该公园面积约 88hm，是一个以自然山体、森林植被景观为主，辅以爬山游览、散步、越野自行车、攀岩等健身配套设施的城市休闲游憩公园。笔者带领调研小组于 2011 年 8 月 5 日对佛山南海三山郊野公园的微气候进行了现场实测。通过测试空气温度、湿度等热环境变量，分析其变化的总体规律，探讨景观设计因子对郊野公园微气候的影响。

（1）测试区域简介

本次测试的区域为三山郊野公园的入口区，该区域游客相对集中，靠近山脚的区域，设有停车场、入口牌坊、管理用房、卫生间、工具间的建筑，园内游客活动区包括大片草坪、水池、山林、亭子等，公园旁边有高铁正在施工。水池为静水水体，面积约 400m^2。

（2）测试内容

本次测试主要以定点观测为主，设置温度、湿度自记仪逐时记录行人高度（距地 1.5 ~ 2.0m）的空气温度、湿度。同时，采用流动观测的方法，每隔 30 分钟观测不同点的风速以及黑球温度，并记录当时人体热舒适感。测试时间从上午 9：00 到下午 17：30，为游客相对集中活动时段。本次测试的重点是探究遮阳、水体、不同地面材质（如草地、硬质地面）等景观因子对场地微气候的影响。

（3）测点布置情况

本测试共布置测点 10 个（图 2-18），主要考察道路材料性质、乔木树荫、人工构筑物以及水体对热环境参数的影响。各测点的位置、树荫遮蔽、下垫面情况及测试参数如表 2-6、图 2-19 所示。

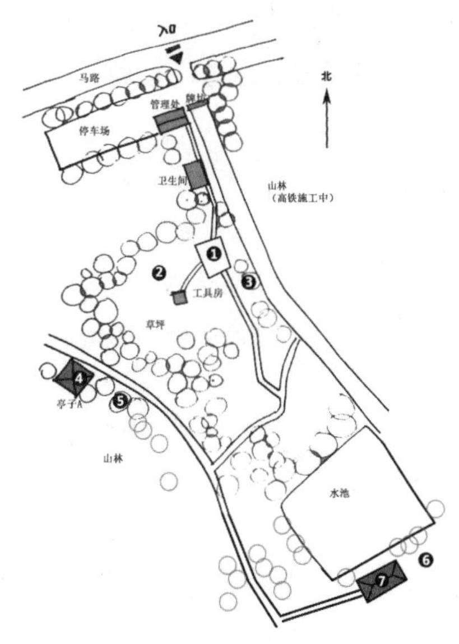

图 2–18　入口区测点布置图

测点布置一览表　　表 2–6

测点编号	位置	遮阴情况	铺地	测试仪器	备注
1	山下入口区	暴晒	水泥砖	T，RH，W，BGT	一人持风速仪在各点轮流测量，30 分钟一轮。除风速仪外其余固定放置
2		暴晒	草地	T，RH，W，BGT	
3		树下	草地	T，RH，W，BGT	
4		林中，亭子下	石材硬铺地	T，RH，W	
5		树下（亭子旁）	草地	T，RH，W	
6		暴晒（水池旁）	草地	T，RH，W，BGT	
7		亭下（水池旁）	木材铺地	T，RH，W，BGT	

（注：T 为空气温度，RH 为相对湿度，W 为风速，BGT 为黑球温度）

（a）暴晒水泥砖　（b）暴晒草地　（c）树荫下草地

（d）树荫下亭下及树荫下亭旁草地　（e）暴晒水池边草地　（f）亭下水池边

图 2-19　测点布置环境情况一览图

2.2.2.2　实测结果分析

由于前面的实测分析中已经总结出景观遮阳因子（含人工遮阳与乔木遮阳）有明显的隔热降温效果，因此，本次测试的重点是分析各种不同地面材料在暴晒与遮阳两种工况下对微气候的影响，同时也关注小面积静水水体对微气候的影响。

（1）暴晒工况下不同地面材质对微气候的影响比较

当天各测点在上午 9：00 ~ 10：00 时段的温度变化与全天相比过于剧烈，考虑到测试仪器的稳定过程，因此本次分析采用的数据有效时段为上午 10：00 ~ 17：00。由温度变化图可以看到测试当天暴晒工况下各测点的温度相当高，全白天均在 33℃以上，变化规律较为明显，最高气温在下午 14：00 ~ 16：30 时段。其中，测点 1（水泥砖地面）的温度最高，在下午 15：00 达到全天最高气温约 37.9℃；测点 2（草地地面）次之，在下午 16：30 达到全天最高气温约 37℃；测点 6（水池边草地）温度最低，在下午 15：00 ~ 16：00 达到全天最高气温约 36.4℃。测点 6 与测点 1、测点 2 的最大温差可达 3℃（图 2-20）。

当天各测点在上午 9：00 ~ 10：00 时段的湿度变化与全天相比过于剧烈，考虑到测试仪器的稳定过程，因此本次分析采用的数据有效时段为上午 10：00 ~ 17：00。由湿度变化图可以看到测试当天暴晒工况下各测点的湿度在 50% ~ 70% 之间变化。其中，草地的湿度最高（平均湿度为 61.8%），水池边草地次之（平均湿度为 57.6%），略高于水泥砖（平均湿度为 57%）（图 2-21）。

由此可见，在暴晒工况下，不同地面材质上空的平均温度从高到低依次为暴晒下水泥砖 > 暴晒下草地 > 暴晒下水池边草地。由于暴晒下草地平均风速高于暴晒下水池边草地，因此排除风速影响外，静态水体对降温有一定的作用，另外，也与测点周边浓密树林的热缓冲环境有密切关系（表 2-7）。

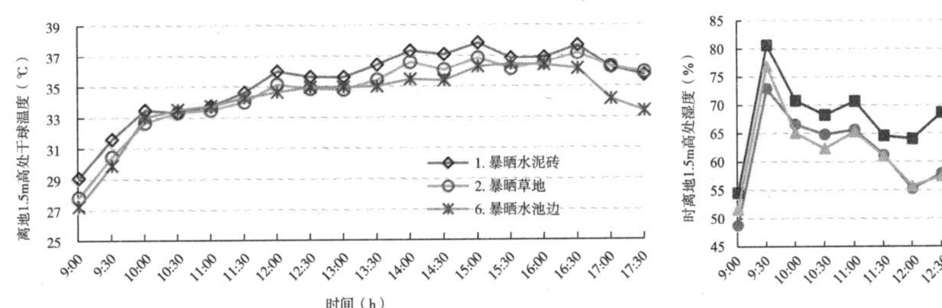

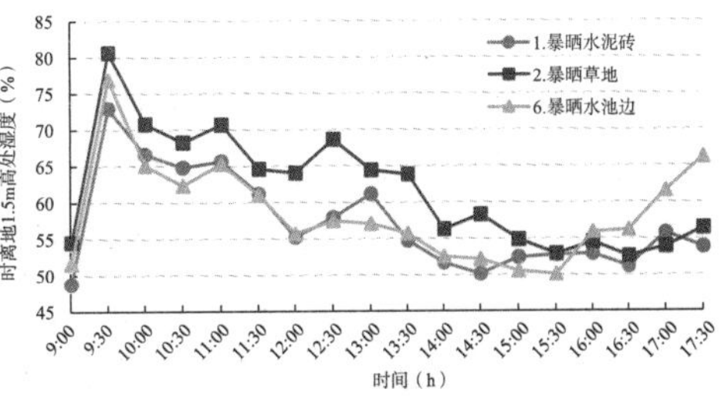

图 2-20　入口区暴晒工况下各测点空气温度日变化图　**图 2-21　入口区暴晒工况下各测点空气湿度日变化图**

入口区暴晒工况下各测点空气平均温度、湿度、风速对比　**表 2-7**

地点	暴晒下水泥砖	暴晒下草地	暴晒下水池边草地
平均温度（℃）	35.2	34.9	34.7
平均湿度（%）	57	61.8	57.6
平均风速（m / s）	0.89	1.05	0.93

在当天各测点黑球变化中，暴晒下草地黑球温度先是高于暴晒下水泥砖，到 11：30 左右相接近，此后两者数值相近，暴晒下水泥砖略高于草地，两者相差较小。暴晒下水池边草地测点的变化波动明显，黑球温度于 10：30 时与暴晒下水泥砖较为接近，此后差距拉大，直至 15：00 时再次接近另外两个测点，在 16：00 后急剧下降，当天波动幅度达 12.4℃。从当天各测点的平均黑球温度数值看以看出，暴晒下水池边草地黑球温度最低，暴晒下的水泥砖地面和草地接近，在 47℃左右。当天最大黑球温度出现在测点 2 暴晒下草地，达到 53.3℃（图 2-22）。

有对暴晒下三个测点的数据分析可以看到，热缓冲环境对场地微气候的影响很重要，并且，在暴晒条件下，草地略优于水泥砖地面（图 2-23）。

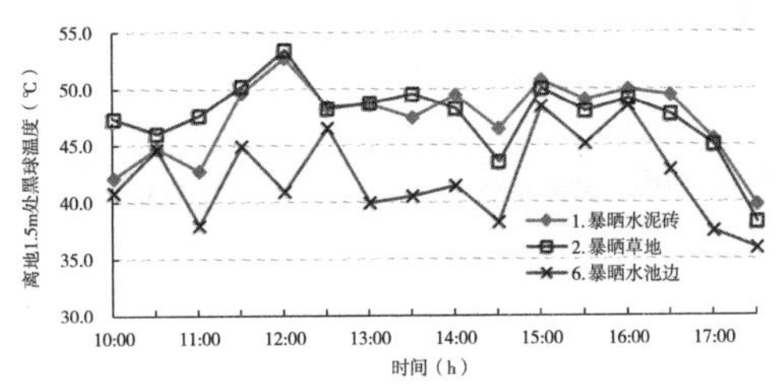

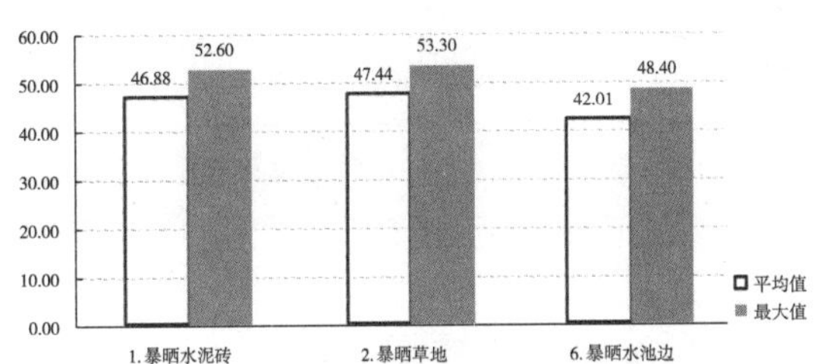

图 2-22　入口区暴晒工况下各测点黑球温度日变化图　**图 2-23　入口区暴晒工况下各测点黑球温度比较**

（2）遮阳工况下不同地面材质对微气候的影响比较

由温度变化图可以看到测试当天遮阳工况下各测点的温度相当高，全白天均在 30℃以上。变化规律较为明显，最高气温在下午 14：30 ~ 16：30 时段，最高气温达到 35.8℃。其中，测点 3（树荫下草地上）气温最高，测点 7（亭子下水池边）次之，测点 5（树荫下亭旁草地上）与测点 4 比较接近，测点 4（树荫下亭子内）的气温最低，与测点 3 的最大温差接近 2℃，说明乔木遮阳与人工构筑物遮阳的复合作用降温效果显著。同时，通过测点 3 与测点 5 的气温变化比较，可以看到，同样是树荫下草地的测点，但测点 3 的最高气温比测点 5 高出接近 2℃；测点 3 当天的平均气温是 33.85℃，测点 5 当天的平均气温是 32.79℃，相差 1.06℃。这说明测点周边环境界面的差异，如树林的密闭程度、高度等因素，会导致气温的差异，因此，热缓冲环境的设计对场地微气候有重要影响（图 2-24）。

由湿度变化图 2-25 可以看到测试当天遮阳工况下各测点的湿度在 54% ~ 79% 之间变化，变化规律较为明显，从上午 9：30 一直下降，到当天 15：30 达到最低湿度，然后湿度开始回升。其中，测点 7（亭子下水池边）的波动幅度较大，15:30 后升幅最大，测点 5（树荫下亭旁草地上）的湿度最高（平均湿度为 68.59%），测点 4（树荫下亭子内）次之（平均湿度为 65.88%），测点 7（亭子下水池边）再次之（平均湿度为 64.23%），测点 3（树荫下草地）的湿度最低（平均湿度为 62%）。遮阳工况下各测点的平均湿度均高于暴晒工况下各测点。

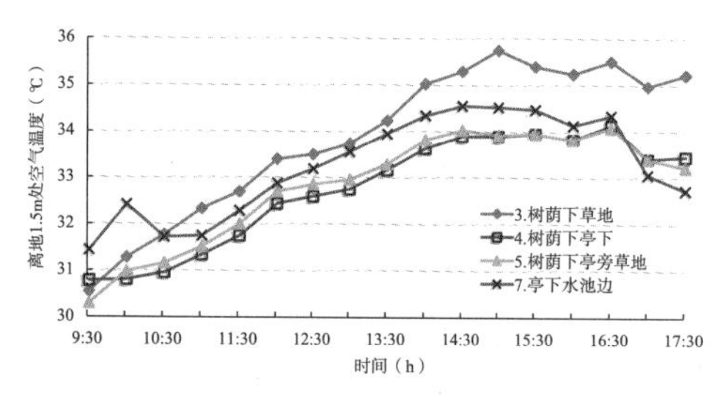

图 2-24　入口区遮阳工况下各测点空气温度比较

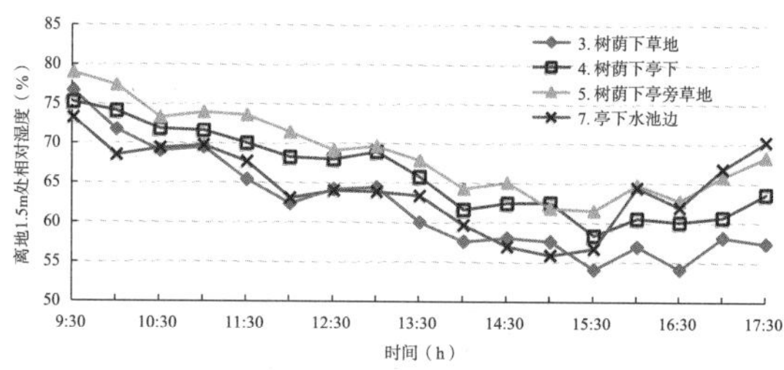

图 2-25　入口区遮阳工况下各测点湿度比较

测点 3、7 的总体湿度比测点 4、5 低，原因是测点 3、7 所处位置较开阔，树木郁闭度较低，温度较高，通风较好。测点 7 的湿度在 15：30 后快速上升，而温度在 16：30 后急剧下降至当天该点最低，同时风速在 15：30 后升至 1m/s 左右，且风向以西北向为主，由于该测点水池在亭子西北面，初步估计 15:30 后从水池吹过来的风提高了亭内湿度，继而降低了温度。测点 4（树荫下亭子内）在各测点中，温度较低、相对湿度也较低，说明树荫结合构筑物双重遮阳，能有效降气温，提供较为舒适的热环境（表 2-8）。

入口区暴晒工况下各测点空气平均温度、湿度、风速对比　　表 2-8

	测点 3 树荫下草地	测点 4 树荫下亭下	测点 5 树荫下亭旁草地	测点 7 亭下水池边
平均温度（℃）	33.85	32.72	32.79	33.22
平均相对湿度（%）	62.00	65.88	68.59	64.23
平均风速（m/s）	0.81	0.76	无	0.79

测点 4、5 点位于树林中，乔木、灌木、地被等绿化层次丰富、树叶茂密，遮阳效果良好，周边形成热缓冲环境，能有效降温，但同时由于树林郁闭度较高，通风不及较为开阔的测点 3、7 良好。在本次测试中，可以发现，场地中乔木数量的多少、树冠的大小、树叶的浓密程度会影响该场地的微气候，因此在设计中对植被尤其是乔木的种植数量及布置形式、乔木、灌木、地被等绿化层次的安排、乔木冠幅的选择、叶面积指数的确定等需要有所考虑。

（3）静水水体对热环境影响分析

为了探讨静水水体在本次测试环境中对微气候的影响，在分析中选择了当天气温最高的测点 1、气温最低的测点 4 与在水边的两个测点 6（暴晒下水池边草地）、7（亭下水池边）进行比较研究。

由图 2-26 ~ 图 2-28、表 2-9 可以看出，测点 6 的平均温度比测点 1 低约 1℃，平均黑球温度低约 4.87℃，说明静水水体对降低温度、减少热辐射有较明显作用。测点 7（亭下水池边）的平均温度比测点 4（树荫下亭下）高接近 0.5℃，两个测点风速接近，说明树木遮阳及良好的热缓冲环境比单纯水体更能有效降低气温，增加微气候的舒适度。

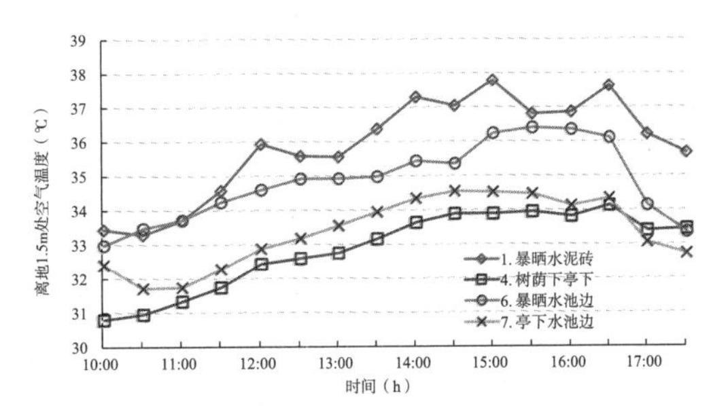

图 2-26　测点 1、2、6、7 空气温度比较

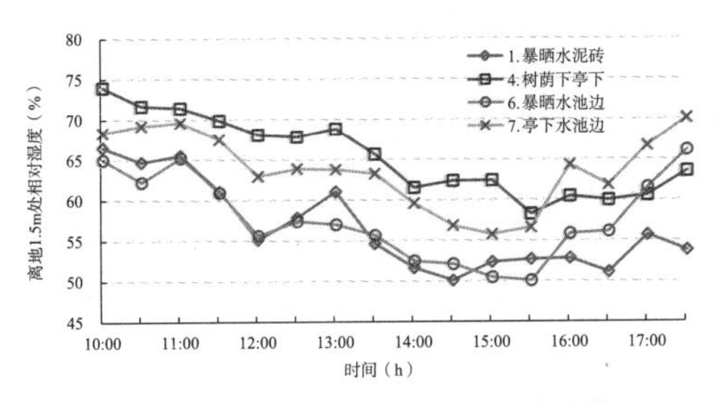

图 2-27　测点 1、2、6、7 湿度比较

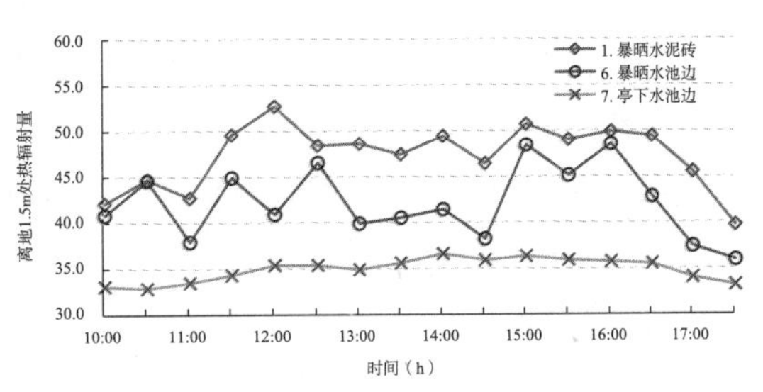

图 2-28　测点 1、6、7 黑球温度比较

测点 1、4、6、7 空气平均温度、湿度、风速对比　　表 2-9

	测点 1 暴晒水泥砖	测点 4 树荫下亭下	测点 6 暴晒水池边草地	测点 7 亭下水池边
平均气温（℃）	35.89	32.92	34.90	33.39
平均相对湿度（%）	56.06	64.46	57.17	63.12
平均风速（m/s）	0.89	0.76	0.93	0.79
平均黑球温度（℃）	46.88	无	42.01	34.79

（4）气象站数据与测点数据对比分析

通过气象站数据与测点数据比较图 2-29、图 2-30 可以发现，在亚热带湿热地区郊野公园环境中，未经过遮阳设计的室外场地在夏季，其空气温度会高于气象站记录的气温，在当天下午 14：00 甚至高出气象站气温 2℃以上。另外，也可以看到，人工地面材质的引入对微气候热环境的恶化会有影响，如测点 1（暴晒水泥砖）的气温远高于气象站的数据。因此，在亚热带郊野公园的室外活动场地设计中亟须考虑气候适应性设计。

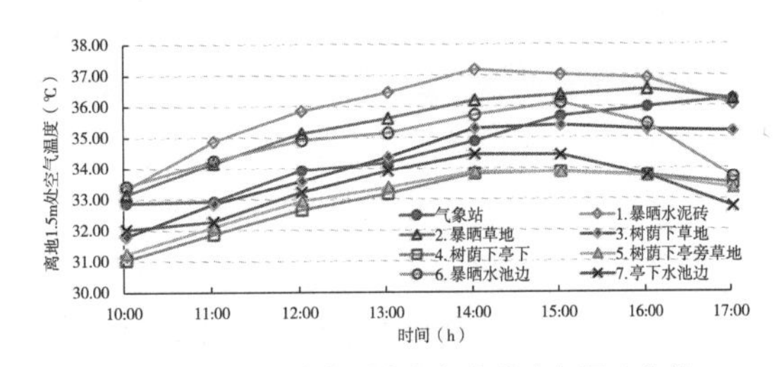

图 2-29　公园内各测点与气象站空气温度比较

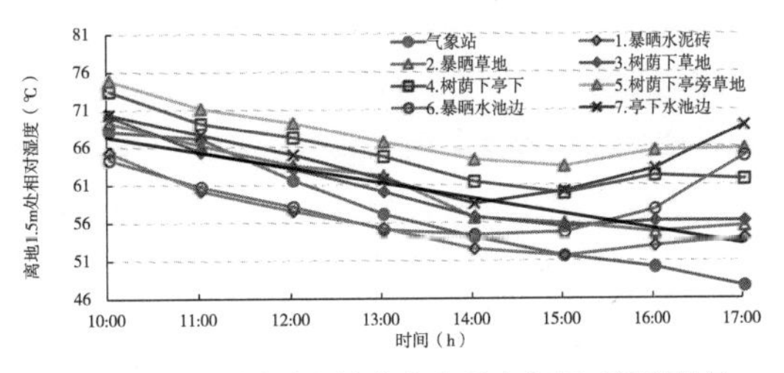

图 2-30　公园内各测点与气象站空气相对湿度比较

同时，从对比图中可以看到，气象站的气温是在测试时间段内是一直上升的，而公园内的各个测点则在当天 14：00 ~ 16：00 达

到最高点后，陆续下降。由此可见，郊野公园环境相比城市气象站的环境，其场地微气候变化规律较为明显，气温自我调节的能力较强。并且，从图中可以看到，在具备良好热缓冲环境与遮阳设计的测点中，其气温远低于气象站的测试气温，最大温差达到3℃以上。说明“热缓冲环境＋遮阳”的复合设计可有效降低气温，增强场地的热舒适性。

2.2.2.3 测试结论

通过综合分析比较实测所得的数据，可以得到以下结论：

（1）在亚热带郊野公园的室外环境设计中遮阳设计很有必要

在暴晒条件下，测点1、2在测试时段10：00～17：00的气温均比气象站高，测点6的气温在下午15：30之前也比气象站高，温差最大约2℃。同时，当天暴晒区域的黑球温度相当高，在中午12:00达到最大值，约53℃，说明在郊野公园游客集中活动时段太阳辐射很强烈，因此，在亚热带郊野公园的游客室外活动区中进行遮阳降温设计是很有必要的。

（2）热缓冲环境对微气候热舒适性有重要作用

测点4、5的气温明显低于其余测点与气象站纪录数据，这与该测点周边的密林环境有较大关系，由此可见，热缓冲环境对微气候热舒适性有重要作用。

（3）乔木及人工建构筑物具有一定的遮阳降温作用

1）高大乔木遮阳降温效果明显。测点2（暴晒）、测点3（乔木遮阳）在同一区域的草地地面条件下，测点3的平均温度较测点5低，当天最高温度相差接近2℃。

2）亭子等人工构筑物遮阳降温效果明显。在同样近水的条件下，测点7比测点6的平均温度低，当天最高温度相差接近2℃。

（4）静态水体具有一定的降温作用

通过测点1、2、6的对比，可以发现在同样的暴晒条件下，测点6的当天气温比测点1、2要低，并且下午15：00以后，测点温度下降较快，测点6与测点1、2的最大温差超过2℃，说明静态水体对微气候具有一定的降温效果。另外，通过测点4、7的比较，可以发现乔木遮阳降温的效果较水体被动降温的效果要明显一些。

（5）在暴晒工况下，大面积草地优于硬质地面

从测点1与测点2的对比可以看到，在暴晒工况下，对于地面材料而言，大面积草地优于硬质地面（如水泥砖）。

（6）景观设计因子的降温效果排序

在本次试验中，景观设计因子的降温效果从大到小依次为热缓冲环境＋树林（树荫）下亭下＞热缓冲环境＋树林（树荫）下草地＞水体边构筑物＞草地树荫＞水体。

2.2.3 香港仔郊野公园2010年夏季现场实测情况及数据分析

2.2.3.1 现场实测

笔者带领调研小组于2010年8月22日对香港的香港仔郊野公园进行了现场调研与微气候数据实测。通过测试空气温度、湿度等热环境变量，分析其变化的总体规律，探讨景观设计因子对郊野公园气候适应性的影响。

（1）测试区域区简介

香港仔郊野公园（划定于1977年）位于港岛南麓，南面是香港仔和黄竹坑，向北则伸延至

湾仔峡，面积约423hm²。香港仔郊野公园所环绕的是香港仔上下水塘，这两个水塘在1932年建成，是港岛区最后建成的水塘，存水量 1250 万立方米。本次测试的区域主要分为山下的公园游客中心旁的烧烤场、山上的上水塘烧烤场两个区域，海拔高差约为 40 ~ 50m。

（2）测试内容

本次测试主要以定点观测为主，在香港仔公园游客中心旁的烧烤场、上水塘烧烤场两个区域设置温度、湿度自记仪逐时记录行人高度（距地 1.5 ~ 2.0m）的空气温度、湿度。同时，采用流动观测的方法，每隔 30 分钟观测不同点的风速以及黑球温度。测试时间从下午 15：00 ~ 17：00。本次测试的重点是探讨不同海拔高度对场地微气候的影响，并且也对水体、景观遮阳、地面材料等因子的影响进行观测。

（3）测点布置情况

公园内共分两大块，其中山下游客中心旁烧烤场有 5 个布点（图 2-31），山上上水塘烧烤场有 5 个布点（图 2-32）。主要考察道路下垫面性质、树荫、人工构筑物以及水体（上下水塘）对热环境参数的影响。各测点的位置、树荫遮蔽、下垫面情况及测试参数见表 2-10、图 2-33。

图 2-31　游客中心旁烧烤场布点图

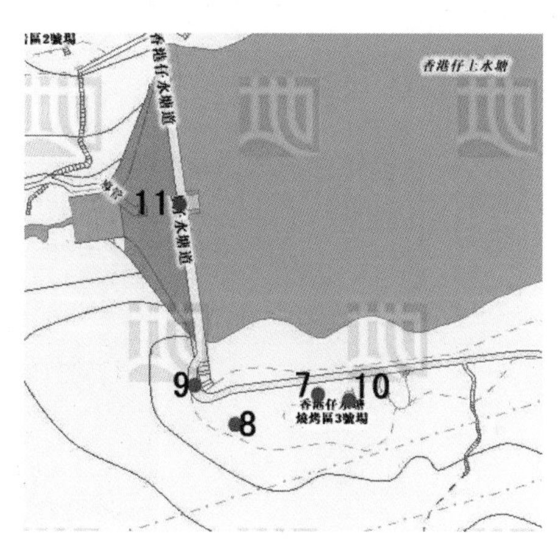

图 2-32　上水塘区域布点图

测点布置一览表　　表 2-10

测点编号	位置		遮阴情况	下垫面	测试参数
1	游客中心旁烧烤场	树荫下凳子上	乔木遮阴	石凳	T，RH，BGT
2		树荫下道路	乔木遮阴	水泥	T，RH，BGT，W
3		暴晒硬地	晒	硬地	T，RH
4		构筑物下	构筑物遮阴	硬地	T，RH
5		树荫下烧烤场	乔木遮阴	植草砖	T，RH
6		暴晒水泥路	晒	水泥	BGT，W
7	上水塘烧烤场	暴晒草地	晒	草坪	T，RH，BGT
8		树荫下草地	乔木遮阴	草坪	T，RH，W
9		树荫下水泥路	乔木遮阴	水泥	T，RH
10		亭子下	构筑物遮阴	水泥	T，RH，BGT，W
11		水坝上	晒	水泥	T，RH，BGT，W

（注：T 为空气温度，RH 为相对湿度，W 为风速，BGT 为黑球温度）

（a）树荫下凳子上　（b）树荫下道路　（c）暴晒硬地　（d）构筑物下

（e）树荫下烧烤场　（f）暴晒水泥路　（g）暴晒草地　（h）树荫下草地

（i）树荫下水泥路　（j）亭子下　（k）水坝上

图 2-33　测点布置环境情况一览图

2.2.3.2　测试结果与分析

对香港仔郊野公园当天测试的数据进行分析后，得到水体、景观遮阳、地面材料等因子对微气候影响的初步结论为：乔木遮阳降温的效果比构筑物好，树荫下草地的气温比水泥地面的低。这部分的具体分析与前述几个公园较为类似，不再赘述。

下文主要讨论在不同海拔高度的条件下场地微气候的差异情况。

（1）游客中心（山下）与上水塘（山上）暴晒硬地对比

从图 2-34、图 2-35 可以看到，在当天测试时间内，山上与山下区域暴晒工况下测点的气温均较高，在 30℃以上，湿度在 64% 以上。其中，山下暴晒测点的气温在 30.5 ~ 32.6℃之间变化，从下午 15：45 开始呈现下降趋势；湿度在 69% ~ 77% 之间变化，从下午 16：00 开始呈现上升趋势。山上暴晒下测点的气温在 32 ~ 33.8℃之间变化，从下午 15：45 开始呈现下降趋势；湿度在 64% ~ 72% 之间变化，从下午 15：45 开始呈现上升趋势。山上暴晒下测点的气温比山下暴晒下测点的气温高出接近 1.5℃；湿度整体较山下低。

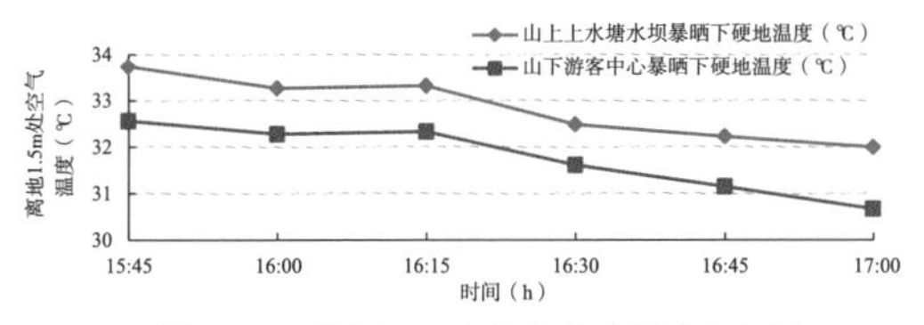

图 2-34　测点 11（山上上水塘）与测点 3（山下游客中心）暴晒下硬地气温比较

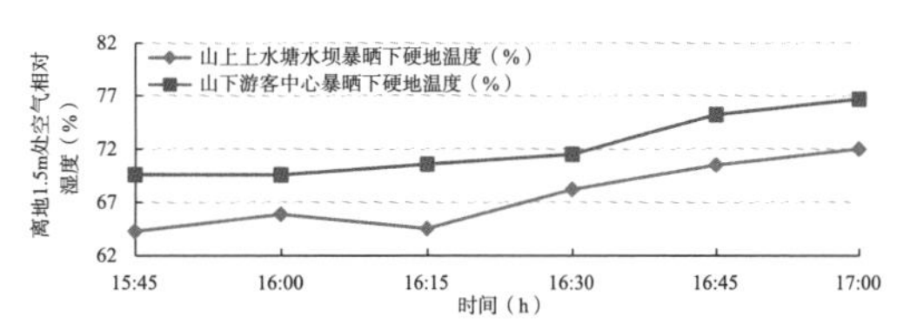

图 2-35　测点 11（山上上水塘）与测点 3（山下游客中心）暴晒下硬地相对湿度比较

（2）游客中心（山下）与上水塘（山上）构筑物下对比

从图 2-36、图 2-37 可以看到，在当天测试时间内，山上与山下区域在构筑物遮阳工况下测点的气温均较暴晒下工况有所下降，在 29.5 ~ 31.5℃之间变化；湿度较高，在 71% ~ 80% 之间。其中，山下构筑物遮阳工况下测点的气温在 30 ~ 31.3℃之间变化，从下午 15：45 开始呈现下降趋势，整体较暴晒下下降约 0.5 ~ 1.3℃；湿度在 71% ~ 77% 之间变化，从下午 15：45 开始呈现上升趋势，整体较暴晒下测点相当。山上构筑物遮阳工况下测点的气温在 29.7 ~ 31.3℃之间变化，从下午 15：45 开始呈现下降趋势，整体较暴晒下测点下降约 2.5℃，降温明显；湿度在 73% ~ 80% 之间变化，从下午 15：45 开始呈现上升趋势，整体较暴晒下测点高。山上构筑物遮阳工况下测点的气温比山下构筑物遮阳工况下测点的气温低约 0.5℃；湿度整体较山下高，估计与测点周边的热缓冲环境（山上测点周边为水库及密林，山下测点周边为水泥地面）有较大关系。

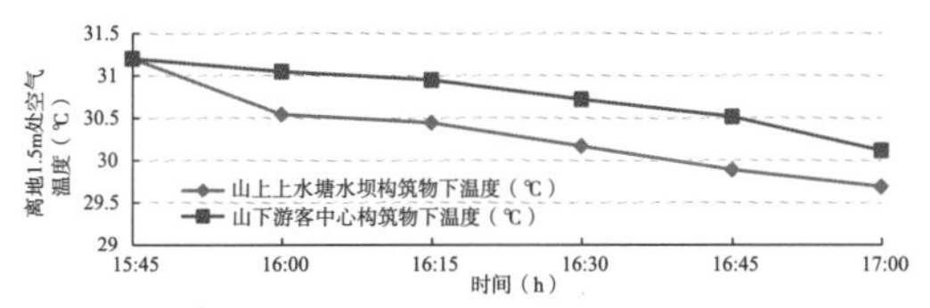

图 2-36　测点 10（山上上水塘）与测点 4（山下游客中心）构筑物下气温比较

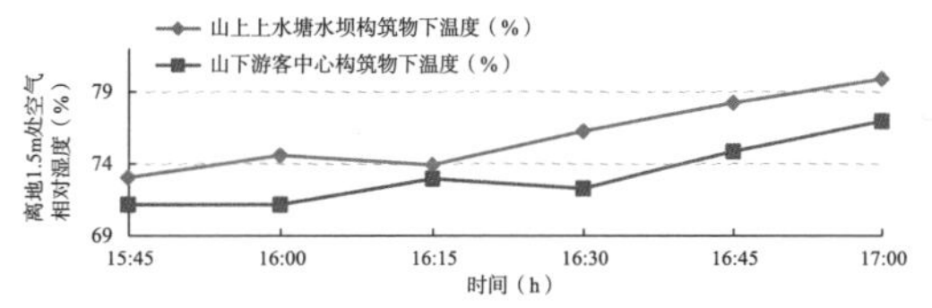

图 2-37　测点 10（山上上水塘）与测点 4（山下游客中心）构筑物下相对湿度比较

（3）游客中心（山下）与上水塘（山上）树荫下道路温度对比

从图 2-38、图 2-39 可以看到，在当天测试时间内，山上与山下区域在树荫工况下道路测点的气温均较暴晒下工况有所下降，大部分在 29.4 ~ 31℃之间变化；从下午 15：45 开始呈现下降趋势，趋势较为平稳；湿度较高，在 67% ~ 80% 之间，从下午 15：45 开始呈现下降趋势，趋势较为波动。其中，山下树荫工况下道路测点的气温在 29.4 ~ 30℃之间变化，整体较暴晒下下降约 1 ~ 2.6℃，降温明显；湿度在 75% ~ 80% 之间变化，整体均比暴晒下测点与构筑物下测点要高。山上树荫工况下道路测点的气温在 30.4 ~ 32.6℃之间变化，整体较暴晒下测点下降约 1.2 ~ 1.6℃；湿度在 67% ~ 79% 之间变化，整体较暴晒下测点高，与构筑物下测点相当。山上树荫工况下道路测点的气温比山下树荫工况下道路测点的气温高约 1℃，湿度整体较山下低。

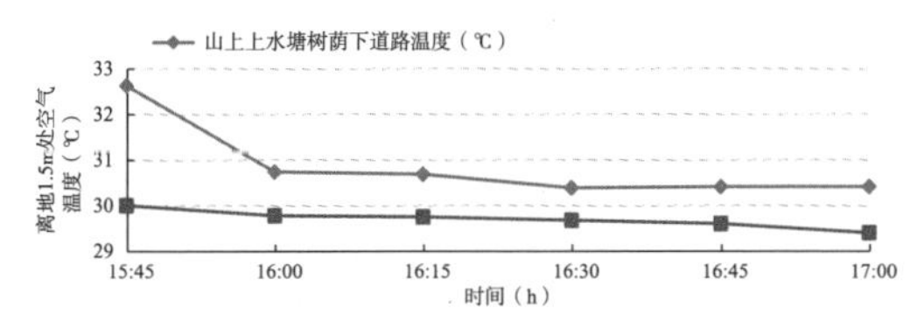

图 2-38　测点 9（山上上水塘）与测点 2（山下游客中心）树荫下道路测点气温比较

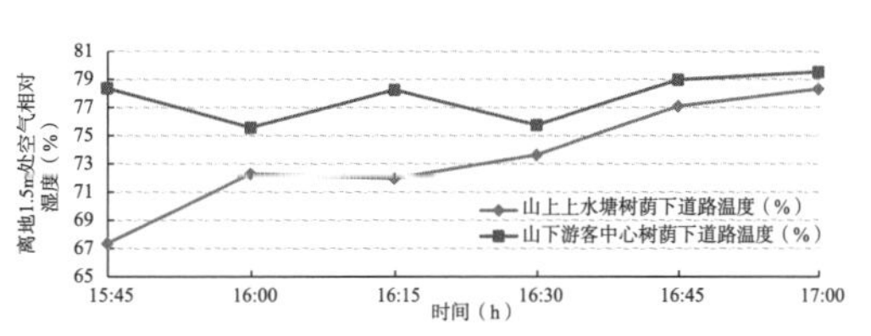

图 2-39　测点 9（山上上水塘）与测点 2（山下游客中心）树荫下道路测点相对湿度比较

（4）游客中心（山下）与上水塘（山上）暴晒道路黑球对比

由图 2-40 可以看到，在当天测试时间内，山上与山下区域在暴晒工况下道路测点的黑球温度在 32 ~ 40℃之间变化；从下午 15：45 开始呈现下降趋势，趋势较为平稳。其中，山上暴晒下测点的黑球温度在 32 ~ 40℃之间变化；山下暴晒下测点的黑球温度在 32 ~ 35℃之间变化，山上的测点较山下测点黑球温度最大温差约达到 5℃；在下午 17：00 两侧点的黑球温度趋同。

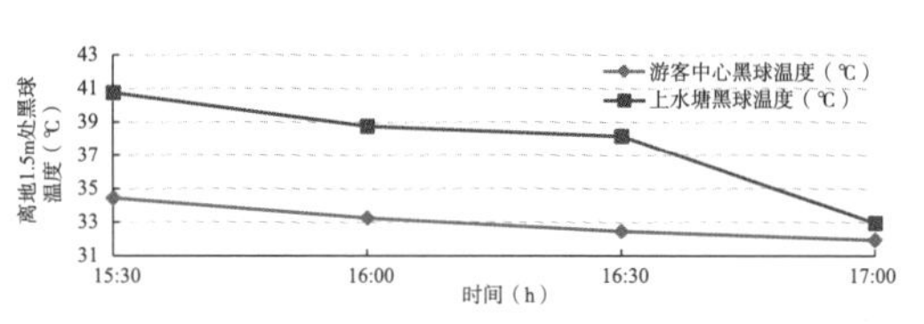

图 2-40　测点 9（山上上水塘）与测点 6（山下游客中心）暴晒下道路测点黑球温度比较

2.2.3.3　测试结论

通过综合分析比较实测所得的数据，可以得到以下结论：

（1）海拔高度的差异对亚热带湿热地区郊野公园室外热环境有较大影响

在暴晒条件下，山上水塘与山下游客中心暴晒下道路测点黑球温度最大温差约达到 5℃，山上暴晒下测点的气温比山下暴晒下测点的气温高出接近 1.5℃；湿度整体较山下低。因此，可初步判断，海拔越高，太阳的热辐射越为强烈。因此，在亚热带郊野公园较高海拔的室外游客活动区更应该重视遮阳降温的设计。

（2）热缓冲环境对微气候热舒适性有重要作用

根据当天的实测数据，在山上水塘暴晒下测点黑球温度、气温均比山下游客中心类似工况测点高的情况下，山上构筑物遮阳工况下测点的气温比山下构筑物遮阳工况下测点的气温低约 0.5℃；湿度整体较山下高，这与测点周边的热缓冲层（山上测点周边为水库及密林，山卜测点周边为水泥地面）有较大关系。而山上、山下热缓冲层条件较为近似的测点，例如山上树荫工况下道路测点的气温比山下树荫工况下道路测点的气温高约 1℃；湿度整体较山下低，与暴晒下工况的对比结果一致。因此，可以推论，热缓冲环境对微气候热舒适性有重要作用，在亚热带郊野公园室外游客活动区的规划设计中需要重点关注。

（3）乔木及人工建构筑物具有一定的遮阳降温作用

通过前文对测试数据的分析，可以看到，不管是在山上还是山下，在郊野公园的户外环境中，构筑物遮阳工况下测点、树荫下道路测点均比暴晒下测点的气温要低；乔木及人工建构筑物的遮阳降温作用在本次测试中最大可达 2.6℃。

2.3　景观设计因子在春、夏、秋三季对微气候影响的比较分析

笔者在 2011 年度对实践性工程项目——广东省天鹿湖森林公园（原为天鹿湖郊野公园）主入口区的微气候环境共进行了三次现场实测，分别在春季（4 月 10 日）、夏季（8 月 19 日）、秋季（11 月 6 日）进行。通过测试空气温度、湿度等热环境变量，分析其变化的总体规律，并将所取得的数据与 2010 年夏季（8 月初）进行比较分析，进一步分析总结相关景观设计因子在春、夏、秋三季对亚热带郊野公园微气候的影响。在这三次实测中分别对游客及特定实验对象进行热舒适问卷调查，尝试总结该特定环境的室外热舒适阈值（关于其室外热舒适阈值的论述详见第三章），并为郊野公园室外热环境的模拟校验实验做实测数据的收集与准备。

2.3.1　测试区域

本次测试的区域主要为天鹿湖森林公园东大门入口区与西大门入口区。东大门主入口区包括礼仪集会广场、停车场等部分，因功能需要，该区域地面硬质铺装较多；西大门入口区采用的是园林绿化为主的设计手法，硬质铺装较少，因此在 2011 年三次实测中作为和东大门的比较对象。

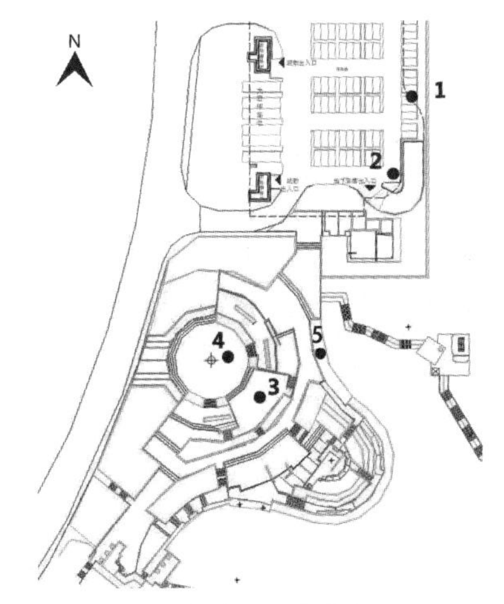

图 2-41　东大门测点布置图

2.3.2　测试内容

本次测试主要以定点观测为主，在测试区域设置自记仪逐时记录行人高度（距地 1.5m 左右）的空气温度、湿度、黑球温度。同时，采用流动观测的方法，每隔 30 分钟观测不同测点的风速以及风向。测试时间从上午 9：00 ~ 下午 17：00，为游客相对集中的时段。

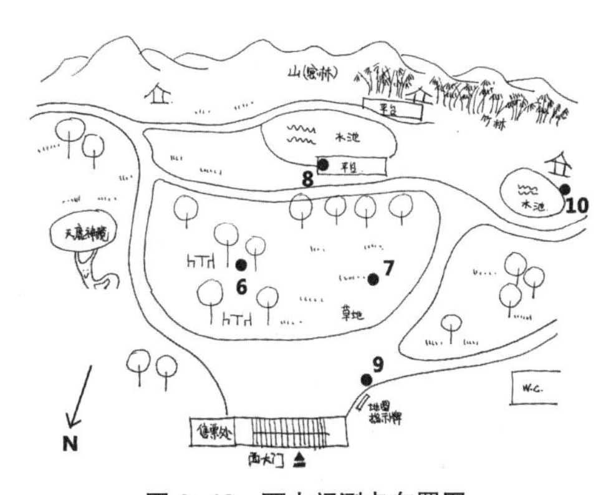

图 2-42　西大门测点布置图

2.3.3　测试仪器及测点布置情况

本部分实测研究采用的仪器与前文的一致，测试的方式也相同，详见本章 2.1.3 小节。本年度三次实测的布点都一致，目的是希望增强各测点数据在年度纵向时间上的可比性。测试区内共布置测点 10 个（图 2-41、图 2-42），主要考察道路下垫面性质、树荫、人工构筑物以及水体对热环境参数的影响。各测点的位置、树荫遮蔽、下垫面情况及测试参数如表 2-11、图 2-43 所示。

测点布置一览表　　表 2-11

测点编号	位置		遮阴情况	铺地	测试仪器	备注
1	东大门	停车场	树下	植草砖	T，RH，W	一人持风速仪在各点轮流测量，30 分钟一轮。除风速仪外其余固定放置
2			晒	混凝土路面	T，RH，W	
3		广场	索膜下	木板	T，RH，W，BGT	
4			晒	石材硬铺地	T，RH，W，BGT	
5			树下	花坛边	T，RH，W，BGT	
6	西大门		树下	草地	T，RH，W，BGT	
7			晒	草地	T，RH，W，BGT	
8			晒	硬地（水池边）	T，RH，W	
9			晒	硬地	T，RH，W	
10			树下	硬地（水池边）	T，RH，W	

（注：T 为空气温度，RH 为相对湿度，W 为风速，BGT 为黑球温度）

（a）树下，植草砖

（b）暴晒下，混凝土路面

（c）索膜下，木板铺地

（d）暴晒下，石材硬铺地

（e）树下，花坛边，石材硬铺地

（f）树下，草地

（g）暴晒下，草地

（h）暴晒下，水池边，混凝土平台

（i）暴晒下，广场砖铺装地面

（j）树下，水池边，混凝土平台

图 2-43　测点布置环境情况一览图

2.3.4　实测分析

本部分首先对天鹿湖郊野公园东、西大门两个区域在春、夏、秋各个季节的测试数据分别进行空间向度上的分析比较，探寻景观设计因子在各个季节对场地微气候的影响。然后，对春夏秋三季的测试数据进行时间向度的比较，探寻郊野公园微气候热环境的季节性变化规律。

2.3.4.1　春季实测数据分析

（1）东大门测试数据分析

由图 2-44 可以看到，在春季当天测试时间内，东大门区域各测点的空气温度在 23 ~ 34℃之间变化，最高气温出现在下午 14：30 ~ 16：00。其中，停车场暴晒下测点的空气温度最高，广场树下测点的气温最低。广场暴晒下和索膜下温度差异较大，说明索膜遮阳效果明显。广场树下测点温度总体较广场索膜下测点低，说明乔木遮阳效果优于人工遮阳。

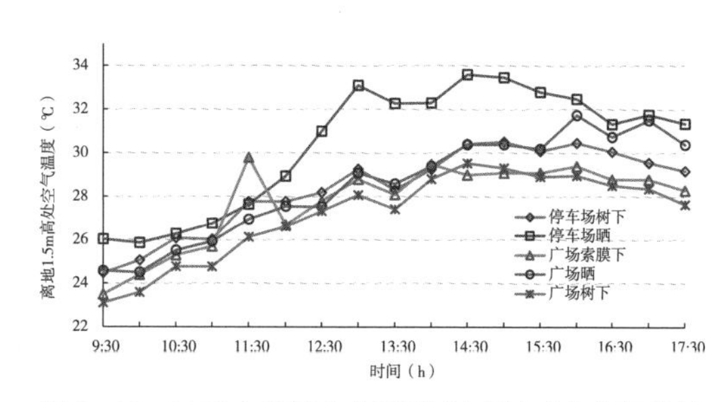

图 2-44　2011 年春季东大门区域各测点空气气温比较

停车场树下测点温度与广场暴晒下测点温度总体接近，而广场树下测点与广场暴晒下测点相比明显较低，原因是停车场树木枝叶较为稀疏，而广场的树木枝叶较为浓密，说明植物的遮阳效果与植物的生长情况与树种直接相关。景观设计因子的降温效果从大到小依次为热缓冲层 + 树荫下 > 树荫下 > 人工构筑物下。

由图 2-45 可以看到，在春季当天测试时间内，东大门区域各测点的空气湿度在 45% ~ 76% 之间变化；最低湿度出现在下午 14：30 ~ 16：00。其中，除停车场暴晒下测点外，停车场树下测点的空气湿度最低；广场树下测点的空气湿度最高。

根据东大门广场区域测点的风速测试结果，广场区域总体通风良好，优于西大门各测点的通风情况。这与设计利用热压通风原理，结合热缓冲环境形成局地风有关（图 2-46、表 2-12）。

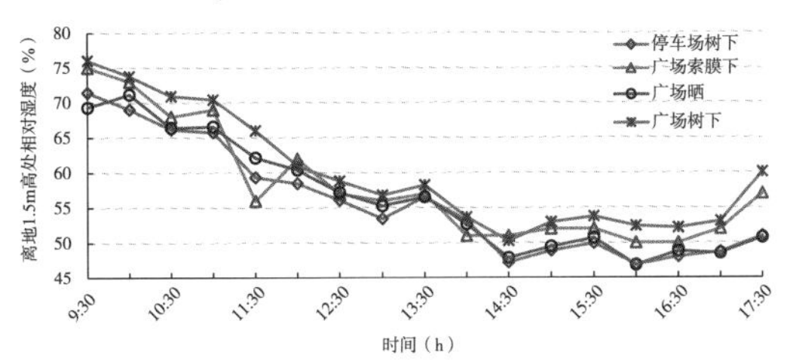

图 2–45　东大门区域各测点空气相对湿度比较

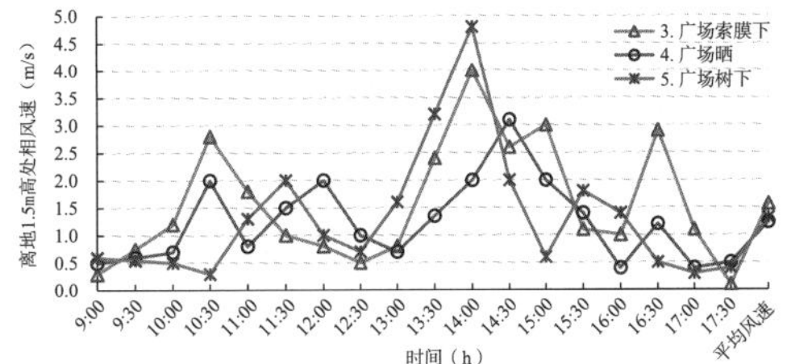

图 2–46　东大门区域测点 3、4、5 风速比较

东大门区域测点 3、4、5 平均风速比较　　表 2–12

测点	平均风速（m/s）
测点 3　广场索膜下	1.56
测点 4　广场晒	1.23
测点 5　广场树下	1.31

（2）西大门测试数据分析

由图 2-47、图 2-48 可以看到，在春季当天测试时间内，西大门区域各测点的空气温度在 23 ~ 32℃之间变化，最高气温低于东大门区域 2℃，最高气温出现在下午 14：30 ~ 16：00。其中，暴晒下水泥地测点的平均空气温度最高；水池边树下水泥平台测点的气温最低，平均空气温度比暴晒下水泥地测点的低 3.3℃。当天西大门区域各测点的空气湿度在 44% ~ 80% 之间变化，略高于东大门；最低湿度出现在下午 14：30 ~ 16：00。其中，暴晒下水泥地测点的空气湿度最低；水池边树下水泥平台测点的空气湿度最高。

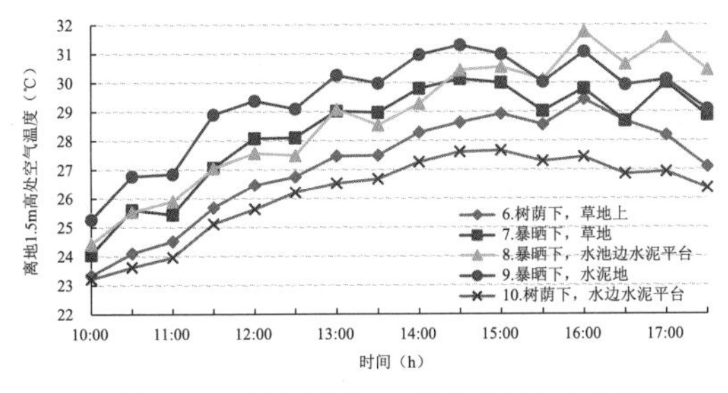

图 2–47　西大门区域各测点空气气温比较

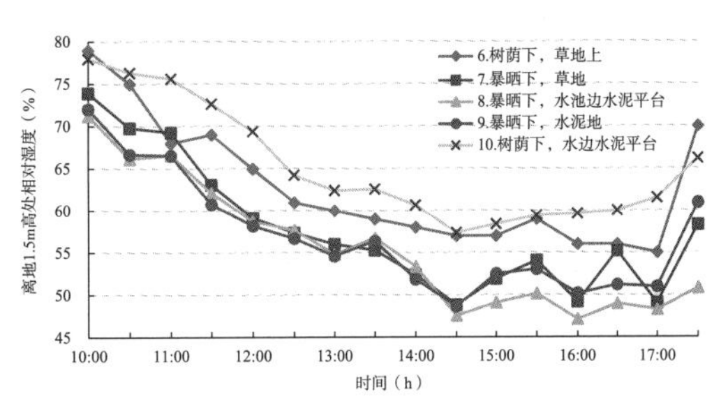

图 2–48　西大门区域各测点空气相对湿度比较

西大门区域各测点空气气温、相对湿度、风速平均值比较　　表 2–13

	测点 6 树荫下，草地上	测点 7 暴晒下，草地	测点 8 暴晒下，水池边水泥平台	测点 9 暴晒下，水泥地	测点 10 树荫下，水边水泥平台
温度（℃）	27.28	28.44	28.88	29.52	26.25
相对湿度（%）	62.75	57.36	55.35	56.47	65.02
风速（m/s）	0.63	0.73	0.59	0.51	0.52

从温度折线图 2-47 可知：在 15：30 前，暴晒下的混凝土地面（测点 9）温度最高，其次是暴晒下的草地（测点 7）和水池边的混凝土平台（测点 8）。树荫下、水池边的混凝土平台（测点 10）温度最高不超过 28℃，其次是树荫下的草地（测点 6）不超过 30℃。从湿度折线图 2-48 可知：树荫下湿度较高，均在 55% ~ 80%，草地上（测点 6）比水池边的混凝土平台（测点 10）

在 14：30 前，暴晒下的各点湿度差不多，14：30 后，测点 8 湿度降到最低。说明乔木遮阳降温效果很好，对比测点 6 和 10 可看出，虽然草地能持续提供水汽用于蒸发降温，但测点 10 前面有大片水面，后面被大片树林包围，整个热缓冲环境的降温效果更好。

景观设计因子的降温效果从大到小依次为热缓冲环境（水池边 + 树荫下）> 树荫下草地 > 水体 > 草地。

（3）东大门、西大门测试数据比较分析

1）测点黑球温度比较

由图 2-49、图 2-50 可以看到：在暴晒条件下，东大门广场暴晒下测点的黑球与大草地暴晒下测点的黑球温度在 10：00 ～ 14：00 和 16：30 ～ 17：30 基本相同。14：00 ～ 16：30 时间段内，东门广场暴晒下测点的黑球数据明显比西门草地暴晒下测点的黑球数据高，最大差值接近 10℃。两测点的平均值与最高值基本接近，东门广场暴晒下测点的平均值较高，西门草地暴晒下测点的最高值较高。

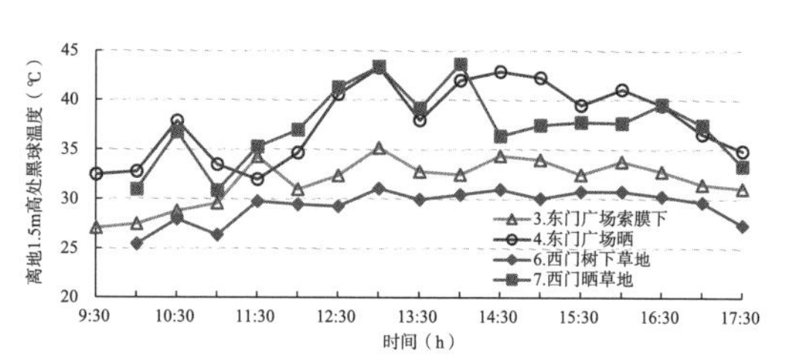

图 2-49　东、西大门区域测点 3、4、6、7 黑球温度比较

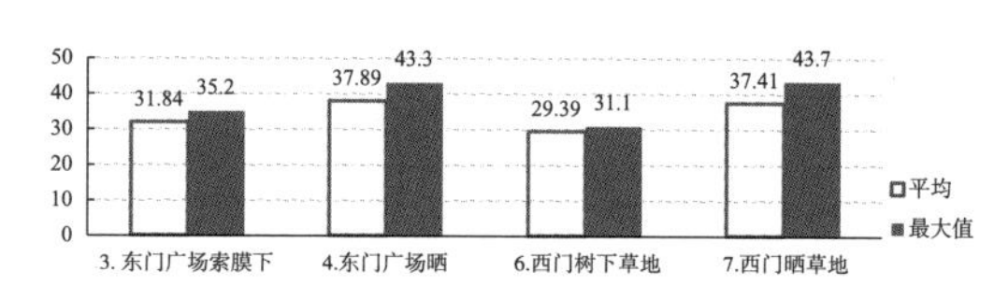

图 2-50　东、西大门区域测点 3、4、6、7 黑球平均温度比较

东大门广场索膜下测点的黑球数据、平均值和最高值明显比西大门树荫下草地测点的数据高，并且西大门树荫下草地测点的黑球温度变化平稳，说明树木的遮阳效果比索膜明显。

四个测点的最大值出现时间基本一致，13：00 是太阳辐射最高的时间，树下黑球温度是 31.1℃，依然能基本达到舒适的要求，索膜下的 35.2℃感觉偏热，暴晒区域测点的黑球温度让人难以忍受。所以在亚热带湿热地区，郊野公园内休闲区和人流聚集处可考虑多用树木遮阳结合人工遮阳的形式进行设计。

2）暴晒工况下测点气温与相对湿度比较

由图 2-51 ～图 2-53 可得出：暴晒停车场（测点 2）的温度最高，暴晒水泥地（测点 9）的温度次之，测点 4、7、8 虽然下垫面不同（分别是石材硬铺地、草地、混凝土），但是温度相差不明显。停车场混凝土、暴晒下草地、暴晒下水泥地（测点 2、7、9）在 14:30 后温度下降、湿度上升，（广场石材硬铺地、水池边水泥地）测点 4、8 的温度则持续上升到 16：00 才有所下降，原因与蓄热系数有关。停车场（测点 2）的平均温度和最高温度都最高，虽然有植草砖和一些小树，但是对太阳辐射的吸收都较小，加上停车辆大，车辆对太阳辐射的反射和长波辐射都较大，所以温度一

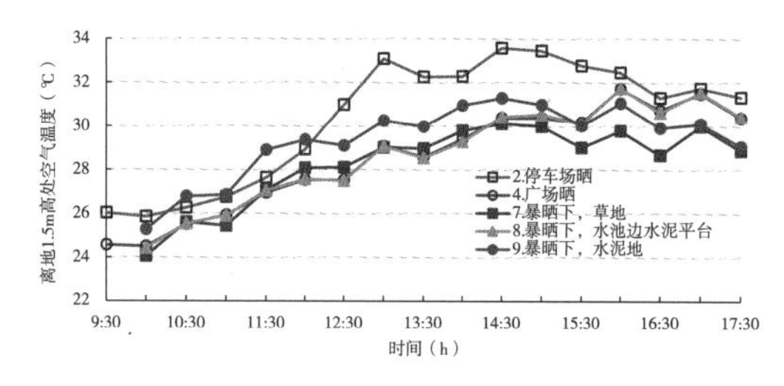

图 2-51　东、西大门区域暴晒工况下测点空气气温比较

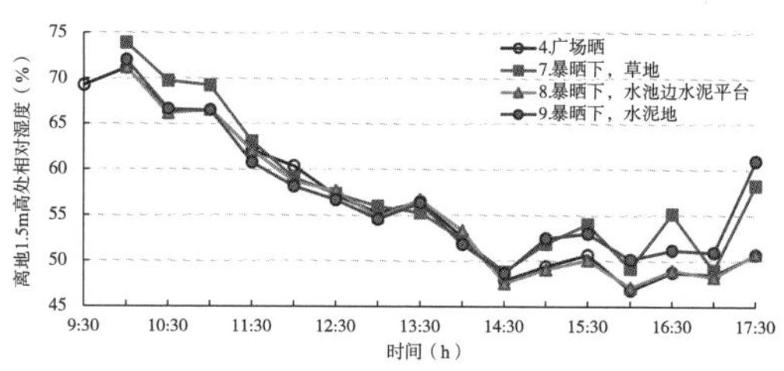

图 2-52　东、西大门区域暴晒工况下测点相对湿度比较

直保持较高，所以遮阳设计对停车场来说非常重要。草地（测点 7）的平均温度与最高温度与其他测点相比都最低，相对湿度也最高，说明透水地面有利于调节微气候。广场硬铺地和水池边水泥地（测点 4、8）的温度和湿度相似，因此需进一步探讨水体对微气候产生影响的有效面积。

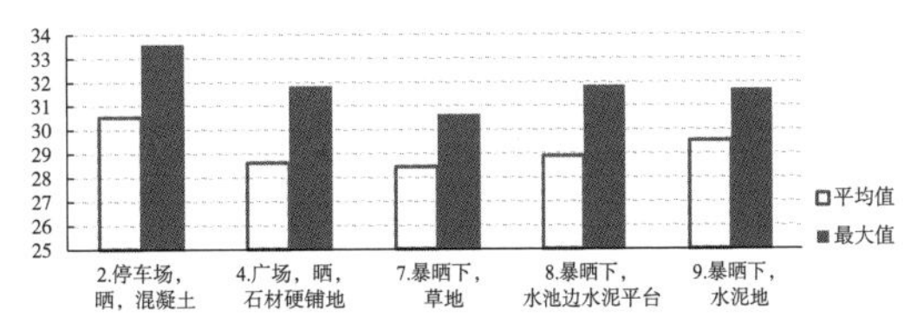

图 2-53　东、西大门区域暴晒工况下测点气温平均值与最大值比较

测点 7（暴晒下草地）的湿度在 14：30 后比其他测点高，温度也在 14：30 后比其他测点低；测点 2（暴晒下停车场）因湿度数据损失无法比较；测点 9（暴晒下水泥地）变化规律相似，原因与上文分析一致，是受材料蓄热系数影响。

3）遮阳工况下测点气温与相对湿度比较

从图 2-54 ~ 图 2-56 得出：东、西大门区域五个遮阳工况下测点的变化趋势大致相同，只有索膜下的在 11：30 左右变化较大。测点 10 的温度变化最缓，总体温度最低，与周边热缓冲环境有关：后面是山体和树林环绕，前面是较大面积的水池。测点 5 和 6 的温度也较舒适，与树木较浓密、草地下垫面有关；但测点 5 的湿度比测点 6 总体要低，与测点 5 的风速比测点 6 大有关，所以测点 5 比测点 6 更舒适。但是测点 5 只是设置了石材砌的花坛边，可供游人短时间坐坐，没有较大的空间，并没有像测点 6 一样设置石凳石桌等，能吸引许多游人来休息游玩。索膜下的温度较不稳定，可能与风速带动周围广场气流有关。从数据记录来看，索膜下全天气温在 23 ~ 30℃之间变化，说明索膜具备一定的遮阳效果；在非盛夏时节，太阳辐射不是全年最大的时候，索膜下空间是一个能吸引游人休息的较舒适场所。但是与树木遮阳相比，索膜下测点的空气温度相对较高。停车场树下的温度最高，与树冠不够浓密、汽车的反光度高和大面积水泥铺地有关。

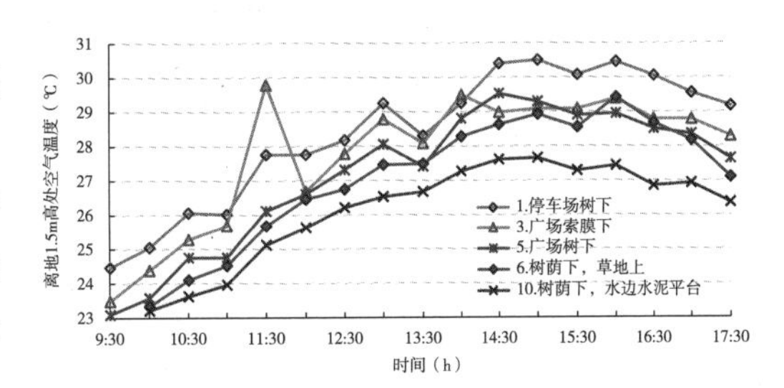

图 2-54　东、西大门区域遮阳工况下测点空气气温比较

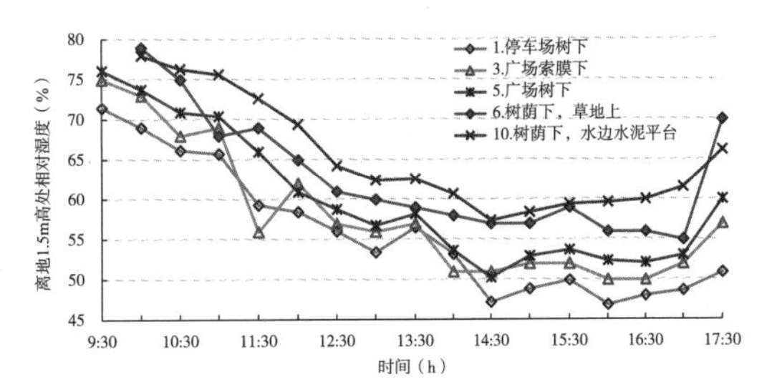

图 2-55　东、西大门区域遮阳工况下测点空气相对湿度比较

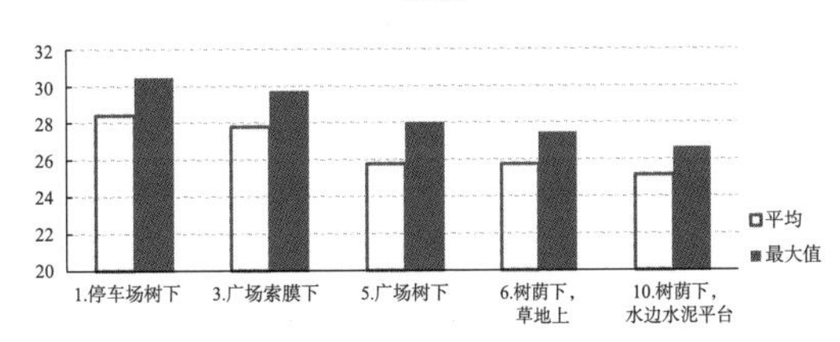

图 2-56　东、西大门区域遮阳工况下测点气温平均值与最大值比较

2.3.4.2　*夏季实测数据分析*

（1）东、西大门测试数据比较

由于测试当天有两次较为明显的降雨，因此测点的空气温度在上午 11：00 和下午 16：30 均出现明显的下降。由下图可以看到，在夏季当天测试时间内，东、西大门区域各测点的空气温度在 27.5 ~ 38℃之间变化，最高气温出现在下午 11：30，约比春季高出 4℃。其中，同样是东大门测点 2 停车场暴晒下水泥地测点的空气温度最高；测点 10 西大门水池边树下水泥平台

测点的气温最低。当天西大门区域各测点的空气湿度在 52% ~ 90% 之间变化，明显高于春季个测点的湿度，这与当天降雨天气有关（图 2-57 ~图 2-61）。

景观设计因子在夏季的降温效果从大到小依次为热缓冲环境（水池边 + 树荫下）> 树荫下 + 草地 > 树荫下 > 水体 > 草地。另外，可以看到西大门区域各测点的空气温度低于东大门区域，说明热缓冲环境对场地微气候有重要影响。

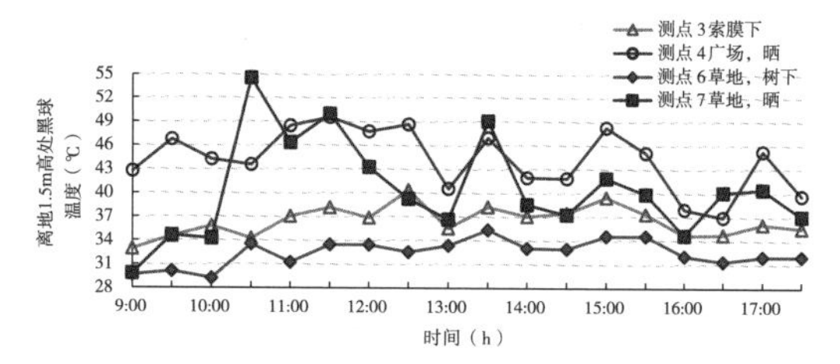

图 2-57　东、西大门区域各测点 3、4、6、7 黑球温度比较

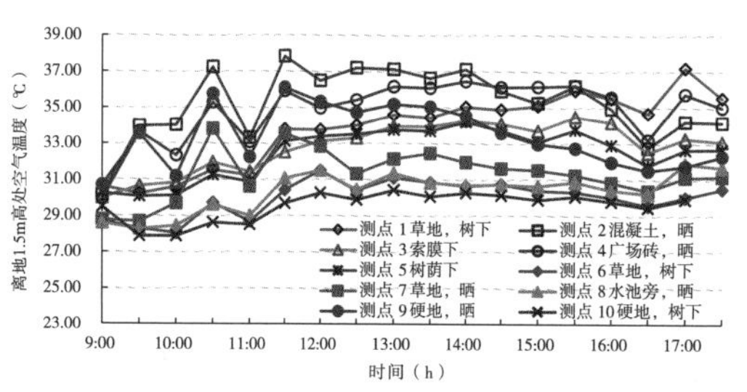

图 2-58　东、西大门区域各测点空气温度比较

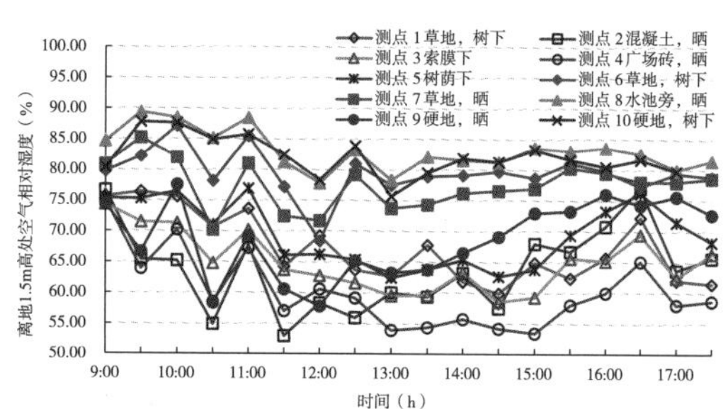

图 2-59　东、西大门区域各测点空气相对湿度比较

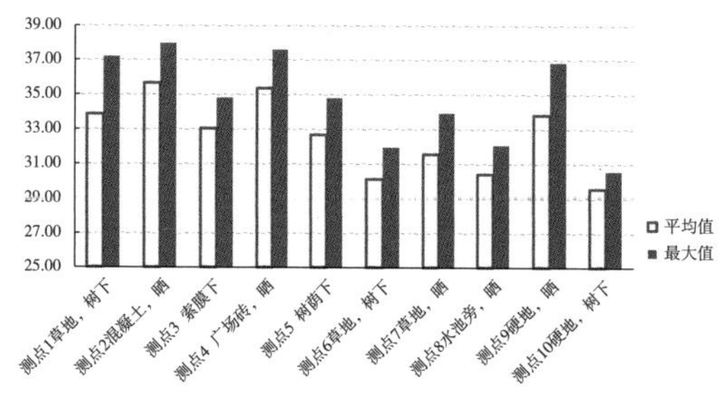

图 2-60　东、西大门区域各测点空气温度平均值比较

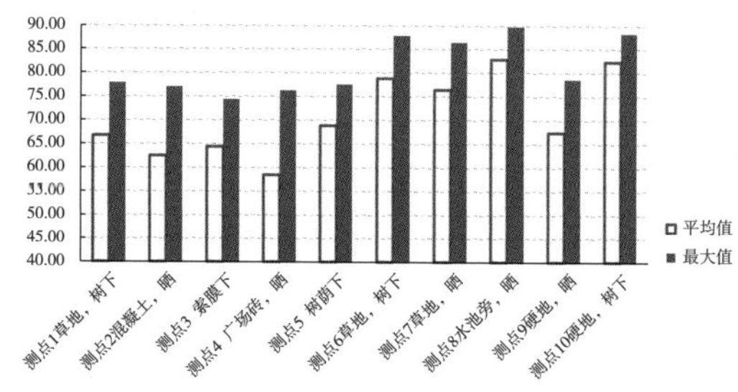

图 2-61　东、西大门区域各测点空气相对湿度平均值比较

（2）东、西大门暴晒工况下测点测试数据比较

比较东、西大门区域暴晒情况下不同下垫面的测点空气温度，可以看到草地的温度是最低而湿度是最高的。相比之下，东大门的混凝土和广场砖温度也是最高的，测点 2 甚至高达 38℃难以忍受的程度，并且在 15：00 太阳辐射减弱后还保持着较高的水平。因此，在郊野公园铺装设计中建议多采用透水地面（图 2-62、图 2-63）。

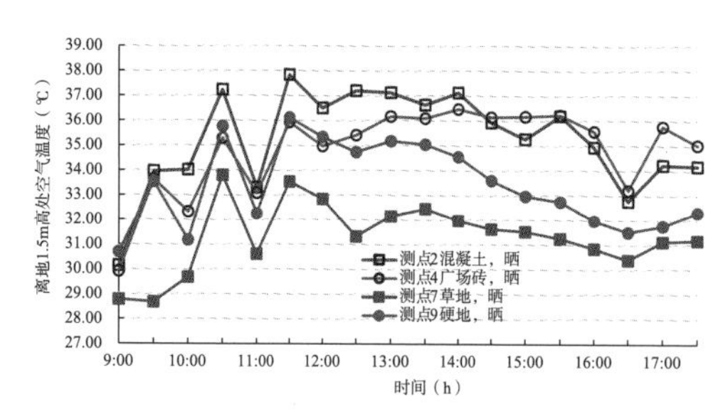

图 2-62　东、西大门区域暴晒工况下测点空气温度平均值比较

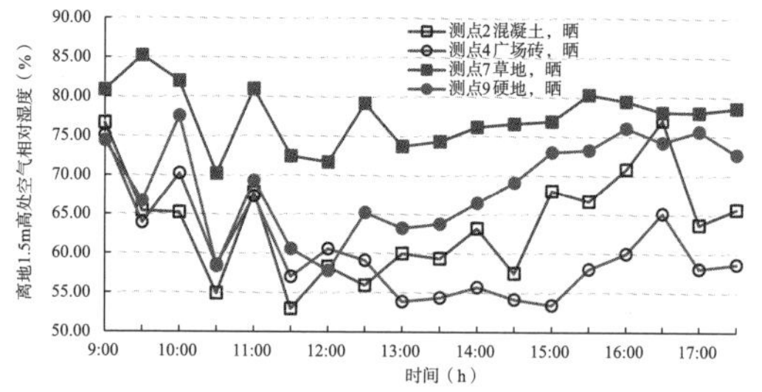

图 2-63　东、西大门区域暴晒工况下测点空气相对湿度平均值比较

（3）东、西大门遮阳工况下测点测试数据比较

测点 3 人工遮阳对比测点 6 和测点 8 的自然植被遮阳工况下，温度高 2℃以上，并且综合前文的黑球温度分析，可以看到人工遮阳的降温效果不及自然植被遮阳。但人工遮阳的湿度较低对舒适度有利，且人工设施有利于提高游客使用的舒适度，在设计时考虑人工与自然植被遮阳结合的手法，并利用局地风降温（图 2-64、图 2-65）。

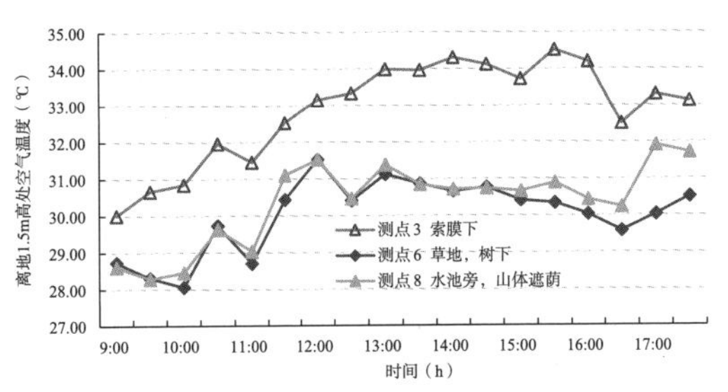

图 2-64　东、西大门区域遮阳工况下测点空气温度平均值比较

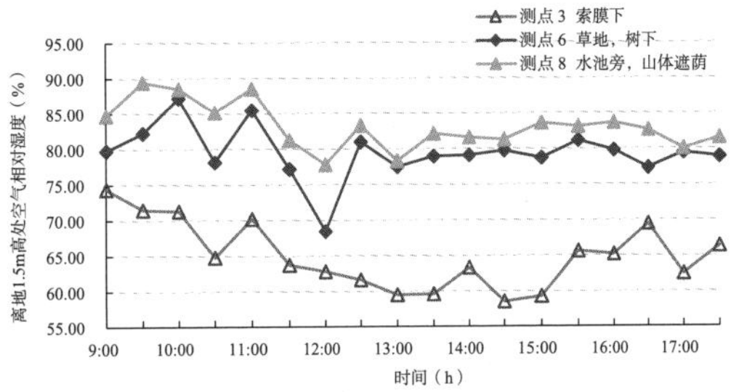

图 2-65　东、西大门区域遮阳工况下测点空气相对湿度平均值比较

2.3.4.3　*秋季实测数据分析*

（1）东大门测试数据分析

由图 2-66、图 2-67 可以看到，在秋季当天测试时间内，东大门区域各测点的空气温度在 25 ~ 35℃之间变化，最高气温比春季东大门的测点空气温度略高出 1℃，比夏季东大门的测点空气温度低约 3℃；最高气温出现在下午 13：30。其中，广场暴晒下石材铺装（测点 4）的平均空气温度最高；树下花池边（测点 5）的气温最低，两个测点的最大温差约为 4℃。当天东大门区域各测点的空气湿度在 44% ~ 85% 之间变化，最低湿度出现在下午 13：30。其中，测点 4 的空气湿度最低，测点 5 的空气湿度最高。从全天的气温变化曲线的趋势来看，规律性较为明显，并且在下午 13:30 后全区的测点有明显回落，到下午 17:30 时空气温度已接近上午 9:30 的气温；春、夏两季的气温回落变化均不及秋季明显，因此，说明秋季的全白天气温变化较为明显。

在东大门区域，景观设计因子的降温效果从大到小依次为树荫下 + 花池 > 索膜下 + 木地板 > 树荫下硬地。

从图 2-66、图 2-67、表 2-14 看出，暴晒下石材铺地的温度最高、湿度最低，位于广场上的两个有遮阳设计的测点（测点 3 索膜下、测点 5 树下）温度相近，索膜下的温度略高、湿度较低。说明人工遮阳与自然植被遮阳均能有效降低空气温度。

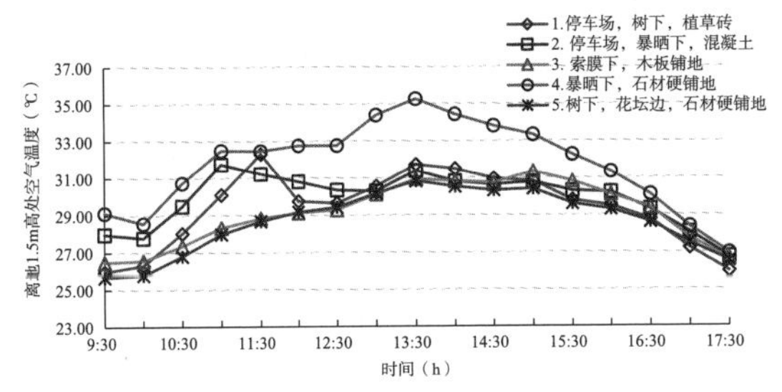

图 2-66　东大门区域各测点空气温度比较

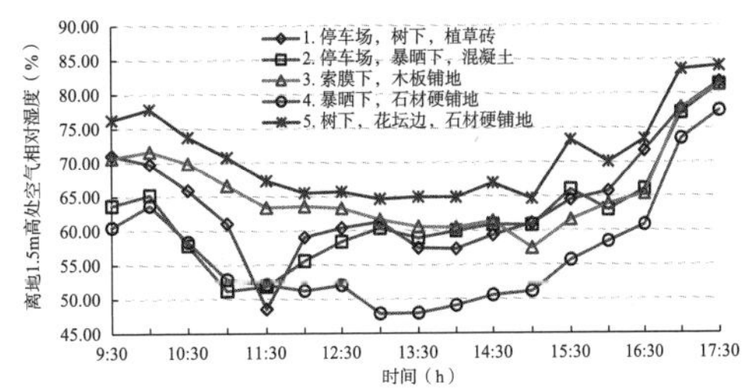

图 2-67　东大门区域各测点空气相对湿度比较

停车场树下与暴晒下测点的平均气温较为接近，树下测点的平均湿度比暴晒下测点的略低。同时，在测试时间内，广场各测点的通风情况较为良好。

东大门区域各测点空气平均温度、湿度、风速比较　　表 2-14

	测点 1 停车场，树下，植草砖	测点 2 停车，暴晒下混凝土	测点 3 索膜下，木板铺地	测点 4 暴晒下，石材硬铺地	测点 5 树下，花坛边，石材硬铺地
平均温度（℃）	29.23	29.73	28.94	31.43	28.60
平均相对湿度（%）	64.69	62.75	66.41	57.55	71.24
平均风速（m/s）	0.68	1.26	1.03	1.03	0.73

由图 2-68、图 2-69 可以看到，在秋季当天测试时间内，西大门区域各测点的空气温度在 24 ~ 35℃之间变化，最高气温与东大门区域测点相当，最高气温出现在下午 13：30。其中，暴晒下水泥地面测点的平均空气温度最高；水池边暴晒下水泥平台测点的气温最低，平均空气温度比暴晒下水泥地测点的低了约 4.5℃。当天西大门区域各测点的空气湿度在 45% ~ 85% 之间变化，略高于东大门；最低湿度出现在下午 13：30。其中，暴晒下水泥地测点的空气湿度最低；水池边暴晒下水泥平台测点的空气湿度最高。从测点的平均气温看，暴晒下混凝土地面（测点 9）温度最高，暴晒下草地（测点 7）次之。

（2）西大门测试数据分析

从全天的气温变化曲线的趋势来看，规律性较为明显，并且在下午 13：30 后全区的测点有明显回落，到下午 17：30 时空气温度已接近上午 9：30 的气温；春、夏两季的气温回落变化均不及秋季明显，因此，说明秋季的全白天气温变化较为明显。暴晒下水池边测点 8 的平均气温最低，初步判断是秋季太阳高度角及方位角较小，受南面绿化山体热缓冲环境的影响，因此测点 8 的平均气温比在树荫下的测点 6、测点 10 都要低，并且湿度更高，这说明环境地形及大量的绿化植被作为热缓冲环境，其效果比零散的绿化遮阳更好（图 2-68、图 2-69）。

西大门测试区域内当天各测点的通风效果一般，平均风速较东大门区域测点的低。西大门区域景观设计因子的降温效果从大到小依次为热缓冲环境 + 水池边 / 树荫下 > 草地（表 2-15）。

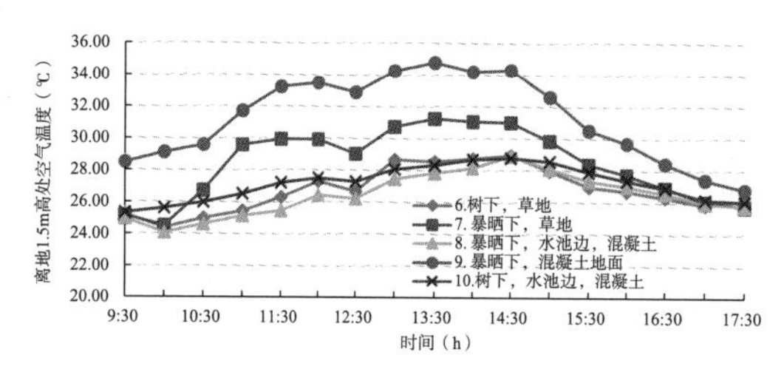

图 2-68　西大门区域各测点空气温度比较

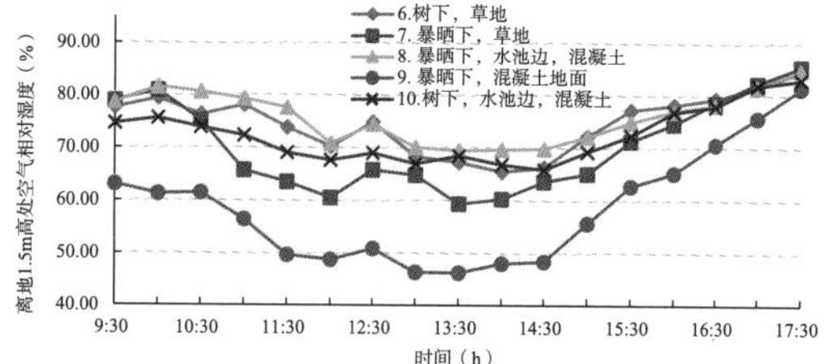

图 2-69　西大门区域各测点空气相对湿度比较

西大门区域各测点空气平均温度、相对湿度、风速比较　　表 2-15

	测点 6 树下，草地	测点 7 暴晒下，草地	测点 8 暴晒下，水池边，混凝土	测点 9 暴晒下，混凝土	测点 10 树下，水池边，混凝土
平均温度（℃）	26.76	28.37	26.46	31.02	27.19
平均相对湿度（%）	74.74	70.71	75.91	59.29	72.63
平均风速（m/s）	0.69	0.49	0.56	0.53	0.71

（3）东、西大门黑球温度测试数据分析

黑球温度从大到小分别为测点 4、测点 7、测点 3、测点 5、测点 6。测点 6 树下 + 草地的自然环境，对太阳辐射的削弱效果最好，与测点 4 暴晒下广场铺装相比，当天黑球平均温度能降低约 11.5℃。索膜（测点 3）遮阳效果也较显著，与测点 4 相比，当天黑球平均温度能降低约 9℃。而同样在暴晒的工况下，下垫面为草地的测点 7 比测点 4 的黑球平均温度降低约 4℃（图 2-70、表 2-16）。

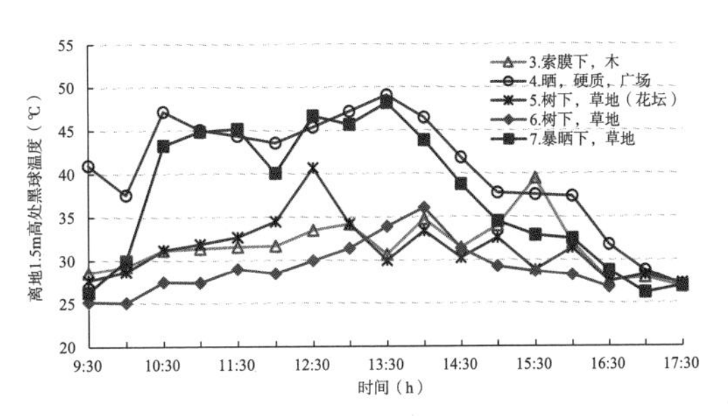

图 2-70　东、西大门区域各测点黑球温度比较

东、西大门区域测点平均黑球温度比较　　表 2-16

测点	平均黑球温度（℃）
测点 3 索膜下，木	31.28
测点 4 晒，硬质，广场	40.52
测点 5 树下，草地（花坛）	30.99
测点 6 树下，草地	28.95
测点 7 暴晒下，草地	36.68

（4）东、西大门遮阳工况下测点数据分析

从图 2-71、图 2-72 可以看到，东大门区域遮阳工况下的测点均高于西大门区域，平均温差约为 2 ~ 3℃。除了测点 1 在树荫不浓密的情况下，测点气温比索膜下测点高以外，其他的自然植被遮阳下测点的气温都比索膜下要低。因此，说明热缓冲环境、树荫的浓密程度均对场地微气候有较大影响。

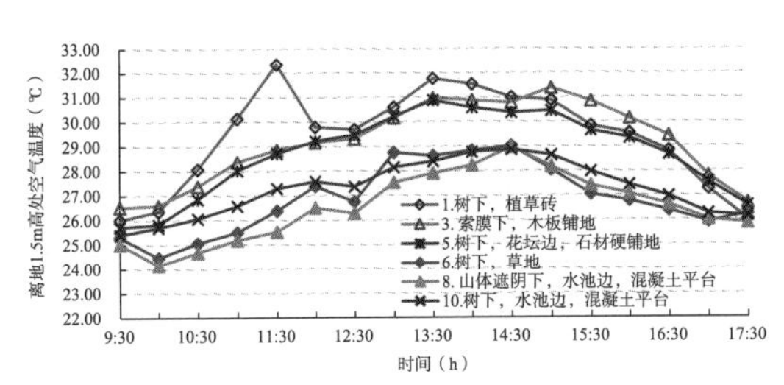

图 2-71　东、西大门区域遮阳工况下各测点空气温度比较

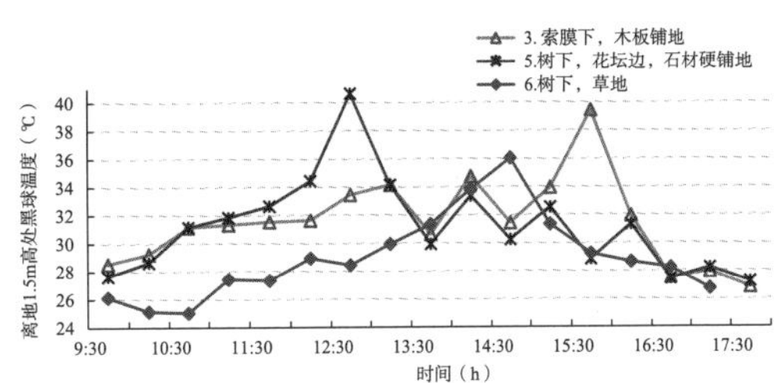

图 2-72　东、西大门区域遮阳工况下测点 3、5、6 黑球温度比较

（5）东、西大门暴晒工况下测点数据分析

暴晒工况下测点数据的分析比较只要是观察不同地面铺装材料与形式对场地热环境的影响。从图 2-73、图 2-74 可以看到，东、西大门区域暴晒工况下测点的最高气温是比较接近的，最高达到 35℃左右，东大门广场石材铺装的测点略微高一些。暴晒工况下测点气温最低的是西大门草地上测点，变化范围约在 24 ~ 31℃之间，最高气温比测点 4 低了约 4℃。从测点 4、7 的黑球温度看，测点 7 暴晒下草地与测点 4 暴晒下石材的黑球温度比较接近，但 1.5m 高处的空气温度相差了约 4℃，说明暴晒工况下大面积草地的降温效果较石材铺装明显。从秋季当天

的测试结果来看，对于测点微气候热环境而言，草地地面优于混凝土地面。

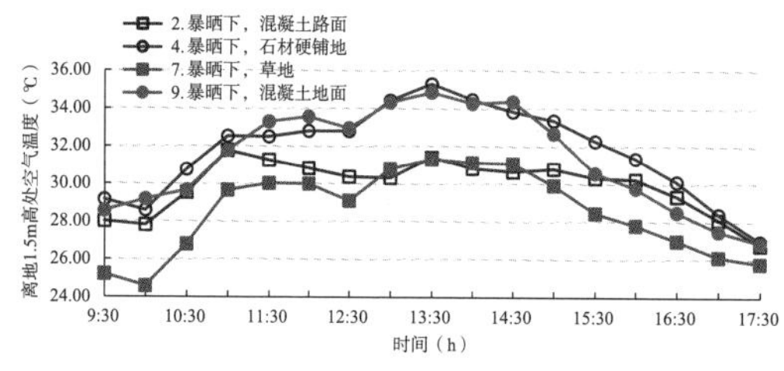

图 2-73 东、西大门区域暴晒工况下测点 2、4、7、9 空气温度比较

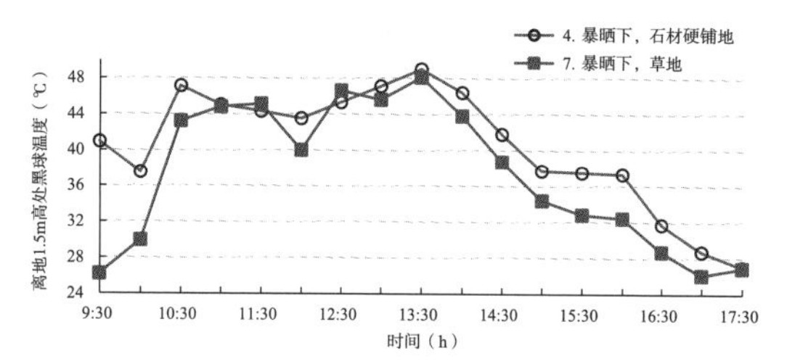

图 2-74 东、西大门区域暴晒工况下测点 4、7 黑球温度比较

2.3.4.4 春夏秋三季实测数据对比分析

（1）春夏秋三季东、西大门区域黑球温度对比

本次分析选用东大门区域的测点 3（索膜下）、测点 4（广场暴晒下花岗岩铺地），以及西大门区域的测点 6（树荫下草地）、测点 7（暴晒下草地）进行比较。

1）春夏秋三季暴晒工况下测点的黑球温度对比

从图 2-75 可以看到：测点 4 与测点 7 在相同季节的黑球温度接近，变化趋势相近。春季暴晒工况下测点黑球温度的变化区间是 31 ~ 43℃，夏季的变化区间是 30 ~ 55℃，秋季的变化区间是 26 ~ 49℃，其中春季的变化较为平稳，而秋季波动最大。这两个测点的黑球温度平均值在春季相近，但在夏季和秋季测点 4 分别比测点 7 高约 4℃。初步判断这与测点周边的热缓冲环境设置以及测点地面材料有关。

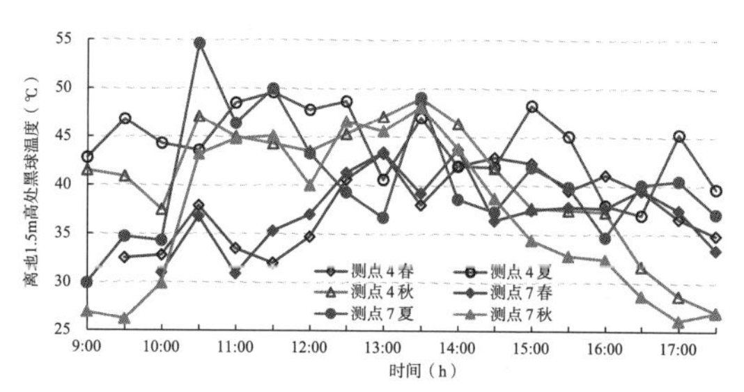

图 2-75 东、西大门区域测点 4 与测点 7 春夏秋三季黑球温度比较

2）人工遮阳与暴晒工况下测点的黑球温度春夏秋三季对比

从图 2-76 可以看到：暴晒工况下测点 4 黑球温度的春季变化区间是 32 ~ 43℃，夏季的变化区间是 37 ~ 50℃，秋季的变化区间是 26 ~ 49℃。索膜下测点 3 黑球温度的春季变化区间是 27 ~ 35℃，夏季的变化区间是 33 ~ 41℃，秋季的变化区间是 26 ~ 39℃。索膜下测点 3 春秋季的黑球温度相近，但春季更平缓，平均温度都比夏季低 5℃左右。广场暴晒下测点 4 夏秋季黑球温度都比较高，但是秋季的黑球温度在下午下降幅度比夏季大，并且在下午 17：30 已接近索膜下测点的黑球温度；测点 4 春季的黑球平均温度比夏季低 7℃，比秋季低 3℃。测点 4 春季的黑球平均温度比测点 3 高 6℃，而秋季和夏季的黑球平均温度比测点 3 的平均各高 8℃左右。测点 3 与测点 4 之间的温差在秋季相差最大，春季相差最小，夏季的差值变化较小。

由此可知，人工遮阳在春夏秋三季均能起到明显的遮阳作用，可以阻挡较多的太阳辐射；但是在夏季全天与春秋季的中午时段，索膜下测点黑球的温度仍偏高，没有达到舒适的要求。

3）春夏秋三季自然植被遮阳与暴晒工况下测点的黑球温度对比

从图 2-77 可以看到：暴晒工况下测点 7 黑球温度的春季变化区间是 31 ~ 43℃，夏季的变化区间是 30 ~ 55℃，秋季的变化区间是 26 ~ 48℃。自然植被遮阳工况下的测点 6 黑球温度的春季变化区间是 25 ~ 31℃，夏季的变化区间是 29 ~ 35℃，秋季的变化区间是 25 ~ 36℃。测点 6 的春秋季的黑球温度相近，但春季变化趋势更平缓，平均黑球温度比夏季低 3.5℃左右。测点 7 的春季黑球温度较平缓，秋季黑球温度在中午前比春季稍高，在中午后比春季低，一天变化幅度较大，并且在下午 17:30 已接近树荫下测点 6 的黑球温度；但测点 7 春秋季平均值相近，夏季黑球平均温度较高，比春秋季高 3℃以上。测点 6 的春夏秋季黑球平均温度均比测点 7 各季低 8℃，在测试当天，春季两测点温差较平稳，夏季与秋季两测点的温差变化较大。

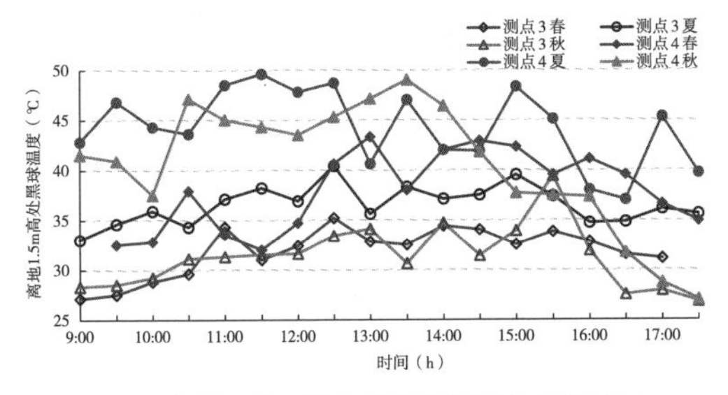

图 2-76　东大门区域测点 3 与测点 4 春夏秋三季黑球温度比较

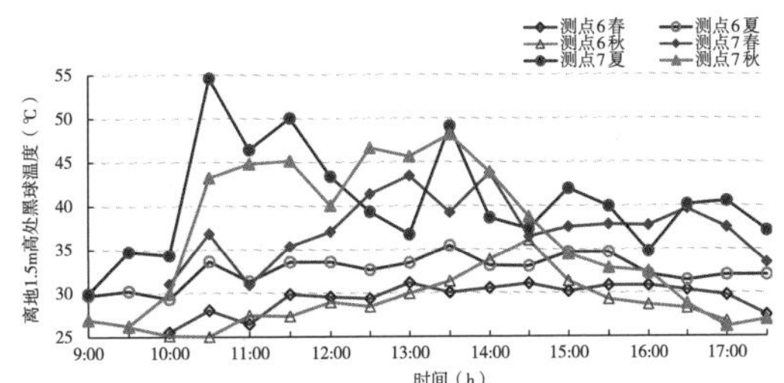

图 2-77　西大门区域测点 6 与测点 7 黑球温度比较

由此可知，自然植被遮阳在春夏秋三季均能起到明显的遮阳作用，在大部分为自然环境下，大面积树荫遮蔽太阳辐射的效果明显；在春秋季以及夏季的大部分时间内能达到较为舒适的户外热环境。

4）春夏秋三季人工遮阳与自然植被遮阳工况下测点的黑球温度对比

从图 2-78 可以看到：索膜下测点 3 黑球温度的春季变化区间是 27 ~ 35℃，夏季的变化区间是 33 ~ 41℃，秋季的变化区间是 26 ~ 39℃。自然植被遮阳工况下的测点 6 黑球温度的春季变化区间是 25 ~ 31℃，夏季的变化区间是 29 ~ 35℃，秋季的变化区间是 25 ~ 36℃。测点 3 比测点 6 在春秋季平均黑球温度各高 2.5℃左右，在夏季平均黑球温度高 4℃。除了秋季两测点黑球温差变化较大外，春季与夏季两测点之间的黑球温差变化较缓。从而得出：在郊野公园环境中，自然植被遮阳对减少太阳辐射的效果比人工构筑物好；在春秋季太阳辐射均较小的时候不是特别明显，但在夏季太阳辐射强烈时，测点 6 的热感觉明显比测点 3 舒适。

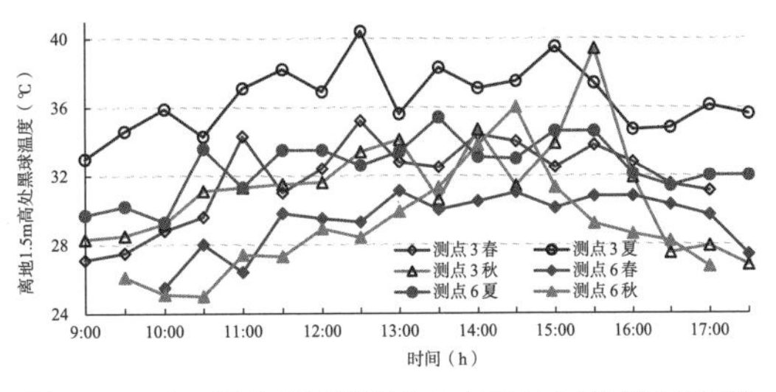

图 2-78　东、西大门区域测点 3 与测点 6 黑球温度比较

5）春夏秋三季各测点平均黑球温度对比

从各测点的黑球温度平均值对比图 2-79、表 2-17 可以得出：测点 6 在春夏秋三季的黑球温度平均值均低于其他测点。对于郊野公园中的遮阳设计效果，自然植被遮阳效果优于人工遮阳，而热缓冲环境及地面材料形式对热环境有重要影响（表 2-17、图 2-79）。

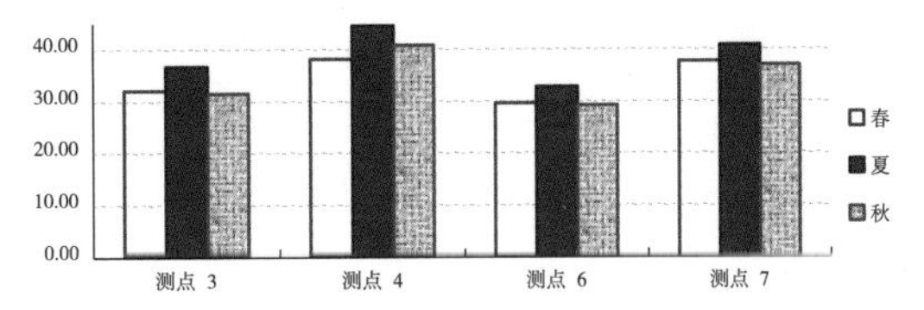

图 2-79　春夏秋三季测点 3、4、6、7 黑球温度平均值柱状图

春夏秋三季测点 3、4、6、7 黑球温度平均值（℃） 表 2-17

季节	测点 3	测点 4	测点 6	测点 7
春	31.84	37.89	29.39	37.41
夏	36.50	44.28	32.52	40.47
秋	31.28	40.52	28.95	36.68

（2）春夏秋三季在暴晒工况下不同铺地材质对热环境影响对比

本部分选择了东大门测点 4（暴晒下广场石材铺装）、西大门测点 7（暴晒下草地）、测点 9（暴晒下广场砖铺装）的空气温度与湿度进行比较。

由图 2-80 ~ 图 2-83 可知，春季各点温度变化较为平缓，秋季空气温度在午后下降较快。从平均温度看，东门硬地温度高于同季节西门硬地，高于同季节西门草地。从平均相对湿度看，东门硬地测点相对湿度低于同季节西门硬地测点与西门草地测点。西门硬地测点与草地测点对比，在暴晒工况下，草地地上空气温度在春夏秋三季均较硬地测点低，湿度较硬地高，可见大面积草地在暴晒工况下能降低温度，改善热环境。西大门硬地与草地温差较大的时段出现在中午，表明草地对温度的调节作用在酷热天气中表现较明显。

各测点春夏秋三季的相对湿度最低值均在 50% 以上，最高值为 85%，说明在暴晒工况下各测点的湿度依旧较高。湿度差较大的时段出现在秋季及中午，表明草地对湿度的调解作用在湿度较低的天气中表现明显。东、西大门区域硬地测点的温差表明，在暴晒工况下，周围热缓冲环境及硬地面积的大小对场地热环境有影响。

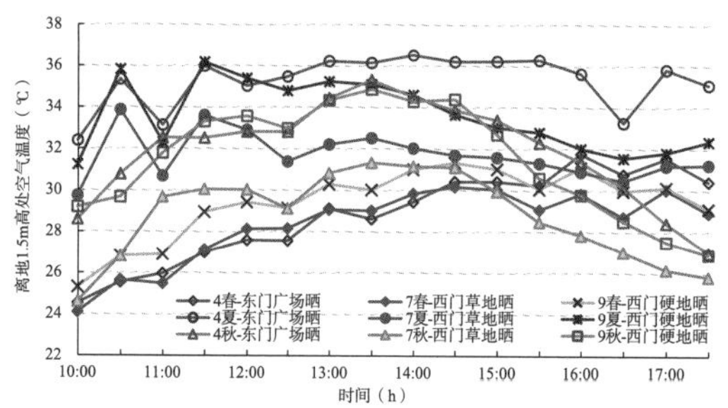

图 2-80 春夏秋三季东、西大门区域暴晒工况下测点 4、7、9 空气温度比较

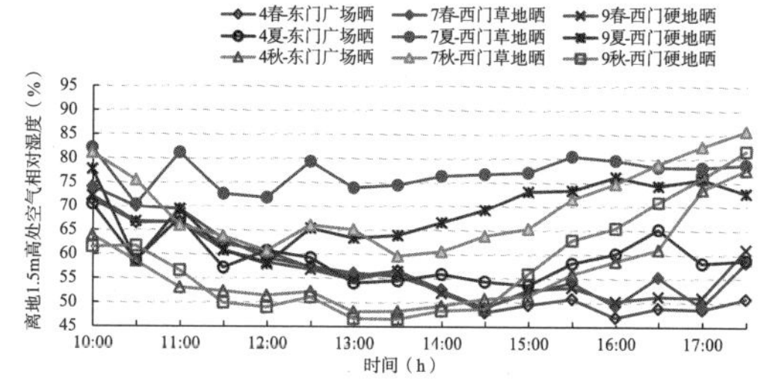

图 2-81 春夏秋三季东、西大门区域暴晒工况下测点 4、7、9 相对湿度比较

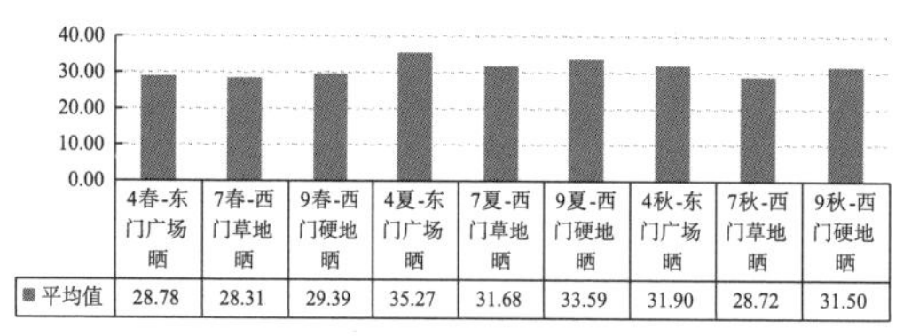

图 2-82 春夏秋三季东、西大门区域暴晒工况下测点 4、7、9 空气平均温度比较

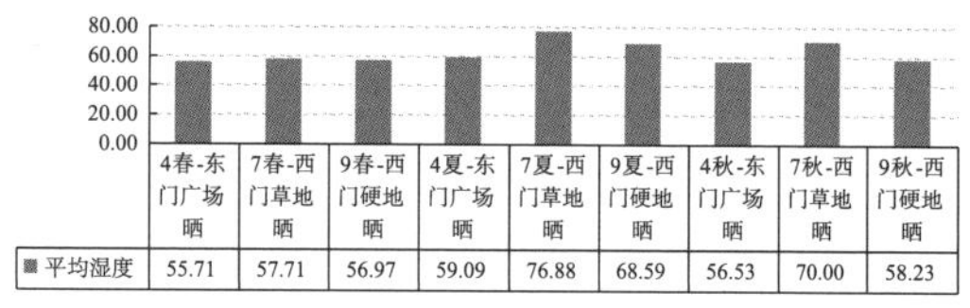

图 2-83 春夏秋三季东、西大门区域暴晒工况下测点 4、7、9 平均相对湿度比较

（3）春夏秋三季草地在暴晒和遮阳工况下热环境对比

本部分的分析选用西大门区域的测点 6（树荫下，草地）与测点 7（暴晒下，草地）进行对比分析。由以下图表中可以看到，树荫下草地的测点在春夏秋三季的空气温度均比暴晒下草地

的低，其中春季两个测点的变化趋势平稳，温差在 2℃以内；夏、秋两季暴晒下测点 7 的波动较为明显，两测点的温差在夏、秋两季可达 4℃。说明对于草地地面，乔木遮阳对场地空气温度的影响是夏季最明显，秋季次之，春季较弱。

由表 2-18 ～表 2-20、图 2-84 ～图 2-86 可以看到，各测点春夏秋三季的相对湿度最低值在 50% 左右，最高值为 85%，在遮阳工况下测点的相对湿度较高，但与暴晒工况下测点的变化区间相近。树荫下测点在春夏秋三季的相对湿度平均值均略高于暴晒工况下，其中夏季树荫下测点和暴晒下草地测点的湿度相差最小，且相对湿度曲线最接近。从两个测点的平均温度差看，自然植被遮阳对降低场地气温有较为明显的效果，其中秋季 > 夏季 > 春季。

天鹿湖郊野公园西大门区域草地不同工况下温度变化对比（℃）　　表 2-18

温度	测点 6 春 – 树荫下	测点 7 春 – 暴晒下	测点 6 夏 – 树荫下	测点 7 夏 – 暴晒下	测点 6 秋 – 树荫下	测点 7 秋 – 暴晒下
平均值	27.11	28.31	30.02	31.35	26.82	28.51
最大值	29.44	30.14	31.54	33.84	28.99	31.31
最小值	23.35	24.07	28.07	28.72	24.44	24.58
极差	6.09	6.07	3.463	5.12	4.55	6.73

天鹿湖郊野公园西大门区域草地不同工况下相对湿度对比（%）　　表 2-19

相对湿度	春 – 树荫下	春 – 暴晒下	夏 – 树荫下	夏 – 暴晒下	秋 – 树荫下	秋 – 暴晒下
平均值	62.75	57.71	79.49	77.57	74.89	70.54
最大值	79.00	73.97	87.24	85.32	84.83	85.70
最小值	55.00	48.86	68.48	70.28	65.61	59.56
极差	24.00	25.10	18.75	15.04	19.22	26.14

天鹿湖郊野公园西大门区域草地不同工况下温度、相对湿度变化对比　　表 2-20

	春	夏	秋
平均温度差（℃）	1.19	1.33	1.69
平均相对湿度差（%）	5.04	1.92	4.35

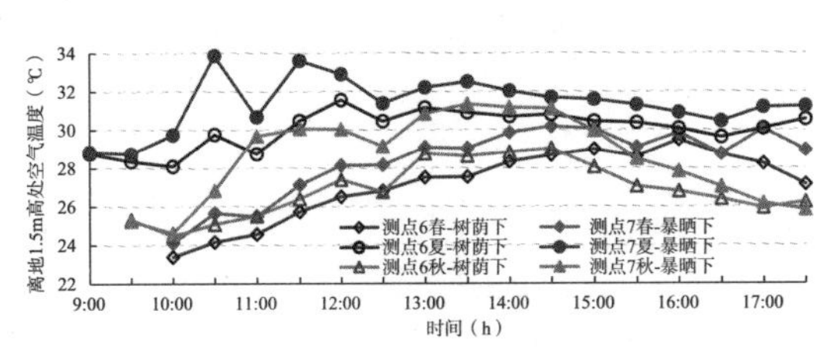

图 2-84　天鹿湖郊野公园西大门区域草地不同工况下温度变化对比

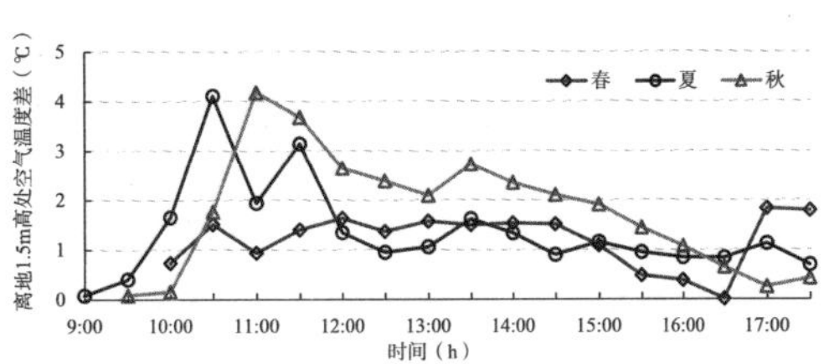

图 2-85　天鹿湖郊野公园西大门区域草地不同工况下温度差变化对比

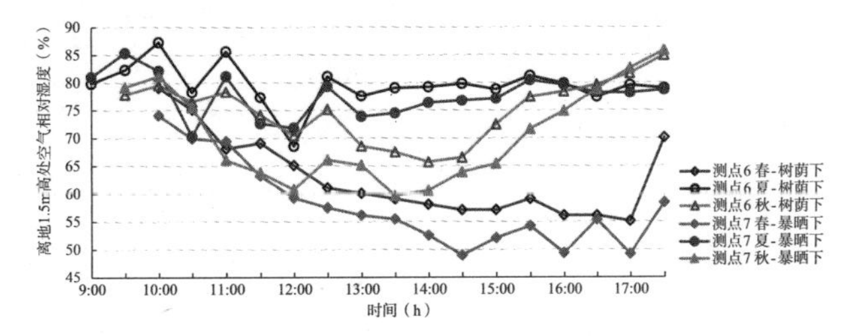

图 2-86　天鹿湖郊野公园西大门区域草地不同工况下湿度变化对比

（4）春夏秋三季人工遮阳工况下热环境对比——以索膜下测点为例

本部分选用东大门的测点 3（索膜下）作为研究对象分析人工遮阳在春夏秋三季对热环境的影响。

从图 2-87、图 2-88、表 2-21 图可以看到：索膜下测点 3 的空气温度曲线在春夏秋三季均较为平缓，空气温度春季变化区间是 23 ～ 30℃，夏季的变化区间是 30 ～ 34℃，秋季的变化区间是 26 ～ 29℃。其中，秋季下午空气温度下降、相对湿度上升较快；但从春夏秋三季当天的测试数据极差来看，春季的温差与湿度差最大，秋季次之，夏季最小。测点 3 在人工遮阳工况下，在夏季全天与春秋季的中午时段，空气温度仍偏高，没有达到舒适的要求。

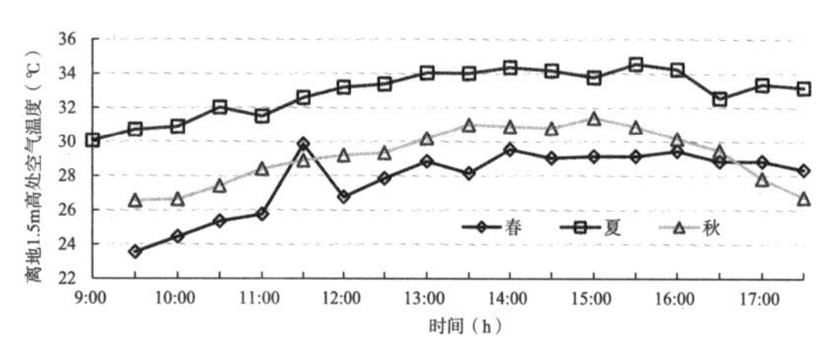

图 2-87　天鹿湖郊野公园索膜下测点春夏秋三季空气温度对比

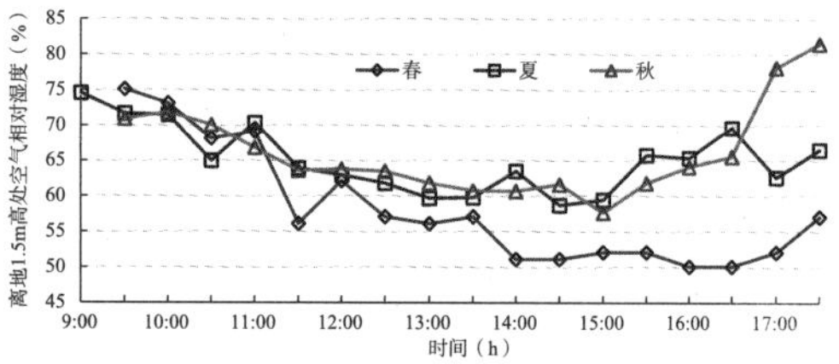

图 2-88　天鹿湖郊野公园索膜下测点春夏秋三季空气相对湿度对比

天鹿湖郊野公园索膜下测点春夏秋三季温度、相对湿度变化对比　　表 2-21

测点 3 广场索膜下	空气温度（℃）			相对湿度（%）		
季节	春	夏	秋	春	夏	秋
平均值	27.77	32.88	29.11	58.12	65.04	66.00
以春季为 0 求季节间平均值差	0	5.11	1.34	0	6.92	7.88
最大值	29.8	34.52	31.357	75	74.44	81.399
最小值	23.5	30.02	26.50	50.00	58.60	57.53
极差	6.3	4.503	4.857	25	15.843	23.87

（5）春夏秋三季小水域旁硬地热环境对比——以测点 8（小水池旁水泥平台）测点为例

本部分选用西大门的测点 8（暴晒下小水池旁水泥平台）作为研究对象分析小面积水域旁硬地在春夏秋三季的热环境变化规律。

从图 2-89、图 2-90、表 2-22 可以看到：小水池旁水泥平台测点 8 的空气温度曲线在春夏秋三季均较为平缓，其中夏季最平缓，而春季变化较大，在整体测试时间内呈攀升趋势。测点 8 空气温度春季变化区间是 24 ～ 32℃，夏季的变化区间是 28 ～ 32℃，秋季的变化区间是 24 ～ 29℃。秋季上午测点空气温度上升明显，中午 14：30 达到最大值，下午降温变化较快；春

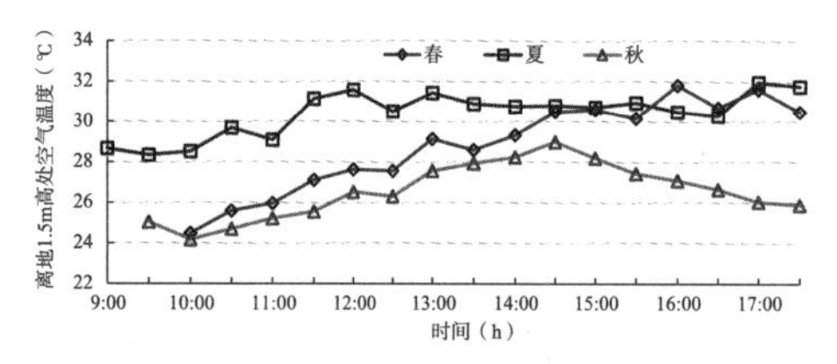

图 2-89　天鹿湖郊野公园测点 8 春夏秋三季空气温度对比

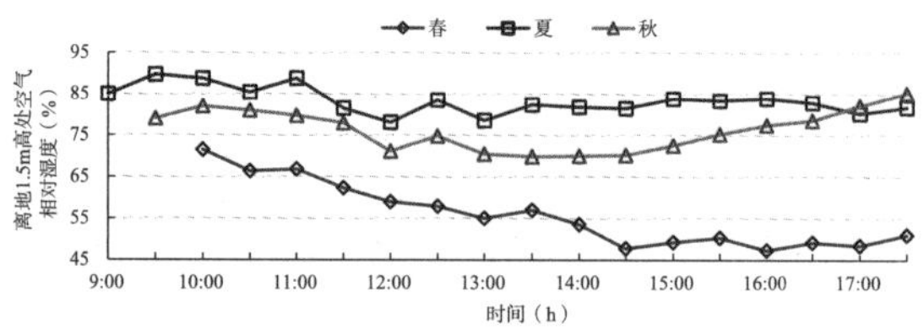

图 2-90　天鹿湖郊野公园测点 8 春夏秋三季空气相对湿度对比

季温度持续上升，下午达到夏季的温度，且一天内温、湿度极差也是春季最高。由于该平台西北面为山体，故受大面积山体阴影影响，能阻挡夏、秋季的部分西晒阳光。相对湿度平均值春夏秋三季变化明显，夏季最高，秋季次之，春季最低。

天鹿湖郊野公园测点 8 春夏秋三季温度、相对湿度变化对比　　表 2-22

	温度（℃）			相对湿度（%）		
	春	夏	秋	春	夏	秋
平均值	28.78	30.38	26.51	55.60	83.19	76.07
以春季为 0 求季节间平均值差	0	1.6	-2.27	0	27.59	21.47
最大值	31.77	31.92	28.94	71.25	89.49	85.00
最小值	24.44	28.30	24.12	47.14	77.87	69.59
极差	7.33	3.62	4.82	24.11	11.62	15.41

2.3.5　实测结论

本研究通过对广东天鹿湖郊野公园东、西大门入口区春夏秋三季的实地测试分析，可以初步得到以下结论：

（1）在亚热带湿热地区郊野公园的室外环境中春夏秋三季均需考虑遮阳设计

在暴晒工况下，春季（4 月）白天测点黑球温度的变化区间是 31 ~ 43℃，夏季（8 月）白天的变化区间是 30 ~ 55℃，秋季（11 月）白天的变化区间是 26 ~ 49℃，说明春夏秋三季在郊野公园游客集中活动时段太阳辐射均很强烈。因此，在亚热带郊野公园的室外游客活动区中进行遮阳降温设计是很有必要的，尤其是夏秋两季。

（2）热缓冲环境在春夏秋三季对微气候热舒适性均有重要作用

根据东、西大门区域春夏秋三季的实测对比，可知西大门区域测点的空气温度整体低于东大门区域，说明西大门良好的植被绿化环境作为热缓冲环境对活动场地的微气候有积极影响，在夏秋两季效果尤为明显。另外，秋季西大门区域暴晒下水池边测点 8 的平均气温最低，比在树荫下的测点 6、测点 10 都要低，这说明以环境地形及大量的绿化环境作为热缓冲环境，其效果比零散的绿化遮阳更好。

（3）场地微气候热环境的季节性变化

在亚热带湿热地区郊野公园中，夏季的太阳辐射强度最大，秋季略小一些，最高黑球温度与夏季接近，而春季的太阳辐射强度相对较小；测点空气温度季节性的变化规律也相似。在春季各测点气温变化区间是 23 ~ 34℃，夏季是 27.5 ~ 38℃，秋季是 24 ~ 35℃，可以看到春夏秋三季郊野公园的户外最高气温均在 34℃以上，而考虑了热缓冲及遮阳等部分的测点最低气温可以在 23 ~ 27.5℃。空气温度的变化趋势在春季较为平稳，而秋季波动变化最大；秋季的空气温度在 13：30 ~ 14：30 后迅速下降，在 17：30 接近当天上午 9：30 的测点气温，均低于春、夏两季的相同时刻气温。

（4）乔木及人工建构筑物的遮阳降温作用在夏秋两季最为明显

通过比较，可以明显看到乔木及人工建构筑物具有一定的遮阳降温作用，并且在夏秋两季效果最为明显，通过测点 3、5、6 的比较，说明高大乔木的遮阳效果优于索膜等人工建构筑物。

人工建构筑物遮阳在夏季全天与春秋季的中午时段仍未能达到热舒适的要求。而乔木遮阳在春秋季全白天以及夏季的大部分时间内则能提供较为舒适的户外热环境，并且对夏秋季空气温度的影响较春季明显，对秋季湿度的影响比春夏季明显。

（5）绿化及水体在春夏秋三季均有助于减少气温波动幅度

在实测时间内，处于水体及树荫下测点的温度曲线变化较为平缓，最高气温与最低气温的差值较少，而暴晒区域下测点最高气温与最低气温的差值较大。因此，绿化及水体在春夏秋三季有助于减少最高温度与最低气温的差值，使得局部区域的气温相对稳定。通过测点 8 的测试数据可知，水体在秋季的被动蒸发降温作用尤为明显。

（6）景观设计因子在春夏秋三季的综合降温效果排序

根据本次实测，可初步归纳在室外环境中景观设计因子在春夏秋三季的综合降温效果从大到小依次为热缓冲环境（热缓冲带）+ 树荫 / 水体 / 草地 > 树荫下水体旁 > 水体边构筑物内 > 水体旁 > 树荫下 > 人工构筑物下。地面的不同材质对气温也有不同影响，例如同样是暴晒条件下，大面积草地地面就比广场花岗岩石材地面、停车场的水泥地面的气温低。

2.4 本章小结

本章对亚热带湿热地区（以珠江三角洲为重点研究范围）郊野公园典型案例进行实地调研，进行全白天的气象数据测试，对测试结果进行定量及定性分析，总结景观设计因子对郊野公园室外环境微气候的影响，具体的实地调研案例如表 2-23 所示：

亚热带湿热地区（以珠江三角洲为重点研究范围）郊野公园典型案例调研一览表　　表 2-23

调研时间	所在城市	郊野公园名称	调研内容
2010 年 08 月	广州	天鹿湖郊野公园	气象数据实测、访谈、拍照
2010 年 08 月	香港	香港仔郊野公园	气象数据实测、访谈、拍照
2010 年 08 月	香港	西贡西郊野公园	气象数据实测、访谈、拍照
2011 年 04 月	广州	天鹿湖郊野公园	气象数据实测、热舒适问卷、拍照
2011 年 08 月	佛山	三山郊野公园	气象数据实测、热舒适问卷、访谈、拍照
2011 年 08 月	深圳	马峦山郊野公园	气象数据实测、热舒适问卷、访谈、拍照
2011 年 08 月	广州	天鹿湖郊野公园	气象数据实测、热舒适问卷、拍照
2011 年 11 月	广州	天鹿湖郊野公园	气象数据实测、热舒适问卷、拍照
2012 年 11 月	香港	船湾郊野公园	拍照
2012 年 11 月	香港	城门郊野公园	专题讲座交流、访谈、拍照

通过对以上的实地调研与测量数据的分析，可以初步得到以下结论：

（1）郊野公园室外热环境春夏秋三季的变化规律

在亚热带湿热地区郊野公园中，夏季的太阳辐射强度最大，秋季略小一些，最高黑球温度与夏季接近，而春季的太阳辐射强度相对较小；测点的空气温度季节性的变化规律也相近似。空气温度的变化趋势在春节较为平稳，而秋季变化最大，秋季的空气温度在 13：30 ~ 14：30 后迅速下降。

（2）在亚热带郊野公园的室外环境设计中遮阳、避雨设计很有必要

在暴晒工况下，春夏秋三季在郊野公园游客集中活动时段太阳辐射很强烈。因此，在亚热带郊野公园的室外游客活动区中进行遮阳降温设计很有必要。同时，在亚热带湿热地区，降雨频繁，在 2011 年夏季马峦山实测当天就有三次降雨，在天鹿湖 2011 年夏季实测当天有两次降雨，并且多是突然而来的阵雨，因此，在游客活动区以及游客步道的设计中，考虑避雨设施的设计很有必要。同时，避雨与人工遮阳设施可以结合设计。

（3）热缓冲环境是影响郊野公园室外环境微气候的重要景观设计因子

影响郊野公园室外环境微气候的景观设计因子可归纳为热缓冲环境、场地地形、遮阳设计（人工与植被）、水体形式、地面材质与构造、海拔高度等因子。热缓冲环境对场地环境微气候有决定性影响；场地地形的差异，造成了向阳面和背阳面，形成了变化较大的局地风环境；乔木及人工建构筑物具有一定的遮阳降温作用，其中高大乔木的遮阳效果优于索膜等人工建构筑物；水体面积大小、形状、水深、动静形态及接近程度会对气温有不同的调节作用；透水地面（如草地、栈道）对微气候的影响由于硬化地面；但面积过小的草地对微气候的影响效果甚微。

在此，笔者尝试对“热缓冲环境”进行界定：位于设计区域周边的具有良好自然植被的环境，对设计区域的微气候有重要而明显的影响；当热缓冲环境为带状浓密树林或林带时，可称之为“热缓冲带”，其设计的宽度、高度、郁闭度将对场地的微气候有直接影响。

（4）景观设计因子对场地微气候降温效果排序

根据实测调研，可初步归纳在室外环境中景观设计因子的降温效果从大到小依次为热缓冲环境（热缓冲带）+ 树荫 / 水体 / 草地 > 树荫下水体旁 > 树荫下草地 > 水体边构筑物内 > 人工构筑物下。地面的不同材质对气温也有不同影响，例如同样是暴晒条件下，大面积草地地面就比花岗岩石材地面、停车场的水泥地面的气温低。

通过本章对亚热带湿热地区郊野公园室外热环境的实测研究，笔者发现景观设计中遮阳形式、地形变化、地面材质、植被类型、海拔高程等因子对场地微气候具有重要影响。结合以上的结论可知，气候适应性设计策略及具体应用的研究重点包括热缓冲环境（热缓冲带）的设定、游客休憩场地选址布局、建构筑物、绿化、水体、地面铺装等方面的设计要点，这也是在后续章节中关注的重点。本章的实际测试结果，将为后续章节的数值模拟工作做前期准备，为部分研究成果提供必要的验证依据。

第3章 亚热带湿热地区郊野公园室外环境热舒适 SET 阈值提出

热舒适可以简单地定义为“人对于其所处的环境既不感到过冷也不感到过热时的一种状态”，这是由“无任何不舒适感”所限定的一种中和状态。[35]

在室外热舒适研究中，采用热舒适指标评价室外热舒适状况是室外热舒适定量评价的主要手段，由统计可知，PET、PMV、经验指标和 SET 等评价指标比较常用。标准有效温度指标（SET）是根据生理条件制定的一项合理的、热舒适指标，已被 ASHRAE 所采用且为大量实验及理论研究所验证。但是室外的环境与室内相比更加复杂，并且还有人的心理因素的影响，所以标准有效温度指标（SET）用于室外热环境评价时有一定的局限性。结合进一步研究，在评价室外热环境时，需对 SET 做出修正。为了本研究的结果可以和 ASHRAE 的阈值进行比较研究，本书采用 SET 作为郊野公园室外环境热舒适阈值指标。

ASHRAE 对 SET 的定义为：在温度为 SET 的假想等温热环境中，空气相对湿度为 50%，人体身着与活动量对应的标准服装，人体的皮肤润湿度和通过皮肤的换热量与实际环境下相同。SET 对应的温热感觉、生理现象及健康状态见表 3-1。

SET 对应的温热感觉、生理现象及健康状态 [8，121]　　表 3-1

SET [℃]	热感觉		生理现象	健康状态
	冷热感觉	舒适感		
40 ~ 45	限值	限值	体温上刀 体温调节不畅	血液循环不畅
35 ~ 40	非常热	非常不舒服	出汗、血压增加	危险增加
30 ~ 35	暖和	不舒服	—	脉搏不稳定
25 ~ 30	中性	舒服	生理正常	正常
20 ~ 25				
15 ~ 20	微凉	略为不舒服	散热加快，需要添加衣服	
10 ~ 5	冷	不舒服	手脚血管收缩	黏膜皮肤干燥
5 ~ 10	非常冷	非常不舒服	—	血液循环不良、肌肉酸痛

在进行热感觉实验时，设置一些投票选择方式来让受试者说出自己的热感觉，这种投票选择的方式被称为热感觉投票（TSV，Thermal Sensation Votes）。ASHRAE 采用 7 级热感觉指标 TSV 主要用于评价人体的热感觉，侧重于人体冷或热的生理感觉，是考察人体对热环境评价的一个基本参量 [97]。

由于地域气候、人文背景等多种因素的差异，在对户外环境感受上，不同地区的人存在差异。C.E.P 布鲁克斯（C.E.P.Brooks，1973）[72] 的试验表明，热带地区和温带地区的居民对气候的习惯性稍有差别。他建议以 40° N 为标准，每降低纬度 5°，其舒适温度将提高 0.56℃（1° F）。根据他的研究，若以珠江三角洲地区为例，其舒适度温度应比 SET 提高约 2℃。

本章通过现场实测与热舒适问卷调查的方式，结合统计学的相关方法，针对亚热带湿热地区郊野公园室外环境下的热舒适标准进行探讨，并为后文对影响室外热环境的相关景观设计因子导控指标的模拟研究做准备。

3.1 亚热带郊野公园春季热舒适范围研究

3.1.1 实测环境与调研概况

3.1.1.1 实测概况

亚热带郊野公园春季热舒适范围的初步研究选择的是广东天鹿湖郊野公园作为研究案例，本次测量共布置五个测点，分别在东大门区域和西大门区域。每个测点放置一个黑球，一个 HOBO 温度湿度自测仪和一个风速仪，每 30 分钟读取一次数据并记录（图 3-1、表 3-2）。

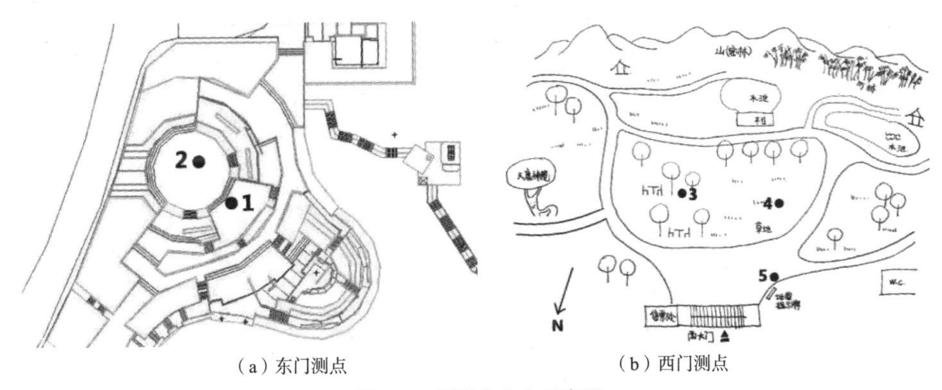

（a）东门测点　　（b）西门测点

图 3-1 测量点分布示意图

测点周边环境描述 　　表 3-2

测点 1	测点 2	测点 3	测点 4	测点 5
索膜下，铺地为木地板，索膜覆盖面积约 40m²。周围花池多为草被，乔木不茂盛	暴晒下广场，铺地为不渗水花岗岩，面积约 1000m²。周围花池乔木树冠稀疏	树荫下草地，树荫浓密，草地较稀疏，树荫面积约 50m²。周围是水泥路，草地和树木	暴晒下草地，草地面积约 1000m²。周围是水泥小路，草地和树木	暴晒下小广场，铺地为广场砖，面积约 200m²，周围是水泥路、草地和树木

3.1.1.2 问卷调查

本次问卷调查的对象为该郊野公园的游客。该郊野公园每年 3 月中到 4 月初有“禾雀花节”，为赏花游客较多的季节，因此选择在此期间进行测量与热舒适问卷调查。本次问卷调查借鉴

ASHRAE 的分级指标，其热感觉标尺共分为 7 级，“冷”感觉在一端为 1 级，“热”感觉在另一端为 7 级，中间点 4 级为“适中”，顺次为冷、稍冷、凉爽、适中、温暖、稍热、热。

中间点“适中”是一种对人的感受为具有好感的表述，即人不知道宁愿稍温暖些还是稍凉爽些的一种比较不确定的概念。

在每个测点有小组成员进行对游人的问卷，记录从冷到热的 7 级热感觉。并在问卷时将游人当时的情况分成静坐与行走两种状态，分别对应的运动量为 1met（58.2 W/m^2）与 2met（116.30W/m^2），并且根据游人的衣着，将衣阻分为 0.6clo（短衣 + 长裤）和 1clo（长衣 / 薄外套 + 长裤）。

这次调研总共派发 220 份问卷，共有 211 份问卷有效（另 9 份问卷因为问卷位置与测量地点不符、问卷时没有及时登记好活动状态等原因而不予采用）。

各测点的问卷人数如表 3-3 所示：

各测点的有效问卷量统计（份） 表 3-3

测点	行走	静坐	合计
1. 索膜下，木地板	32	18	50
2. 晒，广场砖	33	—	33
3. 树荫下，草地	37	33	70
4. 晒，草地	30	—	30
5. 晒，水泥地	28	—	28
合计	160	49	211

在上述五个测点中，测点 1 和测点 3 是可以坐下休息的，测点 2、4、5 有较多游人路过，但都不多做停留。测点 3 自然环境较好，有乔木遮阴。

3.1.2 标准有效温度（SET）计算

根据实测所得的温度、相对湿度、黑球温度以及风速，分别计算运动量为 1met（58.2 W/m^2）与 2met（116.30W/m^2），衣阻为 0.6clo 和 1clo 四组的 SET 数据（表 3-4 ~ 表 3-7）。

运动量取 1met、衣阻 0.6clo 时的 SET（℃） 表 3-4

	测点 1	测点 2	测点 3	测点 4	测点 5
平均	27.1	30.0	26.7	31.2	32.9
MAX	31.9	34.8	31.1	34.5	38.7
MIN	22.4	26.0	23.0	27.7	29.6

运动量取 2met、衣阻 0.6clo 时的 SET 值（℃） 表 3-5

	测点 1	测点 2	测点 3	测点 4	测点 5
平均	30.4	32.5	30.0	33.5	34.2
MAX	33.6	36.3	32.2	36.4	37.5
MIN	25.8	29.1	26.8	28.9	31.5

运动量取 1met、衣阻 1.0clo 时的 SET 值（℃）　　表 3–6

	测点 1	测点 2	测点 3	测点 4	测点 5
平均	30.1	32.4	29.5	33.4	34.8
MAX	34.1	36.4	33.3	36.2	39.9
MIN	25.8	28.9	25.2	28.1	32.1

运动量取 2met、衣阻 1.0clo 时的 SET 值（℃）　　表 3–7

	测点 1	测点 2	测点 3	测点 4	测点 5
平均	34.5	35.9	34.0	36.6	37.2
MAX	36.8	38.7	35.6	38.9	39.7
MIN	30.9	33.4	31.5	33.1	35.1

3.1.3　测量与问卷调查结果分析

3.1.3.1　总体投票结果分析

在春季调研的 211 份有效问卷中，各测点热舒适投票的统计结果如表 3-8 所示：

各测点热舒适投票结果统计（份）　　表 3–8

	冷	稍冷	凉爽	适中	温暖	稍热	热
测点 1	0	0	8	16	19	7	0
测点 2	0	0	1	12	15	5	0
测点 3	0	0	10	46	14	0	0
测点 4	0	0	6	10	12	2	0
测点 5	0	0	1	11	11	5	0

笔者对各测点的热感投票进行统计，因为各测点的样本数皆有不同，以下分析采用百分比。在问卷中，46% 的人觉得“适中”，接近一半，觉得“温暖”的投票有 34%，凉爽占 11%，所以实测当天的热感觉适中偏暖，总体评价相当好；在热不舒适端，“稍热”的投票只有 9%，不足一成；问卷中没有得到稍冷、冷和热等热感觉标度的投票（表 3-9）。

热感觉投票比例（%）　　表 3–9

	凉爽	适中	温暖	稍热	总数
总人数	24	96	71	19	210
百分比	11%	46%	34%	9%	100%

3.1.3.2　各测点投票结果分析

细分各测点的热感觉投票的比例（图 3-2）有：测点 1 中“适中”投票有 67%，比总体的 46% 要高两成，温暖有 38%，整体上适中偏暖；测点 4“适中”投票占该测点总人数的 34%，温暖有 41%，整体趋势与测点 1 相似；测点 2 与测点 5 的整体趋势也较为相似，在“凉爽”只有不到 5% 的投票，因为这两个测点都是暴晒下的硬质铺装广场，虽然周边环境与广场面积上有差异，但是对广场内部影响不大；测点 3 有所有测点中最高的“适中”值，达到 67%，与其他测点相比，这里的自然程度最高，也是游人最喜欢去的地点。

再对五个测点舒适度百分比进行对比，可以发现测点 1、2、5 有八成以上的舒适度，测点 4（暴晒下的草地）有九成、测点 3（树荫下的草地）则为十成，将舒适百分比排序：测点 3>测点 4 > 测点 1> 测点 2> 测点 5，可以初步得出结论：自然环境测点的舒适度比人工环境测点要高（图 3-3）。

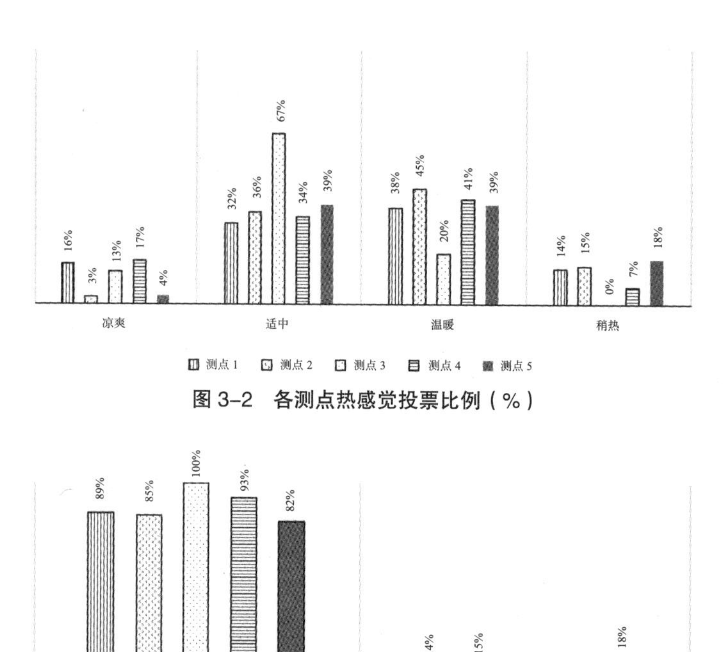

图 3–2　各测点热感觉投票比例（%）

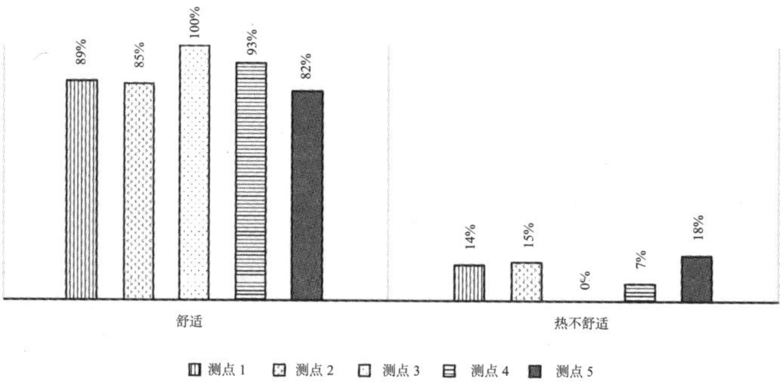

图 3–3　各测点热舒适比例（%）

3.1.3.3　遮阳设计对室外环境热舒适的影响

在讨论之前，先对测点进行分组，测点 1（索膜下）和测点 2（暴晒下广场）位于天鹿湖的东门入口区，位置接近，这组测点为人工环境下暴晒与遮阳测点的对比。测点 3（树荫下草地）和测点 4（曝晒下草地）同位于天鹿湖的西门入口区，位置接近，为自然环境下暴晒与遮阳测点的对比。

（1）人工遮阳对室外环境热舒适的影响

将测点 1 与测点 2 的逐时 SET 值相对比，发现两者在变化趋势上有一定的相同性，从数值比较上看，测点 1 的 SET 值极差较测点 2 大。测点 1 从 SET 指标上反映的热舒适性会明显好于测点 2，平均值比测点 2 低 3 度，但从热舒适比例上看，测点 1 和测点 2 却相似，甚至在“适中”投票上测点 2 的得票率比测点 1 要高，可见游人对于测点 1 和测点 2 的评价相仿。索膜对于提高热舒适指标上有作用，但在游人对于热舒适的心理评价上的作用却不明显（图 3-4、表 3-10）。

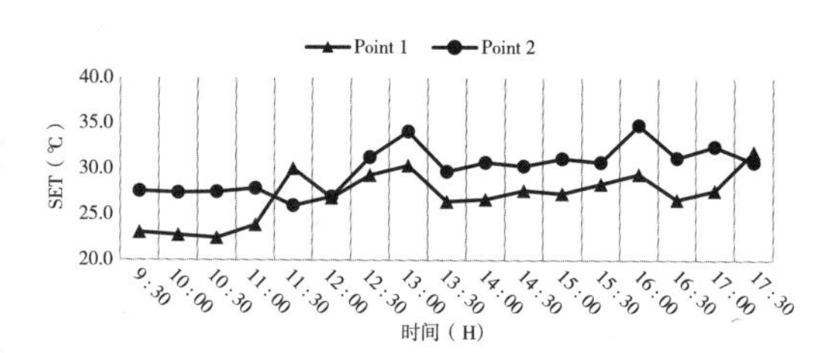

图 3–4　测点 1 和测点 2 SET 值逐时比较

测点 1 和测点 2 set 值比较（℃）　　表 3-10

	测点 1	测点 2	差值
平均	27.1	30.0	-2.9
MAX	31.9	34.8	-2.9
MIN	22.4	26.0	-3.6
极差	9.5	8.8	

（2）自然植被遮阳对室外环境热舒适的影响

将测点 3 与测点 4 的逐时 SET 值相对比，可以看出两测点的 SET 值的变化趋势大致接近，但测点 4 的波动较为明显；测点 4 的 SET 值较测点 3 高，在 13：30 时 SET 趋势发生变化是因为当时测点 4 有较大的风速，使该时刻的 SET 值骤然下降（图 3-5、表 3-11）。

从 SET 指标上和热感觉投票中都显示出测点 3 的舒适性比测点 4 要好，可见自然植被遮阳对于户外热舒适的提高有很大作用。

从（1）、（2）两组测点的对比中可以初步得出：遮阳设计对于提高室外热舒适感觉有着重要的作用，其中自然乔木遮阳对于舒适度的效益比人工构筑物如索膜等要明显。另外虽然在 SET 数值上测点 4（暴晒下草地）比测点 2（暴晒下广场）要稍高一点，但是游人投票则反映测点 4 的热舒适比例较为之高，自然透水地面对增加户外热舒适度亦有贡献。

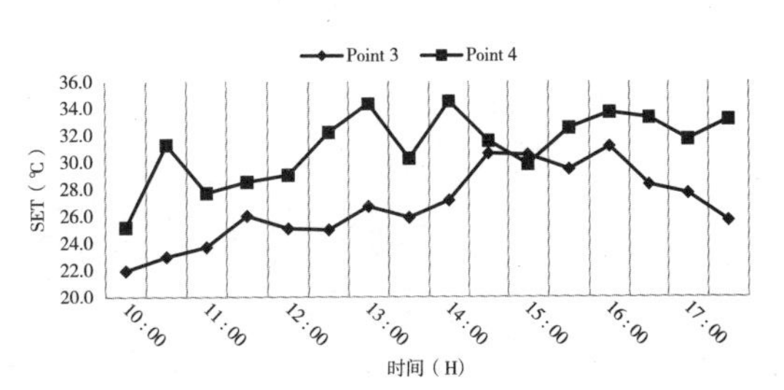

图 3-5　测点 3 和测点 4 SET 值逐时比较

测点 3 与测点 4 SET 值比较（℃）　　表 3-11

	测点 3	测点 4	差值
平均	26.7	31.2	-4.5
MAX	31.1	34.5	-3.4
MIN	23.0	27.7	-4.7
极差	8.1	6.8	—

3.1.4　人工环境与自然环境下热舒适阈值的对比

根据各测点所处环境的人工与自然程度将测点分为两组：人工环境组为测点 1、2、5，自然环境组为测点 3、4。根据调查问卷结果统计，对人工环境与自然环境的热感觉评价百分比如表 3-12：

人工与自然测点不舒适比例对比（%）　　表 3-12

	热舒适	热不舒适
人工测点	85%	15%
自然测点	98%	2%

分别将自然测点和人工测点中热感觉为 3（适中）的投票所对应的 SET 值进行正态分布检验，得到图 3-6 和图 3-7，按照累积频率（接近 70%）计算两测点适中的 SET 阈值。

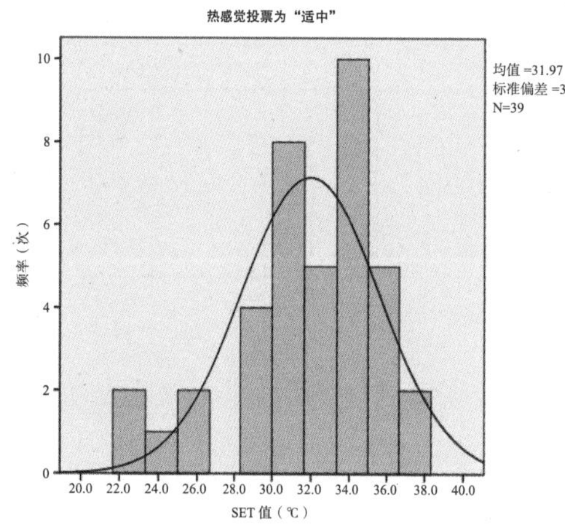

图 3-6　人工环境测点"适中"投票正态分布图

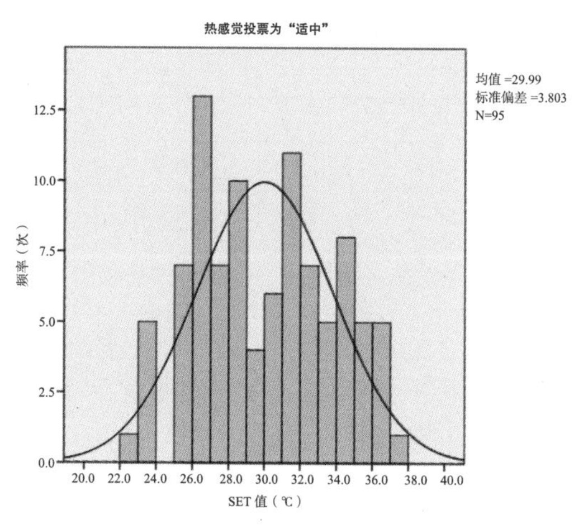

图 3-7　自然环境测点"适中"投票正态分布

人工环境测点、自然环境测点与 SET 标准阈值比较　　表 3-13

	人工测点	自然测点	SET 标准
适中 SET 阈值	28.3 ~ 35.6	25.3 ~ 31.9	20 ~ 30

通过表 3-13 初步对比可发现，无论是自然还是人工环境测点的热感觉适中标度的 SET 阈值都比 SET 标准的阈值有所提高；自然测点最小阈值比 SET 标准高 5.3℃，人工测点则高 8.3℃；最大阈值方面，自然测点比 SET 标准高 1.9℃，人工测点高 5.6℃；同时，整体阈值取值区间范围则比 SET 标准缩窄。自然与人工测点相比，则有自然环境下人对"适中"的 SET 阈值较人工环境下的低。在人工环境下，游人对热的容忍值相对高，而在自然环境，游人对冷的容忍值则较人工环境强，这也与人对人工环境和自然环境的心理期望相符。

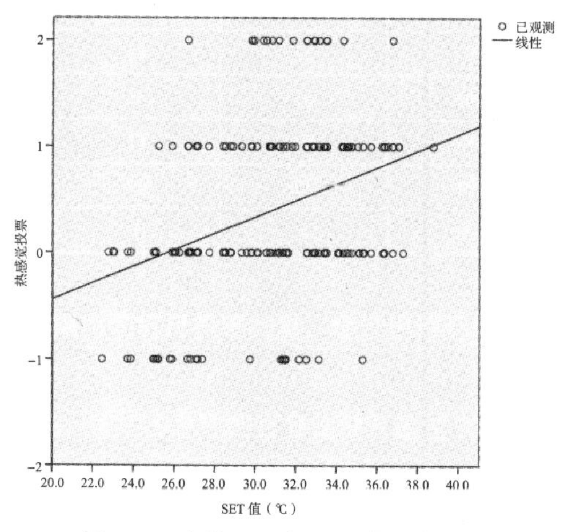

图 3-8　春季 TSV 与 SET 值拟合曲线

3.1.5　春季热舒适阈值的提出及校验

本研究利用线性方程法对春季热舒适阈值范围进行初步研究，并运用正态分布法进行校验研究 [122]。

3.1.5.1　线性方程法推导春季热舒适阈值范围

利用回归分析软件得出热感觉投票与 SET 的线性回归方程，可计算出热感觉为凉爽、适中、温暖、稍热的 SET 温度，取两标尺的中间温度（各上下 0.5）为交界定出热感觉阈值（图 3-8）。

可得计算公式：TSV=0.07763171421853179 × SET – 1.991384383933228　　（3-1）

可简化为：TSV=0.0776 × SET – 1.9914　　（3-2）

根据公式 3-2 计算出 SET 的对应值：

根据线性方程法推导的 SET 中性温度与阈值范围（℃）　　表 3-14

热感觉标尺	中性温度（℃）	阈值范围（℃）
-2	-0.11098	-6.55 ~ 6.33
-1	12.77035	6.33 ~ 19.21
0	25.65169	19.21 ~ 32.09
1	38.53302	32.093 ~ 44.97
2	51.41435	44.97 ~ 57.85

由表 3-14 可初步得出：春季在亚热带湿热地区郊野公园中，相对于热感觉问卷“适中”的 SET 阈值范围为 19.21 ~ 32.09℃。

3.1.5.2　正态分布法校验春季热舒适阈值范围

将各测点热感觉投票所应对的 SET 值进行正态分布检验，按照累积频率□ X ± 1S（接近 70%），得到整体的 SET 阈值如下，并与 ASHRAE 的 SET 标准阈值进行对比（图 3-9 ~ 图 3-11、表 3-15）。

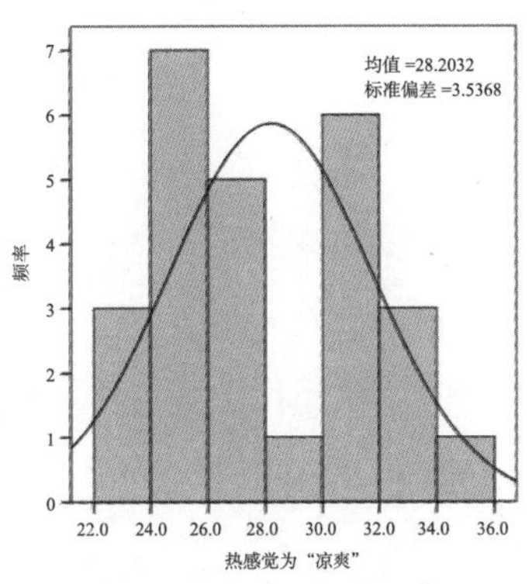

图 3-9　“凉爽”投票正态分布图

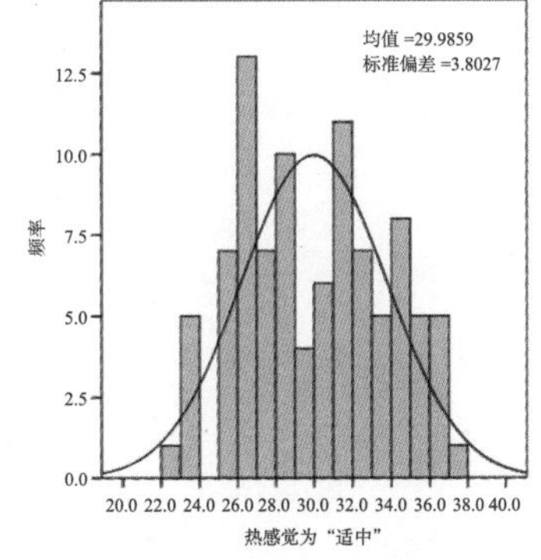

图 3-10　“适中”投票正态分布图

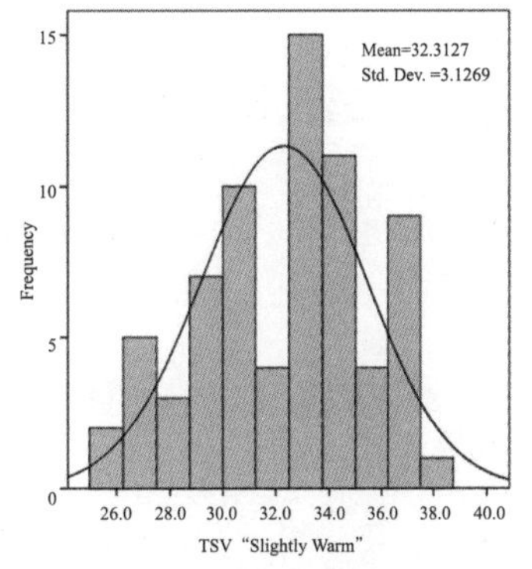

图 3-11　“温暖”投票正态分布图

实测 SET 阈值与 SET 标准阈值比较　　表 3-15

	实测阈值（℃）	ASHRAE 的 SET 指标（℃）
凉爽	24.7 ~ 31.7	15 ~ 20
适中	26.2 ~ 33.8	20 ~ 30
温暖	29.2 ~ 35.4	30 ~ 35

本研究实测得出的阈值范围与 SET 标准相近，阈值范围有所增高，“凉爽”的最小值增加了 9.7℃、“适中”的范围增加了 6.2℃，“温暖”的最小值降低了 0.8℃，但最大值增加了 0.4℃。由于受测量当天天气限制，本次春季调查无法得到“稍热”的 SET 阈值。但本研究推测 SET 超过 35℃后，人会感觉到不舒适的热。初步得出热感觉舒适的 SET 范围为 25 ~ 35℃。

3.1.5.3　热舒适投票百分比拟合曲线校验春季热舒适阈值范围

将调查问卷对应的 SET 值以 1℃为间隔，统计该间隔内各标尺投票的量，统计出该标尺内的舒适度百分比，得到图 3-12 的拟合曲线。以舒适度 70% 为指标，得到热舒适的范围为 20.7 ~ 35.5℃。以此值校验表 X 的阈值，发现最小值低了 5℃，而最大值相似。可能受当天天气限制，未能取得热舒适范围的最小值，最大值可以初步确定为 35℃。

通过对广东天鹿湖郊野公园进行气候实测和热感觉问卷调查，初步得出在春季的亚热带湿热地区，室外环境热舒适的 SET 阈值较 ASHRAE 采用的指标阈值有所提高，热舒适的上限为 35℃。这反映了在亚热带湿热地区，因为地域气候、人种区别、生理特点、生活习惯、人文背景等多种因素的影响下，热舒适中“适中”的阈值会与以温带地区的居民为样本得出的 SET 指标有一定差别。在亚热带湿热地区，人们对热的接受度会较温带地区居民更高。

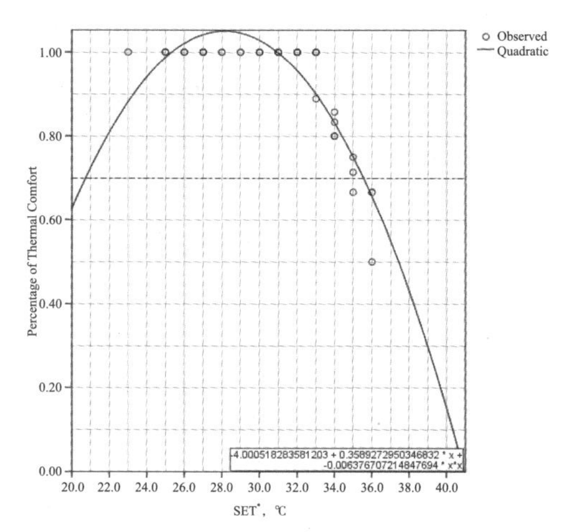

图 3–12　热舒适投票百分比拟合曲线图

另外，有调研结果表明，人在自然环境中有更好的热舒适感受，因此，在亚热带湿热地区户外环境的热舒适设计中，可适当增加树木和草地等绿化，使活动环境更为舒适；另外在户外提供遮阳设计对热舒适也有较大的作用，其中乔木遮阳比人工构筑物遮阳更为有效。

3.2　亚热带郊野公园夏季热舒适范围研究

夏季热舒适范围的研究思路与方法与春季相同，因此不再逐一赘述，在此仅将主要的分析成果进行表述。

3.2.1　实测环境与调研概况

3.2.1.1　实测布点及环境

夏季郊野公园热舒适 SET 阈值范围的研究是基于 2011 年夏季对广州天鹿湖郊野公园、深圳马峦山郊野公园、佛山三山郊野公园等三个郊野公园的现场微气候实测及热舒适问卷调查所得的数据进行计算的。其中，广州天鹿湖郊野公园的测点布置与春季相同，深圳马峦山郊野公园、佛山三山郊野公园设置问卷调研的测点布置如图 3-13 ～图 3-16 所示：

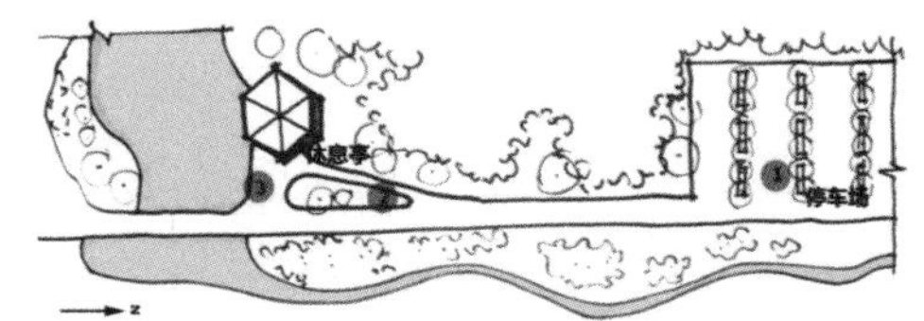

图 3–13　马峦山郊野公园山下入口区域测点布置平面图

（a）测点 1 停车场晒植草砖

（b）测点 2 晒硬地

（c）测点 3 水边晒硬地

图 3–14　马峦山郊野公园山下入口区域测点环境图

（1）深圳马峦山郊野公园

马峦山郊野公园位于深圳市龙岗区，调查问卷及实测选择山下入口区域，有包括停车场、休息亭和水池、绿地等，具体布点如图 3-13、图 3-14 所示。

（2）佛山三山郊野公园

三山郊野公园位于佛山市南海区。实测布点选择在山下入口区域，北面有停车场、草地、硬质铺装广场，较为开阔，南面有水池，设木构休息亭，以泥地、草地为主，有园路铺设，具体布点如图 3-15、图 3-16 所示。

3.2.1.2　热感觉投票问卷统计

热感觉投票值按照问卷格式设为 –2 ~ 2 的五度标尺。“很冷”感觉在一端为 –2 级，“很热”感觉在另一端为 2 级，中间点 0 级为“适中”，顺次为很冷、凉爽、适中、温暖、很热。各郊野公园测点的有效热问卷人数如表 3-16 所示。

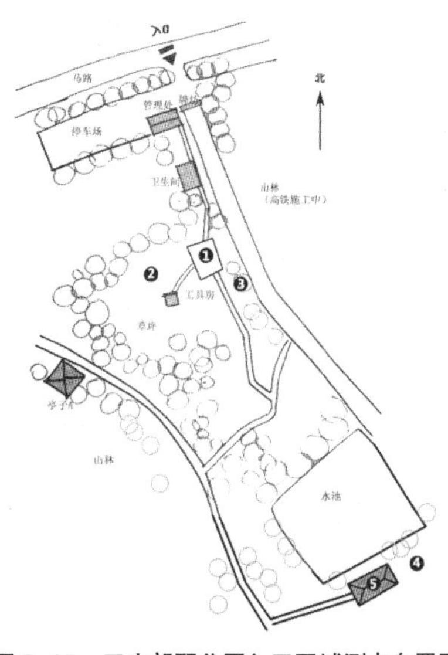

图 3–15　三山郊野公园入口区域测点布置图

（a）测点 1 晒硬地

（b）测点 2 晒草地

（c）测点 3 树荫下草地

（d）测点 4 水边晒泥地

（e）测点 5 水边亭下木铺地

图 3–16　三山郊野公园山下入口区域测点环境图

各郊野公园的有效问卷量统计（份）　　表 3–16

	时间	测点数（个）	有效问卷数量（份）
广州天麓湖郊野公园	2011 年 8 月 19 日	4	72
佛山三山郊野公园	2011 年 8 月 5 日	5	80
深圳马峦山郊野公园	2011 年 8 月 11 日	4	60
合计	—	—	212

3.2.2　标准有效温度（SET）计算

根据实测所得的温度、相对湿度、黑球温度以及风速（温度取 HOBO 温度、湿度取 HOBO 湿度、Tmrt 平均辐射温度用黑球温度进行换算、风速取半小时平均风速），结合问卷测试对象的行走状态运动量取值 2met（116.30W/m^2）、着装为短衣长裤取值 0.5clo，其他计算变量取默认值，计算 SET 数据。

3.2.3　测量与问卷调查结果分析

将夏季测试的三个郊野公园的问卷样本合并统计，可得表 3-17：

SET 与热感觉投票比例表（%） 表 3-17

SET（℃）	-1（凉爽）	0（适中）	1（温暖）	2（很热）	总数	适中比例
22	1	—	—	—	1	0%
23	—	1	—	—	1	100%
24	—		—	—	0	—
25	—	—	—	—	0	—
26	—	3	—	—	3	100%
27	—	—	1	—	1	0%
28	1	—	1	—	2	0%
29	—	1		—	1	100%
30	—	3	1	—	4	75%
31	1	7	1	—	9	78%
32	1	4	2	—	7	57%
33	1	4	4	—	9	44%
34	4	20	7	1	32	63%
35	1	16	10	2	29	55%
36		10	23	5	38	26%
37	2	5	11	6	24	21%
38	—	2	5	3	10	20%
39	—	—	6	4	10	0%
40	—	—	6	11	17	0%
41	—	—	1	10	11	0%
42	—	—	2	4	6	0%

3.2.4 夏季热舒适阈值的提出及校验

本研究利用线性方程法对夏季热舒适阈值范围进行初步研究，并运用正态分布法进行校验研究[122]。

3.2.4.1 线性方程法推导夏季热舒适阈值范围

利用回归分析软件得出热感觉投票与 SET 的线性回归方程，可计算出热感觉为 2 ~ –2 五个热感觉标尺的 SET 温度，取两标尺的中间温度（各上下 0.5）为交界定出热感觉阈值（图 3-17）。

可得计算公式：

$$TSV = 0.1520191096635699 \times SET - 4.735453578323342 \quad (3\text{-}3)$$

可简化为：$TSV = 0.1520 \times SET - 4.7355$ （3-4）

根据公式 3-4 计算出 SET 的对应值：

根据线性方程法推导的 SET 中性温度与阈值范围（℃） 表 3-18

热感觉标尺	中性温度（℃）	阈值范围（℃）
–2	17.99	14.70 ~ 21.28
–1	24.57	21.28 ~ 27.86
0	31.15	27.86 ~ 34.44
1	37.73	34.44 ~ 41.02
2	44.31	41.02 ~ 47.60

由表 3-18 可初步得出：夏季在亚热带湿热地区郊野公园中，相对于热感觉问卷“适中”的 SET 阈值范围为 27.86 ~ 34.44℃。

3.2.4.2　正态分布法校验夏季热舒适阈值范围

正态分布法校验夏季热舒适阈值范围的方法与前文分析春季热舒适 SET 范围时使用的方法相同，将各热感觉投票值对应的 SET 值进行正态分布分析，具体结果如下。

由图 3-18 可知，当热感觉为 -1 时 SET 均值为 32.72℃，阈值为 28.71 ~ 36.73℃。但由于热感觉为 -1 的有效投票只有 11 个，统计数量较少，因此数值偏差较大。

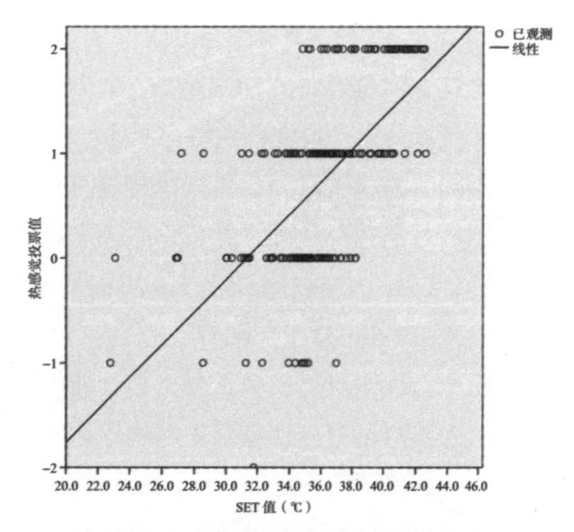

图 3–17　TSV 与 SET 值拟合曲线

由图 3-19 可知，当热感觉为 0 时 SET 均值为 34.09℃，阈值为 31.34 ~ 36.84℃。

由图 3-20 可知，当热感觉为 1 时 SET 均值为 36.57℃，阈值为 33.86 ~ 39.28℃。

由图 3-21 可知，当热感觉为 2 时均值为 39.50℃，阈值为 37.24 ~ 41.72℃。但从该图看出该组数据并不服从正态分布，因此判读该阈值并不准确。

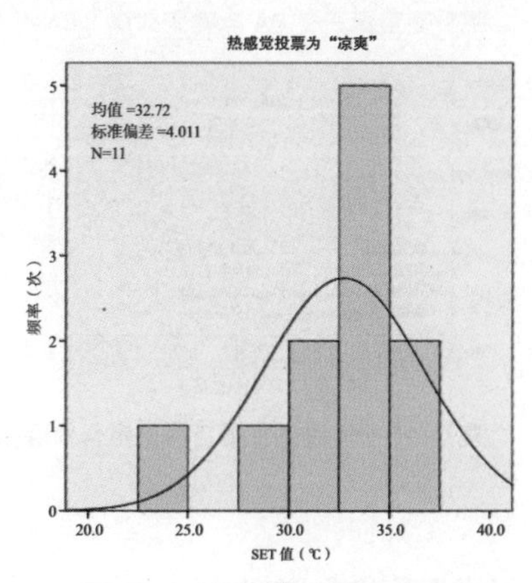

图 3–18　“凉爽”投票正态分布图

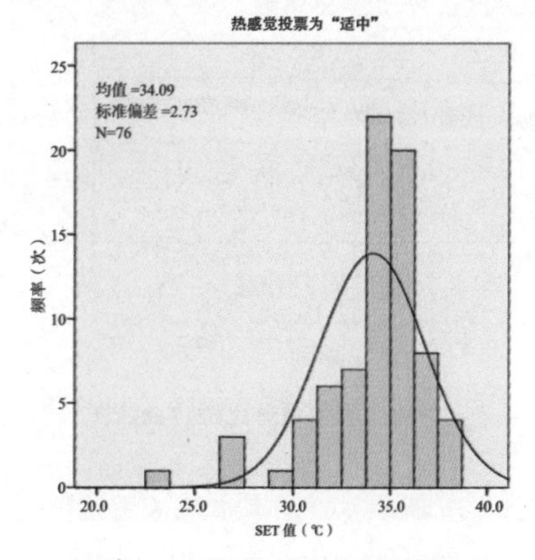

图 3–19　“适中”投票正态分布图

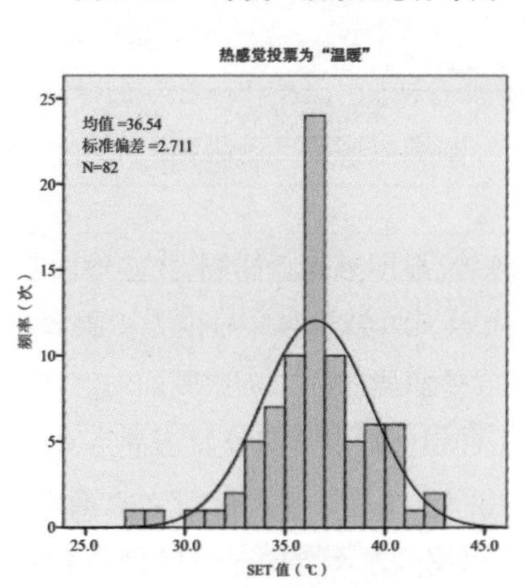

图 3–20　“温暖”投票正态分布图

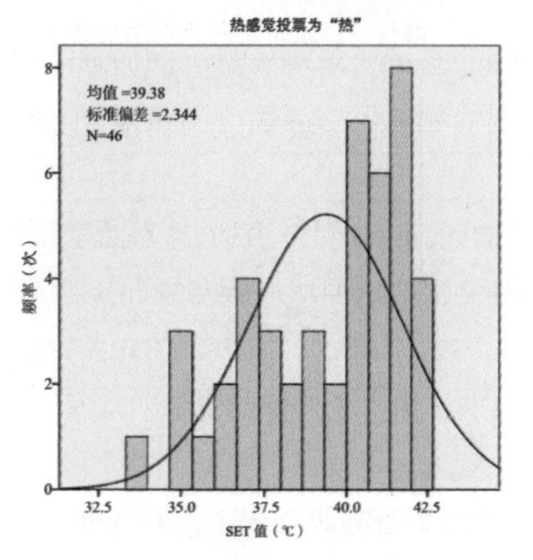

图 3–21　“很热”投票正态分布图

3.2.4.3 热舒适投票百分比拟合曲线校验夏季热舒适阈值范围

将调查问卷对应的 SET 值以 1℃为间隔，统计该间隔内各标尺投票的量，统计出该标尺内的舒适度百分比，得到图的拟合曲线。

由图 3-22 可知，70% 的热舒适比例与曲线没有交点，若取 50% 的热舒适比例则有交点。在降低了对舒适百分比的要求后，可以得到接近线性方程法中“凉”至“适中”的区间。

$$Y=-324.4766214679453+27.39324498194006*X+-0.479038639748934*X^2 \quad (3\text{-}5)$$

$X_1=22.61 \quad X_2=34.57$

由于上述热舒适投票百分比拟合曲线图中，因为某些温度段热感觉投票只有一个，随机性较大，在热舒适百分比投票中若将这些只有一个投票的剔除，用曲线回归的方式计算出一条二次函数（在该区间段近似直线，实为抛物线）。但因为本次数据量较少，导致二次函数并不准确，只能在 20 ~ 50 的区间里取值（图 3-23）。

$$Y=265.789365564722-5.795375447647381X-0.01801361294493962\,X^2 \quad (3\text{-}6)$$

$X_1=-352.55$（不在取值范围，舍弃） $X_2=30.83$

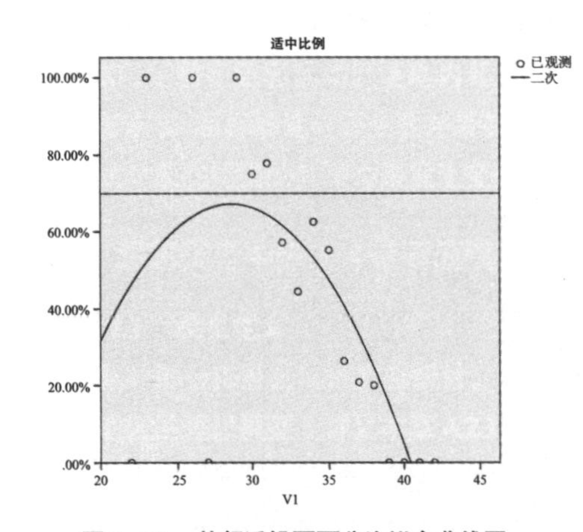

图 3-22 热舒适投票百分比拟合曲线图

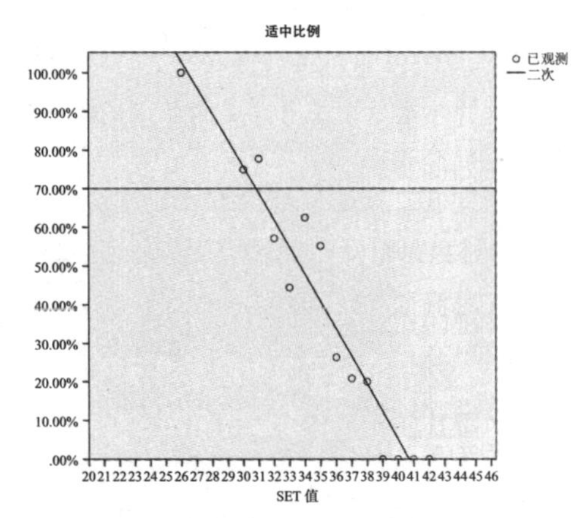

图 3-23 热舒适投票百分比拟合曲线图

3.2.4.4 两种方法的夏季热舒适阈值范围对比

将线性方程法与正态分布法得出的夏季热舒适阈值范围进行比较分析（表 3-19）：

线性方程法与正态分布法求得夏季热舒适阈值范围进行比较（℃） 表 3-19

热感觉标尺	线性方程法		正态分析法		SET 标准
	中性温度	阈值范围	均值	阈值范围	
–2	17.99	14.7 ~ 21.28	—	—	—
–1	24.57	21.28 ~ 27.86	32.72	28.7 ~ 36.73	15 ~ 20
0	31.15	27.86 ~ 34.44	34.09	31.3 ~ 36.84	20 ~ 30
1	37.73	34.44 ~ 41.02	36.57	33.8 ~ 39.28	30 ~ 35
2	44.31	41.02 ~ 47.60	39.50	—	—

对比发现两种方法计算出的阈值范围并不完全相同，线性方程法得出 SET 的阈值并无重叠区间，并且 SET 阈值范围比正态分布法得出的阈值要较低，特别在热感觉为 –1 时差别最大；正态分析发现得出的阈值有重叠区间，甚至出现 –1 区间几乎包含 0 区间的这种情况，并且阈

值整体偏高较高，但热感觉为 1 时小于线性方程法的阈值（除去热感觉为 2 时，因为该处正态分布不成立）。同时这两者计算出的 SET 阈值都高于对应的 SET* 标准。

线性方程法从总体的 SET 与热感觉投票线性关系入手，但是阈值分界点以两个热感觉投票的中值作为分界有待进一步深入研究。但总体来说，线性方程法求得的 SET 阈值与 SET 标准较为接近。

正态分析法是从各热感觉投票对应的 SET 值进行统计学分析，受实测样本的影响较大，但是对于各热感觉的阈值上下限有其在统计学上的意义。

由于夏季 TSV 调查的有效问卷数量有限，因此本次统计分析得出的夏季热舒适 SET 阈值受较大的主观性与偶然性因素影响。

3.3 亚热带郊野公园秋季热舒适范围研究

秋季热舒适范围的研究思路与方法与春、夏季相同，因此不再逐一赘述，在此仅将主要的分析成果进行表述。

3.3.1 实测环境与调研概况

3.3.1.1 实测概况

亚热带郊野公园秋季热舒适范围的初步研究选择的是广东天鹿湖郊野公园作为研究案例，本次测试时间从上午 9:00 到下午 18:00，为游客相对集中的时段。测点的测量与春季相同，不再赘述。

本次测量共布置五个测点，分别在天鹿湖郊野公园东门主广场区和西门游客休息区。具体如图 3-24 所示：

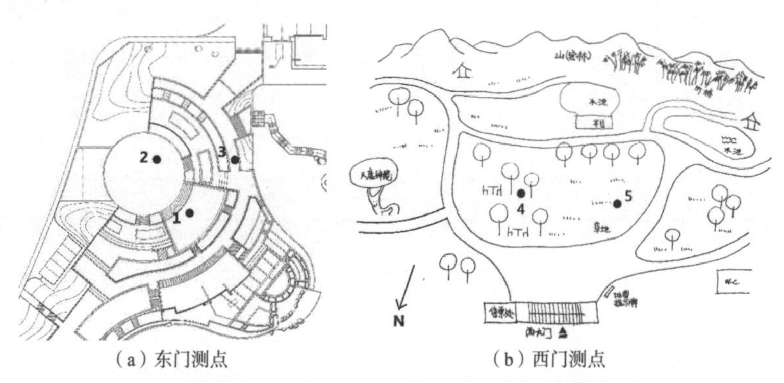

（a）东门测点　　（b）西门测点

图 3–24 天鹿湖郊野公园东门主广场区和西门游客休息区测点分布图

各个测点的环境描述及现场照片　　**表 3–20**

测点 1	测点 2	测点 3	测点 4	测点 5
索膜下，铺地为木地板，索膜覆盖面积约 $40m^2$。周围花池多为草被，乔木不茂盛	暴晒下广场，铺地为不渗水花岗岩广场砖，广场面积约 $1000m^2$。周围花池乔木年幼，树冠稀疏	树荫下花坛，树冠较小，树冠下为草地，花坛为大理石，花坛外为广场砖	树荫下草地，树荫浓密，草地较稀疏，树荫面积约 $50m^2$。周围是水泥小路，草地和树木	暴晒下草地，草地面积约 $100m^2$。周围是水泥小路，草地和树木

3.3.1.2 问卷调查

在本次实测中，同时进行热感觉问卷调查。在实测过程中分别对游客及特定对象（学生志愿者 30 人）进行热舒适性问卷调查，调查的形式根据对象的差异分为随机（游客）与定时（志愿者）调查。问卷调查采用 9 级标尺对热舒适环境进行评价，“冷”感觉在一端为－4 级，“热”感觉在另一端为 4 级，中间点 0 级为“适中”，顺次为很冷、冷、稍冷、凉爽、适中、温暖、稍热、热、很热。具体温度标尺如图 3-25 所示。

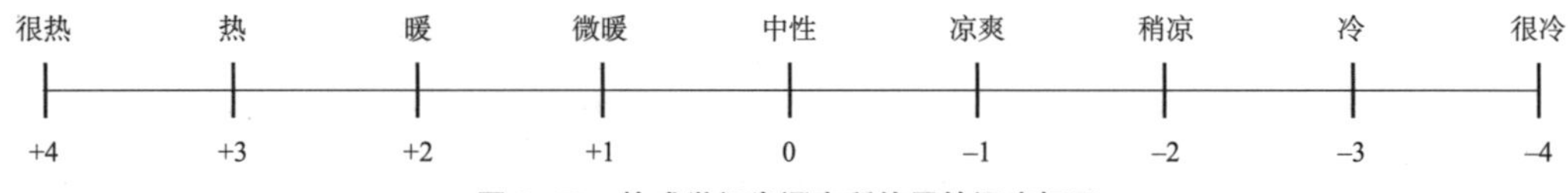

图 3–25 热感觉问卷调查所使用的温度标尺

问卷对被访问对象调查进行前 20 分钟的运动状态、衣着情况、行为习惯、对环境的热舒适度、风速、湿度、太阳辐射度等都作了记录。在每个测点有小组成员进行对游人及志愿者进行问卷调查，记录从很冷到很热的 9 级热感觉；并将被问对象分成静坐与行走两种状态，分别对应的运动量为 1met（58.15W/m^2）与 2met（116.30W/m^2）；并且对受试者的衣着进行统计取平均值，取衣阻定为 0.6clo（短袖长裤）。

这次调研总共有 863 份有效问卷。各测点的问卷人数如表 3-21 所示。

各测点的有效问卷量统计（份）　　表 3–21

测点	行走	静坐	合计
1. 索膜下，木地板	118	137	255
2. 晒，广场砖	114	—	114
3. 树荫下，花坛	111	136	247
4. 树荫下，草地	71	102	173
5. 晒，草地	74	—	74
合计	488	375	863

在上述 5 个测点中，测点 1、3、4 是可以坐下休息的，测点 2、5 有较多游人路过，但都不多做停留。测点 3、4 自然环境较好，有乔木遮阳。

3.3.2 标准有效温度（SET）计算

根据实测所得的温度、相对湿度、黑球温度以及风速，分别计算运动量为 1met（58.2 W/m^2）与 2met（116.30W/m^2），衣阻为 0.6clo 的两组 SET 数据（表 3-22、表 3-23）。

静坐状态下各测点标准有效温度（SET）计算（℃）　　表 3–22

静坐	测点 1	测点 3	测点 4
9：30	24.2	24.4	23.7
10：00	27.4	25.3	22.8
10：30	25.9	27.2	22.8
11：00	28.0	28.2	24.4

续表

静坐	测点 1	测点 3	测点 4
11：30	30.7	30.4	26.6
12：00	28.6	30.4	26.0
12：30	27.7	29.9	27.9
13：00	29.1	30.5	27.7
13：30	27.7	28.2	28.3
14：00	28.7	30.6	31.0
14：30	27.5	28.5	28.2
15：00	31.1	34.2	26.4
15：30	34.0	32.2	26.8
16：00	32.6	32.9	26.0
16：30	30.5	30.3	24.8
17：00	29.8	30.8	—
17：30	28.7	29.3	—
MAX	34.0	34.2	31.0
MIN	24.2	24.4	22.8
AVE	28.9	29.6	26.2

行走状态下各测点标准有效温度（SET）计算（℃）　　表 3–23

	测点 1	测点 2	测点 3	测点 4	测点 5
9：30	28.1	33.1	29.1	29.1	29.7
10：00	31.3	35.1	30.0	28.3	30.3
10：30	29.6	35.8	31.4	27.1	37.7
11：00	31.9	37.8	32.1	29.3	38.2
11：30	32.9	38.4	33.7	31.0	37.6
12：00	32.4	37.5	33.8	30.5	37.1
12：30	30.8	35.6	32.2	32.0	37.7
13：00	32.2	37.3	33.9	31.5	39.7
13：30	30.5	36.6	31.5	31.7	40.3
14：00	31.4	36.0	34.2	34.2	38.8
14：30	31.2	36.3	32.2	32.2	37.1
15：00	34.4	36.2	35.3	30.7	35.1
15：30	36.2	34.8	33.9	31.8	34.1
16：00	34.0	36.1	33.9	31.0	33.9
16：30	32.4	33.6	32.5	30.1	32.1
17：00	32.4	32.7	32.9	–	30.6
17：30	31.3	–	31.7	–	31.0
MAX	36.2	38.4	35.3	34.2	40.3
MIN	28.1	32.7	29.1	27.1	29.7
AVE	31.9	35.8	32.6	30.7	35.4

3.3.3 测量与问卷调查结果分析

笔者对各测点的热感投票进行统计，算出对各自测点热感觉投票的比例（图 3-26），测点 1 中“中性”投票只占测点人数的 24.4%，从整体看该测点偏热，“微暖”以上占总体的 60.1%；与测点 1 相似的有测点 3，“中性”投票量占 24.9%，“微暖”以上有 54.5%；测点 5 的“中性”投票为 26.1%，“微暖”以上的投票量占 53.5%，但与测点 1、3 稍有不同，测点 5 在感觉“热”上也有较高的百分比，热感觉的分布不稳定，该测点位于曝晒下的草地上，对比有遮阴条件的测点 1、3，正午的太阳辐射对热感觉有较大的影响；测点 2 的“中性”投票只有 9.4%，为各测点的最低值，“微暖”以上达到 87.7%，是最热的测点；测点 4 有 45.0% 的投票是“中性”，为所有测点之中热舒适最佳的，而且“微凉”以下为 32.2%，“微热”以上只有 22.8%，整个测点趋向中性偏凉；从各测点对比可看出，位于大树下草地的测点 4 是热舒适最佳的，有遮阳设计的测点 1、3 次之；而处于曝晒工况下，下垫面为自然草地的测点 5 较人工广场的测点 2 有更高的热舒适性。

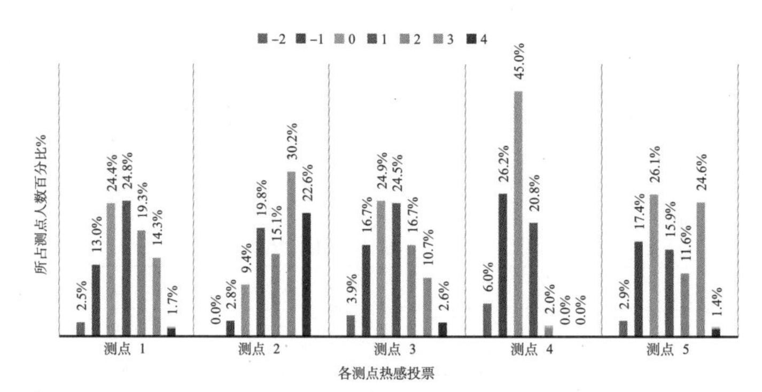

图 3–26 各测点热感觉投票结果统计

人对于热舒适有一定的接受范围，“中性”是热感觉中的中和状态。在讨论热不舒适时，并非偏离了“中性”就会令人感觉不舒适，从“中性”向冷或向热偏移一个指标，即“微凉”与“微暖”时，人的大体感觉还是舒适的。因此本部分设定热舒适接受范围的为热感觉选项在“微凉”与“微暖”，并以此为分界，界定出“冷不舒适”、“舒适”、“热不舒适”，算出各测点各段人数的百分比。从图 3-26 可以看出测点 4 受试者感觉最为“舒适”，达到 92%；测点 1、测点 3、测点 5 都达到超过 50% 的舒适感；而测点 2 觉得“热不舒适”的受试者达到 68%。由各测点热感觉投票结果统计分析可见，自然地面对热舒适的改善作用非常显著；同时，具有乔木遮阳的测点比人工遮阳测点的热舒适程度更高，对热舒适的改善更大（图 3-27）。

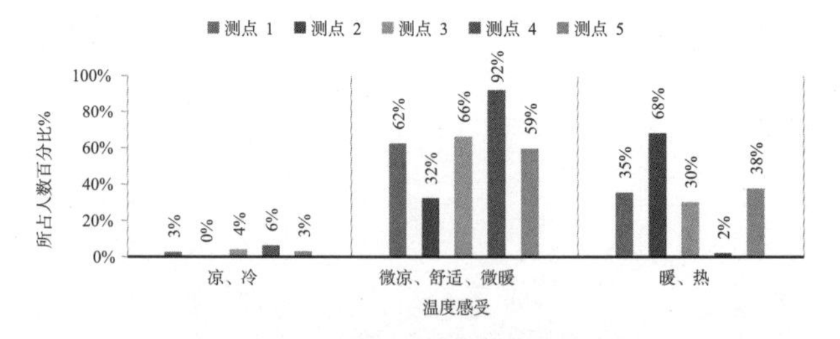

图 3–27 各测点热感觉投票结果对比

将秋季测试的问卷样本合并统计，可得表3-24：

SET与热感觉投票比例表（%） 表3-24

SET（℃）	22	23	24	25	26	27	28	29	30	31	32	33	34	35	36
凉	7	29	39	14	19	11	12	16	10	9	0	0	0	0	0
微凉	43	57	28	40	15	10	20	24	20	9	5	8	0	0	4
中性	43	14	19	29	41	28	24	27	17	21	17	8	5	0	8
微暖	7	0	6	6	19	24	14	14	17	30	26	24	10	0	4
暖	0	0	4	8	6	22	13	11	17	13	14	17	0	0	10
热	0	0	4	3	0	5	17	7	14	7	17	25	30	0	20
很热	0	0	0	0	0	0	0	1	5	11	21	18	55	1	55

3.3.4 秋季热舒适阈值的提出及校验

本研究利用线性方程法对秋季热舒适阈值范围进行初步研究，并运用正态分布法进行校验研究[116]。

3.3.4.1 线性方程法推导秋季热舒适阈值范围

利用回归分析软件得出热感觉投票与SET的线性回归方程，可计算出热感觉标尺的SET温度，取两标尺的中间温度（各上下0.5）为交界定出热感觉阈值。

可得计算公式：

$$TSV=0.2070080182556461 \times SET - 5.71410352693377 \quad (3\text{-}7)$$

简化为 $TSV=0.2070 \times SET - 5.7141$ （3-8）

根据公式3-8可计算出SET的对应值。

由图3-28、表3-25可初步得出：秋季在亚热带湿热地区郊野公园中，相对于热感觉问卷“适中”的SET阈值范围为25.19℃～30.02℃。

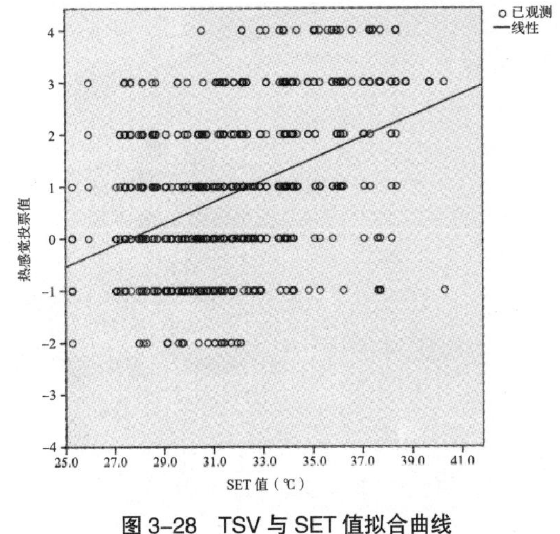

图3-28 TSV与SET值拟合曲线

根据线性方程法推导的SET中性温度与阈值范围（℃） 表3-25

热感觉标尺	中性温度	阈值范围
-4	8.2807	5.87～10.70
-3	13.1115	10.70～15.53
-2	17.9425	15.53～20.36
-1	22.7734	20.36～25.19
0	27.6043	25.19～30.02
1	32.4353	30.02～34.85
2	37.2662	34.85～39.68
3	42.0971	39.68～44.51
4	46.9280	44.51～49.34

3.3.4.2 正态分布法校验秋季热舒适阈值范围

正态分布法校验秋季热舒适阈值范围的方法与前文分析春季热舒适 SET 范围时使用的方法相同，将各热感觉投票值对应的 SET 值进行正态分布分析，具体结果如下：

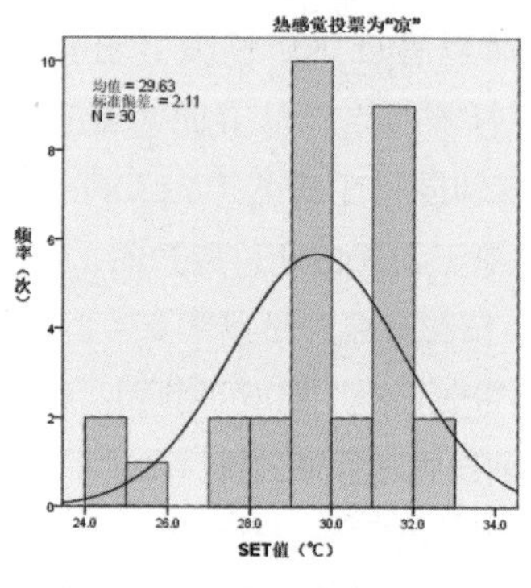

图 3-29 "稍冷" 投票正态分布图

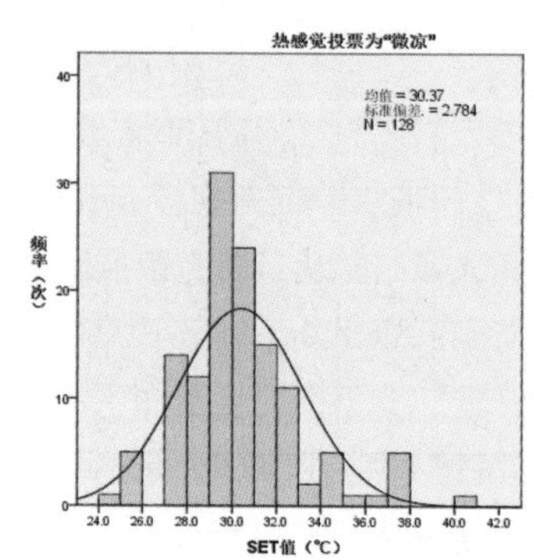

图 3-30 "凉爽" 投票正态分布图

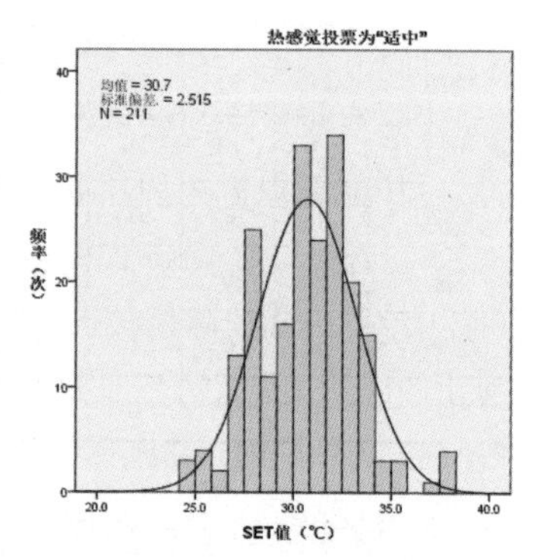

图 3-31 "适中" 投票正态分布图

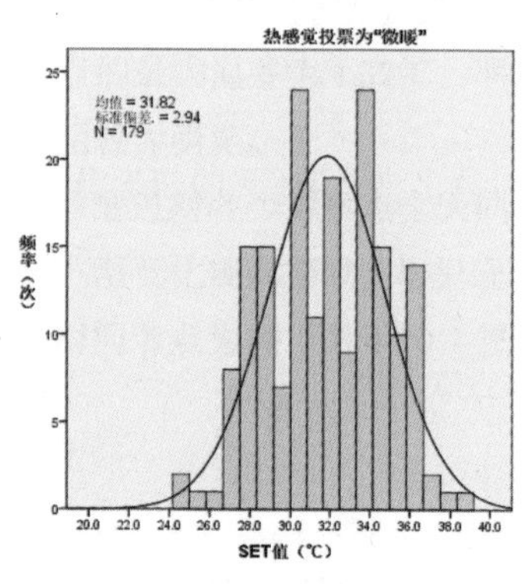

图 3-32 "温暖" 投票正态分布图

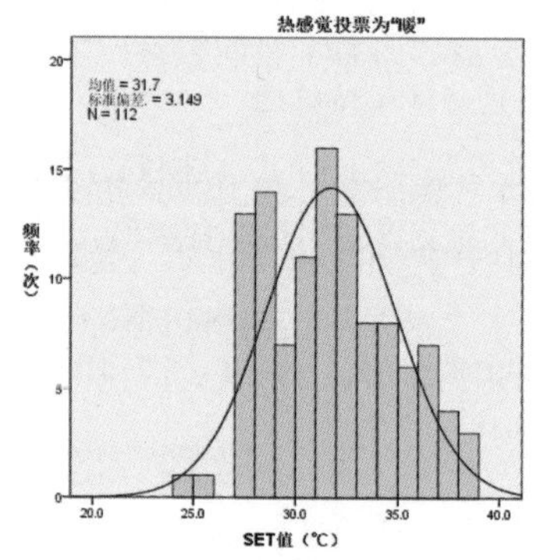

图 3-33 "稍热" 投票正态分布图

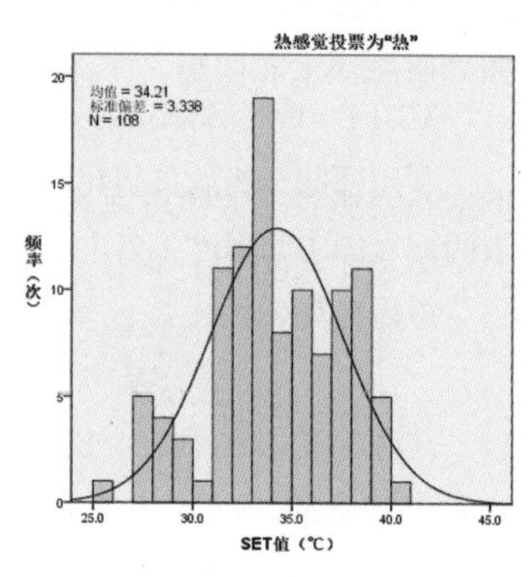

图 3-34 "热" 投票正态分布图

由图 3-29 可知，当热感觉为 −2 时 SET 均值为 29.62℃，阈值为 27.5 ~ 31.7℃。

由图 3-30 可知，当热感觉为 −1 时 SET 均值为 30.37℃，阈值为 27.6 ~ 33.2℃。

由图 3-31 可知，当热感觉为 0 时 SET 均值为 30.70℃，阈值为 28.2 ~ 33.2℃。

由图 3-32 可知，当热感觉为 1 时 SET 均值为 31.82℃，阈值为 28.9 ~ 34.8℃。

由图 3-33 可知，当热感觉为 2 时均值为 31.7℃，阈值为 28.6 ~ 34.8℃。

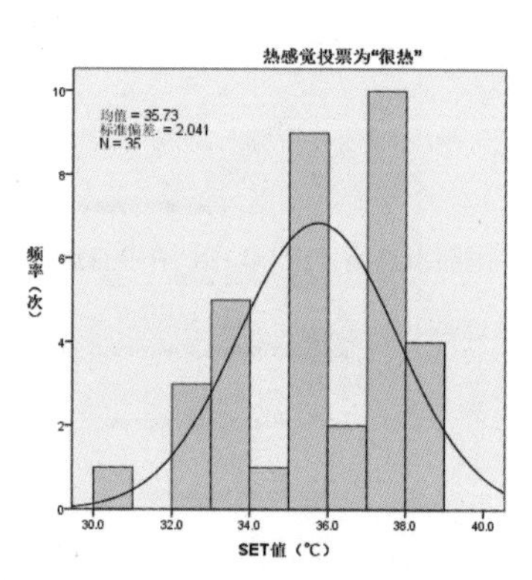

图 3-35 "很热" 投票正态分布图

由图 3-34 可知，当热感觉为 3 时均值为 34.2℃，阈值为 30.9 ~ 37.6℃。

由图 3-35 可知，当热感觉为 4 时均值为 35.74℃，阈值为 33.7 ~ 37.8℃。

3.3.4.3 热舒适投票百分比拟合曲线校验秋季热舒适阈值范围

将调查问卷对应的 SET 值以 1℃为间隔，统计该间隔内各标尺投票的量，统计出该标尺内的舒适度百分比，得到图 3-36 的拟合曲线。

以热舒适百分比数与对应的 SET 值进行曲线回归分析，以不舒适度 30% 为之基准，得出热舒适的阈值为 24.06 ~ 31.70℃。回归分析的公式如下：

$$y=-283.61+25.86x+-0.46x^2 \tag{3-9}$$

因为舒适百分比的取值是从热感觉标尺 –1 到 1 的三段区间，这三段区间在线性方程中的阈值叠加为 20.36 ~ 34.85℃。与舒适百分比曲线得出的区间相比，线性方程的热舒适阈值区间更大。

3.3.4.4　*两种方法的秋季热舒适阈值范围对比*

将线性方程法与正态分布法得出的秋季热舒适阈值范围进行比较分析：在秋季的 SET 阈值计算中，可以发现线性方程法得到的阈值范围无论是从数值上还是范围的大小上都与 SET 有着相近的结果。这与秋季的有效问卷的样本数量较多有关。

对比发现两种方法计算出的阈值范围并不完全相同，线性方程法得出 SET 的阈值并无重叠区间；线性方程法从总体的 SET 与热感觉投票线性关系入手，但是阈值分界点以两个热感觉投票的中值作为分界有待进一步深入研究。但总体来说，线性方程法求得的秋季 SET 阈值与 ASHRAE 的 SET 标准较为接近。

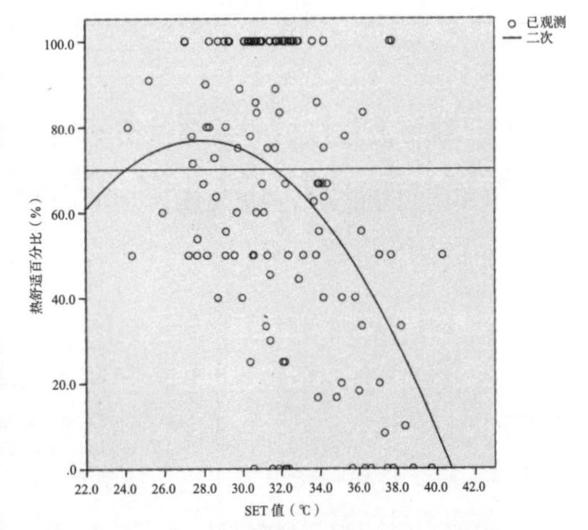

图 3–36　热舒适投票百分比拟合曲线图

线性方程法与正态分布法求得秋季热舒适阈值范围进行比较（℃）　　**表 3–26**

热感觉标尺	线性方程法		正态分析法		ASHRAE 的 SET 标准
	中性温度	阈值范围	均值	阈值范围	
–4	8.2807	5.87 ~ 10.70	—	—	5 ~ 10
–3	13.1115	10.70 ~ 15.53	—	—	10 ~ 15
–2	17.9425	15.53 ~ 20.36	29.6236	27.524 ~ 31.73	15 ~ 20
–1	22.7734	20.36 ~ 25.19	30.3727	27.59 ~ 33.15	20 ~ 25
0	27.6043	25.19 ~ 30.02	30.6964	28.18 ~ 33.21	25 ~ 30
1	32.4353	30.02 ~ 34.85	31.8183	28.88 ~ 34.76	30 ~ 35
2	37.2662	34.85 ~ 39.68	31.6996	28.56 ~ 34.85	35 ~ 40
3	42.0971	39.68 ~ 44.51	34.2179	30.88 ~ 37.56	40 ~ 45
4	46.9280	44.51 ~ 49.34	35.74	33.70 ~ 37.78	—

3.4　亚热带郊野公园春夏秋三季热舒适范围叠加研究

本部分在上述对亚热带郊野公园春、夏、秋三季热舒适范围初步研究的基础上，将三季的有效样本进行综合分析。

由于春夏秋三季实测的 TSV 标尺并不完全相同，春季采用七级标尺，夏采用五级标尺，而秋季采用九级标尺，为了统一标尺以便数据分析，现将春、秋季的标尺进行合并：很热、热归为热，暖、微暖归为暖，中性不变，微凉和凉归为凉，冷和很冷归为冷。

五级标尺为：−2 为冷、−1 为凉、0 为中性、1 为暖、2 为热（图 3-37）。

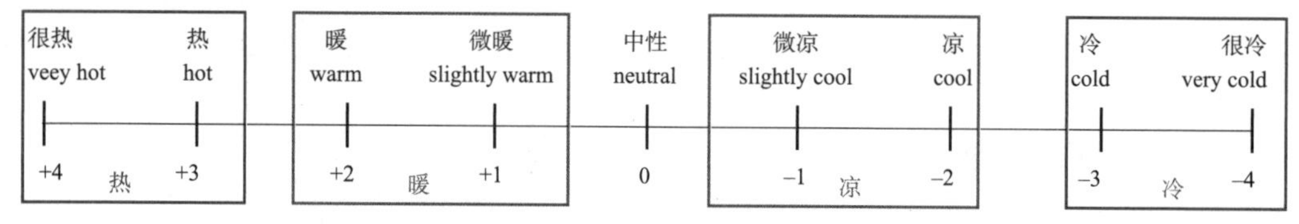

图 3–37　统一后的五点标尺示意图

3.4.1　线性方程法推导春夏秋三季热舒适阈值范围

利用回归分析软件得出热感觉投票与 SET 的线性回归方程，可计算出热感觉标尺的 SET 温度，取两标尺的中间温度（各上下 0.5）为交界定出热感觉阈值 [116]（图 3-38）。

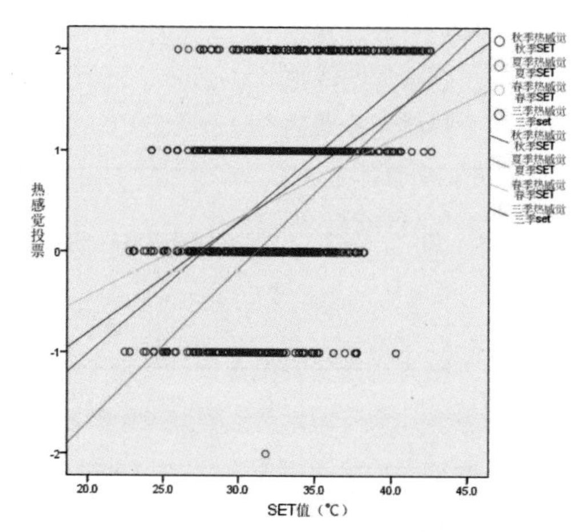

图 3–38　三季总 SET 回归线与夏春秋回归线比较图

可得三季 SET 回归线计算公式：

$$TSV=0.1095100849224669 \times SET-2.99739411755928 \tag{3-10}$$

该公式可简化为：$TSV=0.1095 \times SET-2.9974$　　(3-11)

根据公式 3-11 可计算出 SET 的对应值。

根据线性方程法推导的各季 SET 中性温度与阈值范围（℃）　　表 3–27

热感觉标尺	春季		夏季		秋季		三季		SET 标准
	中性温度	阈值范围	中性温度	阈值范围	中性温度	阈值范围	中性温度	阈值范围	
−2	−0.11	−6.6 ~ 6.33	17.99	15 ~ 21	12.52	5 ~ 16	9.11	−0.02 ~ 13.67	5 ~ 10
−1	12.77	6 ~ 19	24.57	21 ~ 28	20.12	16 ~ 24	18.24	13.67 ~ 22.81	10 ~ 20
0	25.65	19 ~ 32	31.15	28 ~ 34	27.72	24 ~ 32	27.37	22.81 ~ 31.94	20 ~ 30
1	38.53	32 ~ 45	37.73	34 ~ 41	35.32	32 ~ 39	36.50	31.94 ~ 41.07	30 ~ 40
2	51.41	45 ~ 58	44.31	41 ~ 48	42.93	39 ~ 51	45.63	41.07 ~ 54.77	40 ~ 45

由表 3-27 可知，在“适中”处三季的总阈值范围与 SET 标准较为接近，上限和下限都比标准高约两度，与 C.E.P 布鲁克斯的研究相吻合。三季阈值呈现出夏季高于秋季，秋季高于春季的排序，与陈慧梅（2010）[122] 对于广州地区室内热舒适的研究得到的夏季 > 春季 > 秋季的结论有不同。主要原因可能是在测试环境在室内与室外会有不同，也有可能是受测量当日的气温的影响，也与测试对象的感受有关。

3.4.2　正态分布法校验春夏秋三季热舒适阈值范围

正态分布法校验春夏秋三季热舒适阈值范围的方法与前文分析使用的方法相同，将各热感觉投票值对应的 SET 值进行正态分布分析，具体结果如图 3-39 所示。

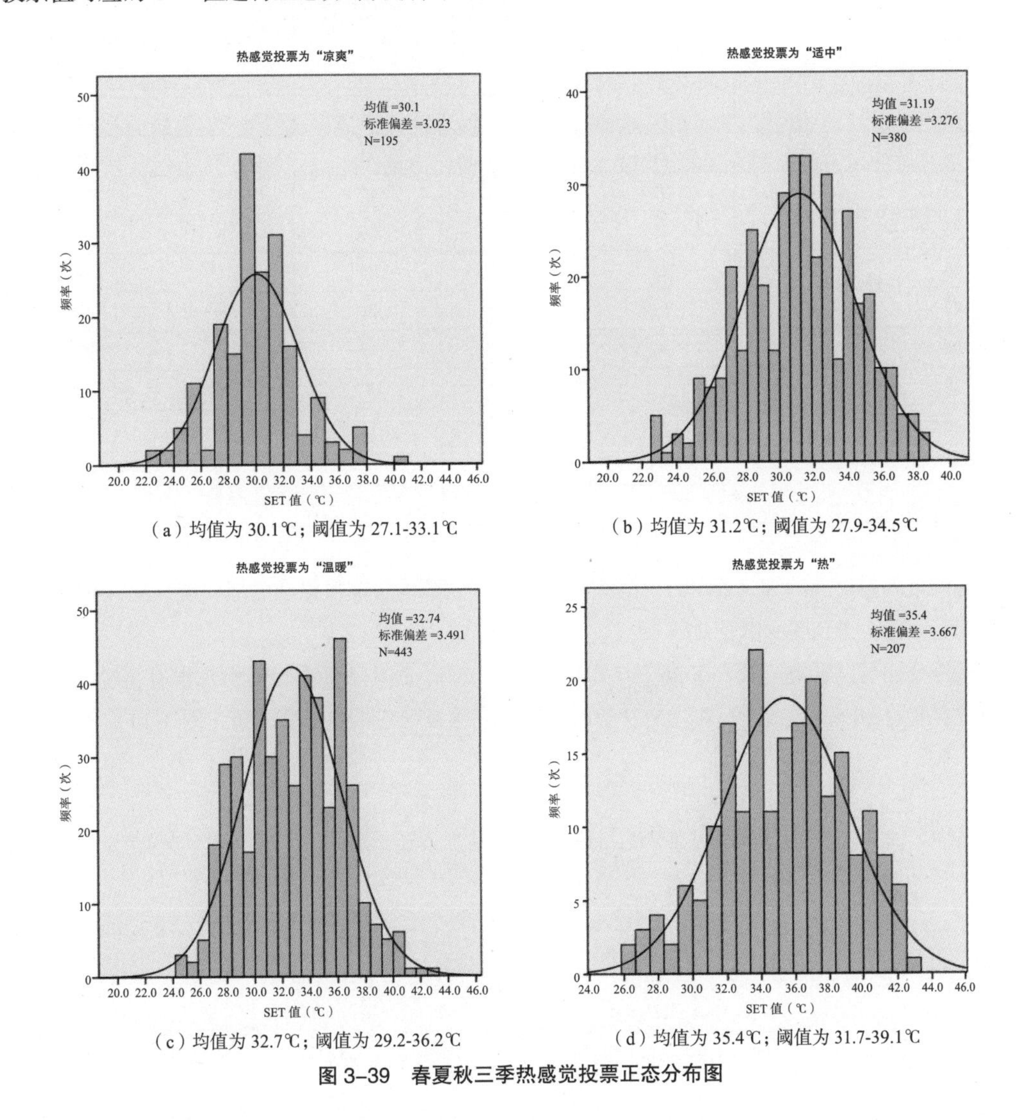

（a）均值为 30.1℃；阈值为 27.1-33.1℃

（b）均值为 31.2℃；阈值为 27.9-34.5℃

（c）均值为 32.7℃；阈值为 29.2-36.2℃

（d）均值为 35.4℃；阈值为 31.7-39.1℃

图 3–39　春夏秋三季热感觉投票正态分布图

3.4.3　热舒适投票百分比拟合曲线校验春夏秋三季热舒适阈值范围

将春夏秋三季测试的问卷样本合并统计，可得表 3-28：

春夏秋三季 SET 与热感觉投票比例表（%）

表 3-28

SET（℃）	凉	适中	暖	热	总数	适中百分比
22	2	1	–	–	3	33%
23	2	6	–	–	8	75%
24	3	3	3		9	33%
25	13	13	5	1	32	41%
26	2	15	2	1	20	75%
27	16	24	30	5	75	32%
28	18	28	43	5	94	30%
29	41	26	21	6	94	28%
30	24	45	46	7	122	37%
31	34	54	39	13	140	39%
32	18	52	44	21	135	39%
33	4	21	37	23	85	25%
34	9	37	52	17	115	32%
35	4	25	25	17	71	35%
36	2	16	55	40	113	14%
37	7	10	21	26	64	16%
38		4	12	19	35	11%
39	–	–	7	9	16	0%
40	1	–	5	13	19	0%
41	–	–	–	10	10	0%
42	–	–	–	4	4	0%

将调查问卷对应的 SET 值以 1℃为间隔，统计该间隔内各标尺投票的量，统计出该标尺内的舒适度百分比，得到图的拟合曲线。

从百分比可以看出，除了在 26、27 那个点达到 75%，适中占总数的百分比没有超过 70% 的，甚至没有超过 50%。因此，运用本方法暂时无法得到春夏秋三季热舒适阈值（图 3-40）。

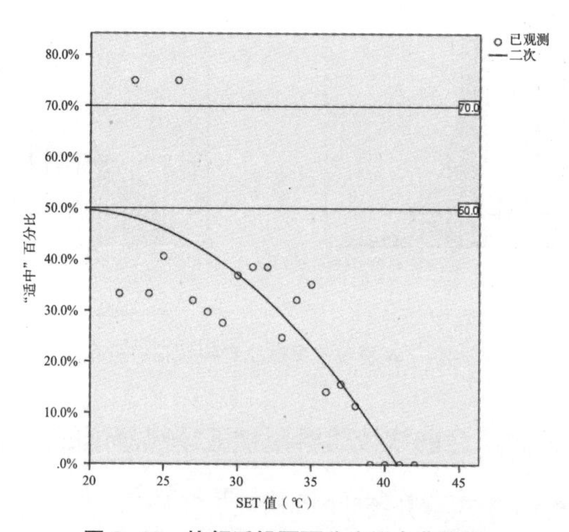

图 3-40　热舒适投票百分比拟合曲线图

3.4.4 两种方法的春夏秋三季热舒适阈值范围对比

将线性方程法与正态分布法得出的秋季热舒适阈值范围进行比较分析（表 3-29）：

线性方程法与正态分布法求得春夏秋三季热舒适阈值范围进行比较（℃） 表 3–29

热感觉标尺	三季线性方程法		三季正态分布分析		ASHRAE 的 SET 标准
	中性温度	阈值范围	均值	阈值范围	
–2	9.11	–0.02 ~ 13.67	–	–	5 ~ 10
–1	18.24	13.67 ~ 22.81	30.1	27.1 ~ 33.1	10 ~ 20
0	27.37	22.81 ~ 31.94	31.2	27.9 ~ 34.5	20 ~ 30
1	36.50	31.94 ~ 41.07	32.7	29.2 ~ 36.2	30 ~ 40
2	45.63	41.07 ~ 54.77	35.4	31.7 ~ 39.1	40 ~ 45

对比发现两种方法计算出的阈值范围并不完全相同，线性方程法得出 SET 的阈值并无重叠区间；线性方程法从总体的 SET 与热感觉投票线性关系入手，但是阈值分界点以两个热感觉投票的中值作为分界有待进一步深入研究。但总体来说，线性方程法求得的 SET 阈值与 ASHRAE 的 SET 标准较为接近，并且其上下阈值之间的区间较小，热舒适标准较高。因此，本研究选用线性方程法求得的 SET 阈值进行后续的相关模拟研究。

3.5 本章小结

本部分结合对亚热带湿热地区郊野公园典型案例的春夏秋三季的实测研究与现场热舒适问卷调查，通过对各个测点标准有效温度（SET）的计算以及对问卷调查结果的分析，对亚热带湿热地区郊野公园游客活动区春、夏、秋三季室外环境的热舒适阈值进行初步探讨，运用线性方程法推导热舒适阈值范围，运用正态分布法、热舒适投票百分比拟合曲线对郊野公园各季节的室外环境的热舒适阈值进行校验，并对春季人工环境与自然环境下的热舒适阈值进行对比探讨，以及对三季的热舒适范围进行初步叠加研究。通过以上的实地调研与数据分析，可以初步得到以下结论：

1）亚热带湿热地区郊野公园春季的室外环境热舒适 SET 阈值为 19.21 ~ 32.09℃（7 级标尺）；若采用合并后的 5 级标尺则约是 19 ~ 32℃。

2）亚热带湿热地区郊野公园夏季的室外环境热舒适 SET 阈值为 27.86 ~ 34.44℃（5 级标尺）。

3）亚热带湿热地区郊野公园秋季的室外环境热舒适 SET 阈值为 25.19 ~ 30.02℃（9 级标尺）；若采用合并后的 5 级标尺则约是 24 ~ 32℃。

4）亚热带湿热地区郊野公园春夏秋三季的室外环境热舒适 SET 阈值叠加后的范围是 22.81 ~ 31.94℃（5 级标尺）。

本部分的初步成果为后文对影响室外热环境的相关景观设计因子的模拟测试做比照研究的准备。

另外，近些年也有较多研究采用 PET 指标对室外环境的热舒适阈值进行研究。PET 是被德国工程协会（Verein Deutscher Ingenieure）认可的对不同气候的热舒适评价指标，其定义为：人体处于某一环境，他的核心温度和皮肤温度与其处在一个典型房间（平均辐射温度等于空气温度，水蒸气压力等于 12hPa，气流速度等于 0.1m/s）时相等，那么这个典型房间的空气温度就等于所评价环境的生理等效温度 PET[123]。正如本章开头所述，为了本研究可以和 ASHRAE 的阈值进行比较研究，本书采用 SET 作为郊野公园室外环境热舒适阈值指标。

第4章

基于ENVI-met软件的亚热带湿热地区郊野公园室外热环境模拟研究

本章在亚热带湿热地区郊野公园典型案例室外热环境实测研究与热舒适SET阈值研究的基础上，利用ENVI-met模拟软件，结合天鹿湖郊野公园春夏秋三季实测数据进行模拟校验研究，并结合理想模型对影响室外热环境的主要景观设计因子（热缓冲带、草地、乔木、水体等）进行模拟研究，以期寻求其设计控制阈值，为下一章基于气候适应性的亚热带湿热地区郊野公园规划设计策略的提出做准备工作。

相比起城市公园，郊野公园一般处于城市近郊的区域，有着良好的自然生态环境，为了使生态系统健康可持续发展，人们在其生态保护区、恢复保育区的活动一般较少。在郊野公园中，游客使用频率较高、活动时间较长的区域，一般是游客活动区，该区域和游客室外热舒适感受最密切相关，这部分也是郊野公园中，人为设计与人工建造介入程度较高的区域，因此，本章模拟研究的重点区域为郊野公园的游客活动区。模拟研究的思路如下：首先，基于郊野公园游客活动区的调研统计数据，对模拟研究的理想模型进行建构。接着，设置不同工况的模拟比较实验，观测不同景观设计因子对微气候的影响。然后，进一步对理想模型中关键设计导控指标进行模拟实验，以期推导出游客活动区达到热舒适目标的设计因子控制阈值。

在模拟实验之前，有必要进行模拟和实测数据的校验研究，以检测模拟实验数据的可靠性与适用性。

4.1 模拟与实测数据校验研究——以天鹿湖郊野公园春夏秋三季为例

本节运用模拟软件ENVI-met 3.9，建立广东省天鹿湖郊野公园东大门入口区模型，分别进行春、夏、秋三季的模拟实验，进而对三季的实测与模拟数据进行对比研究，分析其变化规律，得出模拟结果与实测结果在误差可接受范围内变化趋势较为吻合的结论，对模拟软件ENVI-met在本案例室外热环境模拟研究应用进行了校验，认为其可作为辅助设计的工具；并初步对模拟实验背景参数值设定找寻到一定的规律，为日后的进一步研究奠定基础。另外，结合实测与模拟数据的分析，进一步验证了植物遮阳和人工构筑物遮阳是室外热环境设计中的重要景观因子，对亚热带郊野公园室外环境热舒适的营造具有关键作用。

4.1.1 模型建立与背景条件设定

4.1.1.1 研究对象

模拟实验区域主要是位于天鹿湖郊野公园东大门入口区的停车场以及靠近公路的广场。区内共布置5个观察点，分别与实测测点对应，包括树荫下植草砖停车场、暴晒混凝土下停车场、索膜下木地面、暴晒广场、广场树荫下花池等。各观察点的位置、树荫遮蔽、下垫面情况及测试参数如图4-1、图4-2和表4-1所示。

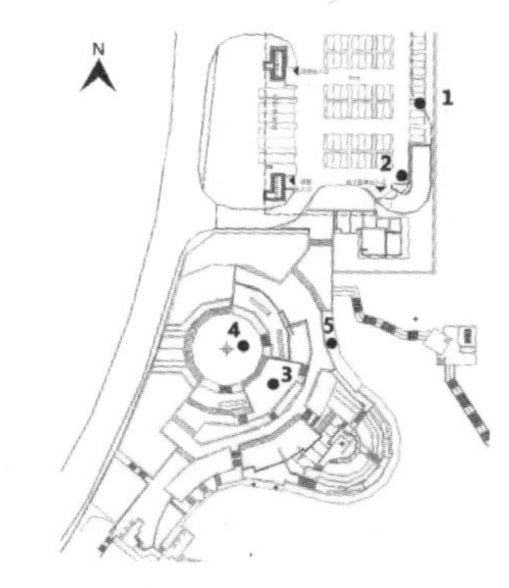

图4-1 天鹿湖郊野公园主入口区实测与模拟实验布点图

天鹿湖郊野公园主入口区各观察点情况　　表4-1

观察点编号	位置		遮阴情况	下垫面	测试参数
1	东大门广场	停车场	树荫下	植草砖	T，RH，W
2		停车场	暴晒	混凝土	T，RH，W
3		索膜	索膜下	木质地面	T，RH，W
4		圆形广场	暴晒	广场砖	T，RH，W
5		圆形广场旁花池	树荫下	草地	T，RH，W

（注：T为空气温度，RH为相对湿度，W为风速）（本研究论述主要研究T空气温度）

（a）测点1停车场，树下植草砖

（b）测点2停车场，暴晒混凝土路面

（c）测点3索膜下

（d）测点4广场，暴晒

（e）测点5花池，树荫下

图4-2 天鹿湖郊野公园主入口区实测测点布置实况图

4.1.1.2 物理模型建立

为了保证模拟目标区域的边界条件更接近于真实场景，模拟的范围包含了测量以外的更大的区域，面积为240m×320m（图4-3）。核心区域为东大门停车场以及靠近公路的广场，区内共布置5个观察点（图4-4）。在ENVI-met V3.9建模软件中的Basic setting设置了240m×320m的区域面积来界定天鹿湖东门的模拟范围。

$$\begin{cases} x\text{–Grids}=120 \\ dx=2 \end{cases} \quad \begin{cases} y\text{–Grids}=160 \\ dy=2 \end{cases} \quad \begin{cases} z\text{–Grids}=40 \\ dz=2 \end{cases}$$

将cad中建立好的原场地区域导入到ENVI-met Edit软件。在模型中设定各类元素因子，例如树（Ds）、草（Grass）、硬地（P）、肥沃土壤（L）、山体高度（DEM）以及观察点（receptor）等因子。

在 ENVI-met 自带的植物数据库（PLANTS.DAT）中，有常绿型 / 落叶型乔木、草、灌木、小麦等各种植物以及农作物的数学模型。根据实际调研结果，这些数学模型被定义为植物成熟期内不同高度的叶面积指数（LAD）及不同深度的根面积指数（RAD）[124]。本研究使用的乔木为落叶树种，在 ENVI-met 数据库和广州地区较常见的树木类型对比，选择其中属性与广州地区最相近的一种进行模拟，树与草具体参数如表 4-2 所示。ENVI-met 按照植物高度，将 LAD 及 RAD 等分为 10 层，每一层都赋予不同的数值。这样一来，在某一高度上 LAD 较大的树木则代表其树叶、树冠茂密，所能产生的树荫面积也较大，如表中的 DS。

选用植物的叶面积指数（LAD）及根面积指数（RAD）　　表 4-2

植物种类	高度（m）	根系深度（m）	植物的叶面积指数 LAD										RAD
			1	2	3	4	5	6	7	8	9	10	1 ~ 10
树冠浓密的树（DS）	10	1	0.075				0.25	1.15	1.06	1.05	0.92	0	0.1
草（XX）	0.5	0.5	0.3										0.1

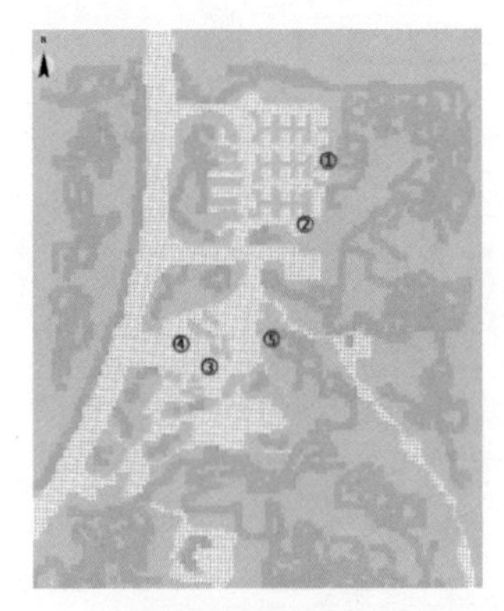

图 4-3　天鹿湖郊野公园东门入口区模拟的 ENVI-met 模型平面视图

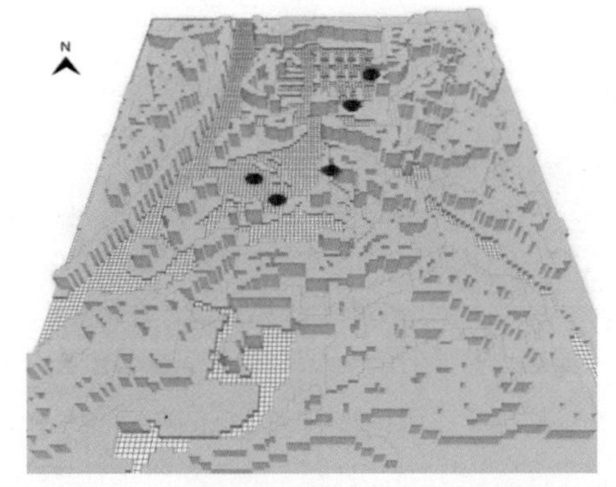

图 4-4　天鹿湖郊野公园东门入口区模拟的 ENVI-met 模型三维视图

硬地（P）主要是指行道路，其表面的粗糙长度为 0.01，表面的短波反照率为 0.4，长波表面辐射为 0.9。肥沃土壤（L）所选用的是壤土，其表面的粗糙长度为 0.015，表面的短波反照率为 0，长波表面辐射为 0.98。山体高度（DEM）通过对数值的设定，大致形成与实际山体一致的形式。

模型中在人高度位置逐时记录空气温度、湿度、风速等。测试时间为上午 7:00 到晚上 7:00，每一个小时记录一次，考虑到起、末记录的数据可能存在一定偏差，模拟分析选用的是上午 9：00 到下午 5：00 的数据。

4.1.1.3　背景条件的参数值设定

在条件设定中将地区设置为广州地区，确定了该区域的经纬度，从而确定其太阳位置及太阳辐射强度。背景条件值设置中，有三个主要的影响背景因素：① Wind Speed in 10 m ab. Ground [m/s] 即 10m 高度的平均实测风速；② Initial Temperature Atmosphere [K] 即 6：00 时实测初始大气温度；③ Relative Humidity in 2m [%] 即 2m 高平均实测相对湿度。

此次模拟实验中，对于背景条件参数值设定进行了探索，分别对同一块场地进行了春、夏、秋三次实测与模拟的对比，设定了三次不同的背景条件值。对于三次模拟的背景条件值的设定情况参见表 4-3 ~ 表 4-5。

2011 年 4 月 10 日春季模拟背景条件值设置 **表 4–3**

设定的影响背景因素	条件值	解释
Wind Speed in 10 m ab. Ground [m/s]	2.16	春季 10m 高度实测平均风速
Initial Temperature Atmosphere [K]	295.34	春季实测 6：00 时的初始温度
Relative Humidity in 2m [%]	60.15	春季实测平均湿度

2011 年 8 月 14 日夏季模拟背景条件值设置 **表 4–4**

设定的影响背景因素	条件值	解释
Wind Speed in 10 m ab. Ground [m/s]	1.35	夏季 10m 高度实测平均风速
Initial Temperature Atmosphere [K]	301.21	夏季实测 6：00 时的初始温度
Relative Humidity in 2m [%]	65.2	夏季实测平均湿度

2011 年 11 月 6 日秋季模拟背景条件值设置 **表 4–5**

设定的影响背景因素	条件值	解释
Wind Speed in 10 m ab. Ground [m/s]	1.62	秋季 10m 高度实测平均风速
Initial Temperature Atmosphere [K]	298.06	秋季实测 6：00 时的初始温度
Relative Humidity in 2m [%]	64.12	秋季实测平均湿度

4.1.1.4 模拟的相关数据计算

对于表 4-4 ~ 表 4-5 中的风速值是根据风速轮廓线公式算出 10m 高处的平均风速。某一高度风速的计算公式如下：

$$V_h = V_{10} \times \frac{\ln(\frac{h}{Z_0})}{\ln(\frac{10}{Z_0})} \tag{4-1}$$

式中：V_h 是高度 h 处的风速，V_{10} 是 10m 高度处风速（一般情况下气象站风速观测高度，如为其他高度的观测值，相应变化即可），Z_0 是风速观测区域的空气动力学粗糙度（如郊区的气象站，一般取 0.1）。由此，可推导出求 10m 高处平均风速的公式：

$$V_{10} = V_h \times \frac{\ln(\frac{10}{Z_0})}{\ln(\frac{h}{Z_0})} \tag{4-2}$$

V_h 取实测高度 1.5 米处风速的平均值，分子中的 h 取 1.5，Z_0 取 0.1，算出来的 V_{10} 即是 10m 高度处的风速值。初始空气温度取模拟起始时刻的气温实测值(如早上 6 点的气温实测值)，取该时刻气温值。

4.1.1.5 背景条件值设定的补充

对于各层初始土壤温度也是影响外环境温度变化的一个重要因素（表 4-6）。

各层初始土壤温度 **表 4–6**

各层土壤深度设定	解释
Initial Temperature Upper Layer（0–20 cm）[K]	表土温度（0 ~ 20 cm）
Initial Temperature Middle Layer（20–50 cm）[K]	中层土壤温度（20 ~ 50 cm）
Initial Temperature Deep Layer（below 50 cm）[K]	深层土壤温度（深于 50 cm）

各层初始土壤温度取模拟起始时刻的气温实测值，不可取一天气温的平均值。各层初始土壤温度不取一天气温平均值是因为大地热惰性大，一旦温度设置的偏高，将会在很长一段时间对气温有重大影响，而设置成早上起始时刻（如早上 6:00）的气温实测值与实际情况比较接近。

4.1.2　实测与模拟数据结果分析

4.1.2.1　实测结果数据分析

从春季实测数据（图 4-5）中，可以观察出五个测点在春季实际测量中的气温范围在 22 ~ 34℃，变化较为波动，其中测点 2（在暴晒混凝土路面下）的气温数值最高并且变化波动幅度最大，测点 5（在树荫下的花坛）气温数值最低。可以观察到五个测点分别在下午 14：30 ~ 16：30 达到当天气温最高点，然后呈现逐步降低的趋势。其中，植物遮阳降低气温效果明显，如树荫花坛下（测点 5）与暴晒混凝土路面下（测点 2）相比，能有效地降低气温，特别是在下午 13：00，两者温差值最大，达到 5℃左右。

从夏季实测数据（图 4-6）中，可以观察出五个测点在夏季实际测量中的气温范围在 29 ~ 38℃之间，并且变化波动幅度大；当天上午 11：00 与下午 4：30 左右下了阵雨，因此气温有所波动。其中测点 2 与测点 4 的气温较高，测点 3 与测点 5 气温较低。从测试数据可以看出，植物遮阳与人工遮阳能有效地降低室外环境大气温度。特别是在当天 11：30，温差值最大，遮阳降温效果的最大值为 5℃左右。

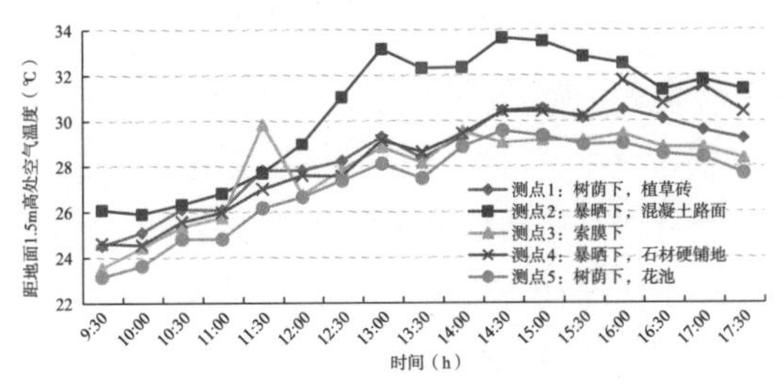

图 4-5　春季实测气温数据变化图

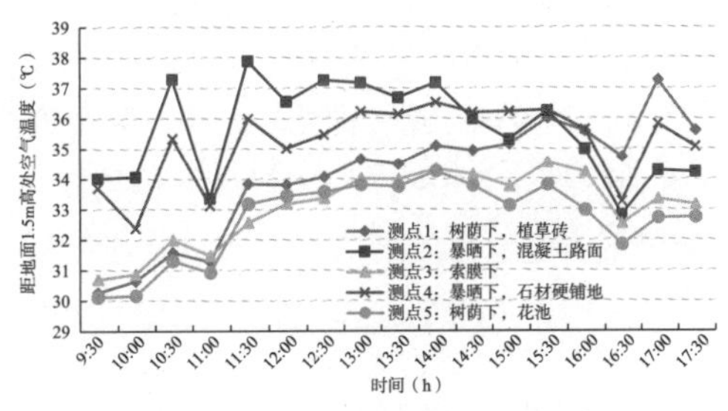

图 4-6　夏季实测气温数据变化图

从秋季实测数据（图 4-7）中，可以观察出五个测点在秋季实际测量中的气温范围在 25 ~ 36℃之间，变化较为波动，其中测点 4 的气温数值最高并且变化波动幅度最大，测点 5 气温数值最低。可以观察到五个测点均在下午 13：30 达到当天气温最高值。在秋季，人工与植被降温的效果同样明显，遮阳降温效果的最大值为 4.5℃左右。

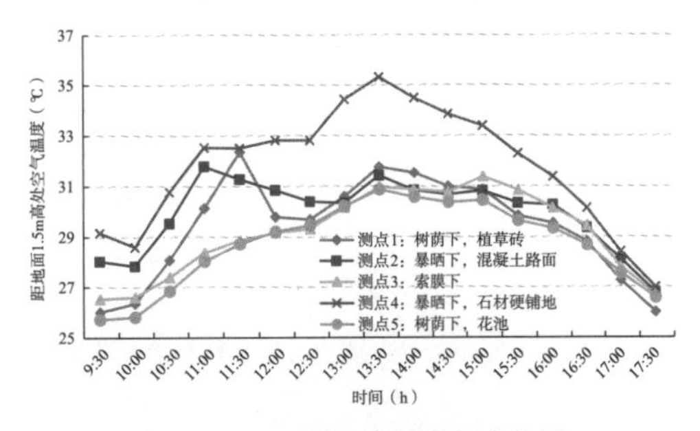

图 4-7　秋季实测气温数据变化图

从春夏秋三季实测数据反映出实测的数据与当天气象变化一致。在五个测点中，夏季实际测量中的气温变化波动最大，测点 1、测点 3 以及测点 5 的气温波动较测点 2 和 4 小一些。实测数据中反映出在树荫下的气温较为适宜，暴晒下的气温数据变化波动大，并且气温较高。测试数据表明，在春、夏、秋三季中，该郊野公园入口区的最高气温均在 34℃以上，夏季甚至达到 38℃，因此有必要结合景观设计、游客活动采取必要的户外遮阳设计措施（在此笔者统称其为“景观遮阳”）；同时，该场地中，景观设计因子如人工遮阳和植物遮阳相比起暴晒的未经遮阳设计的路面能有效地降低气温，在春、夏、秋三季中，人工与植被遮阳降温效果的最大值为 4.5 ~ 5℃左右，并且在遮阳条件下场地气温变化波动小，可给游人提供较为舒适的环境。

4.1.2.2 模拟结果数据分析

从春季模拟数据（图 4-8）中，可以观察出五个测点在春季模拟数据中的气温范围在 25 ~ 31 ℃，变化规律明显，其中测点 1（树荫下植草砖）的气温数值最高并且变化波动幅度最大，测点 5（在树荫下的花坛）气温数值最低。可以观察到五个测点均在下午 14：00 左右气温达到当天最高值。其中，索膜下测点 3 与树荫下花池测点 5 能有效降低气温。在模拟试验中，遮阳降温效果的最大值约为 2.57℃。

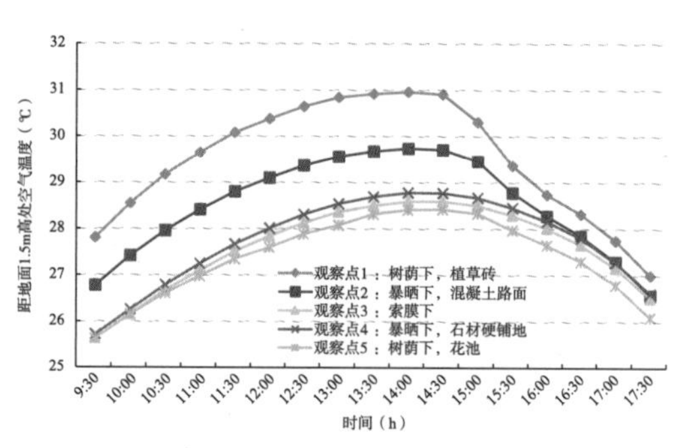

图 4-8 春季模拟气温数据变化图

从夏季模拟数据（图 4-9）中，可以观察出五个测点在夏季模拟数据中的气温范围在 30 ~ 36℃，变化规律明显，其中测点 1（在树荫下植草砖）的气温数值最高并且变化波动幅度最大，测点 3、5 气温数值最低。五个测点均在下午 14:30 左右达到气温最高值。可以看到，景观遮阳（含人工与植被遮阳）能有效降低温度，人工遮阳降温效果的最大值为 1.63℃，植被遮阳降温效果的最大值约为 2℃。

从秋季模拟数据（图 4-10）中，五个测点在秋季模拟数据中的气温范围在 24 ~ 31℃，变化规律明显，其中测点 1（树荫下植草砖）的气温数值最高并且变化波动幅度最大，测点 3（索膜下）气温数值最低。五个测点均在下午 13：30 左右达到当天气温最高值。其中，景观遮阳（含人工与植被遮阳）能有效地降低温度，遮阳降温效果的最大值约为 1.84℃。

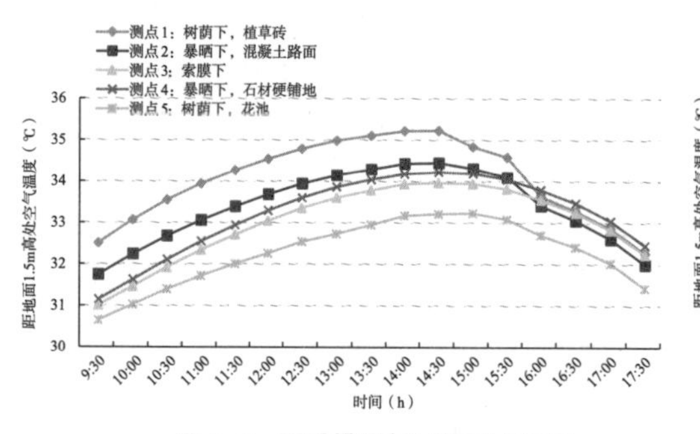

图 4-9 夏季模拟气温数据变化图

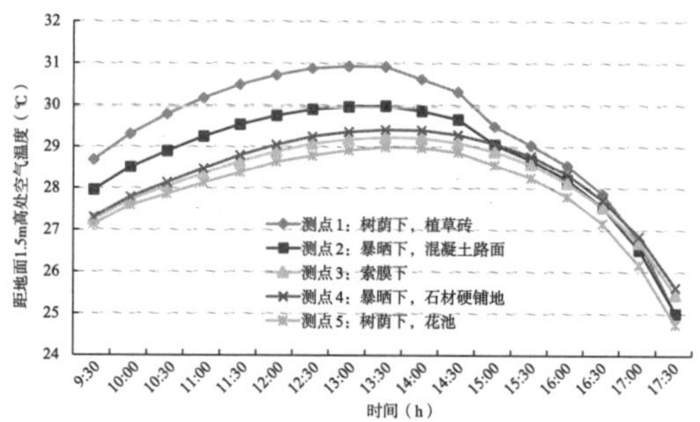

图 4-10 秋季模拟气温数据变化图

4.1.3 模拟与实测数据对比分析

为了进一步研究模拟与实测数据之间的关联度，本研究对每一个测点的春夏秋三季的模拟与实测气温数值进行了对比分析。

4.1.3.1 模拟与实测的气温变化趋势较吻合

在模拟数据中，每个测点均处于一个平滑的波动趋势，模拟状态排除了外界的其他因素，处于较为理想的状态，日最大温差约为 7℃。而实际测量时，由于受当天实际条件、环境中不同因素的影响，致使测量的结果波动较为明显，日最大温差约为 10℃。从对比图（图 4-11 ~ 图 4-15）中可以看出，各测点春、夏、秋三季的模拟与实测值存在一定的误差，但全天的整体变化趋势较为一致。实测的气温数值波动较大，模拟的气温数值较为平缓。其中，夏季的模拟与实测数据变化趋势较为贴近。每一个测点所显示出来的是夏季气温最高，秋季次之，最低的为春季的气温值。夏季的模拟与实测值对比中，测点 1（树荫下植草砖）的气温数值、测点 3（在索膜下）和测点 5（树荫下花池）气温数值整体趋势和变化较为吻合，这也校验了 ENVI-met 软件运用在亚热带湿热地区郊野公园室外热环境的模拟研究及相关评价中是可行的。

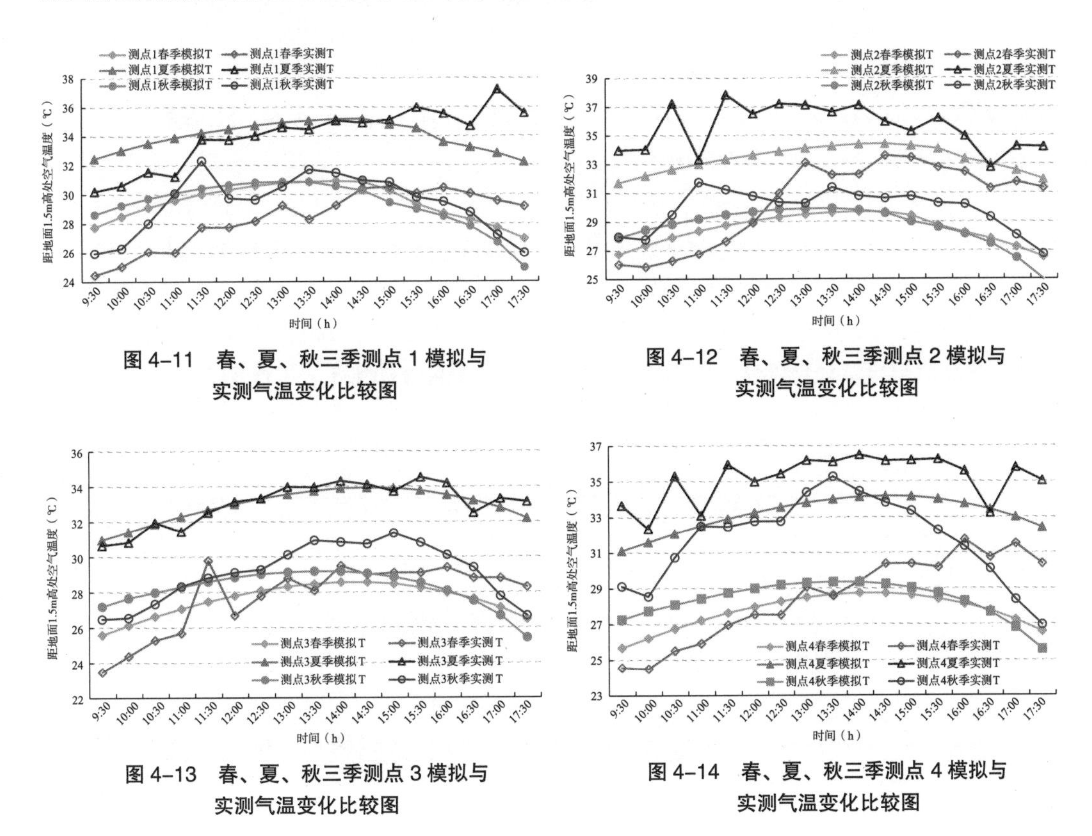

图 4-11　春、夏、秋三季测点 1 模拟与实测气温变化比较图

图 4-12　春、夏、秋三季测点 2 模拟与实测气温变化比较图

图 4-13　春、夏、秋三季测点 3 模拟与实测气温变化比较图

图 4-14　春、夏、秋三季测点 4 模拟与实测气温变化比较图

在五个测点中，测点 1（树荫下，植草砖）、测点 3（索膜下）、测点 5（树荫下，花池）相比起未采取景观遮阳设计的测点 2（暴晒混凝土下）和测点 4（暴晒石材硬地），其气温变化趋势在模拟与实测中更为吻合。可以看出，在景观设计因子中，植物遮阳和人工遮阳均能在一定程度上起到实际的降温效果。并且在模拟实验中气温降低值最大可达 3.49℃，而在实际测量中气温降低值最大可达 5℃。这表明通过该模拟软件，植物遮阳和人工遮阳降温效果的模拟实验可以一定程度上反映出实际设计效

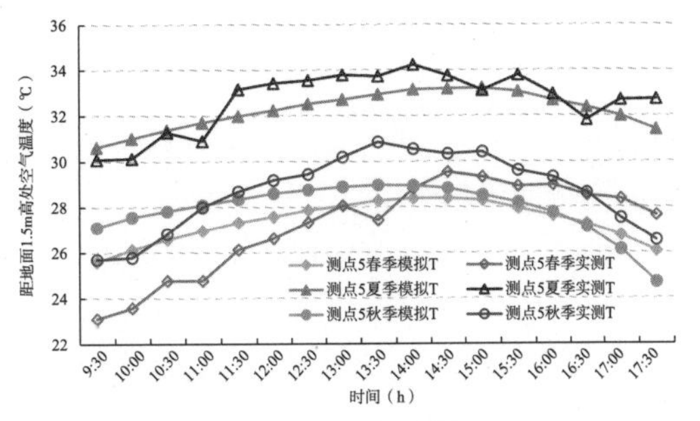

图 4-15　春、夏、秋三季测点 5 模拟与实测气温变化比较图

果，从而校验了该软件能作为景观设计方案的辅助工具。

4.1.3.2　实测与模拟中不同景观因子对户外热环境的影响程度较吻合

通过对春、夏、秋三季实测与模拟数值的比较分析，可以发现实测与模拟中的不同景观因子对户外热环境不同的影响程度（表 4-7）。

春、夏、秋三季的实测情况基本一致，在暴晒情况下温度均比有树荫遮挡的情况偏高。主要变化的情况是测点 2（暴晒混凝土路面）和测点 4（暴晒石材铺地），暴晒的路面下气温偏高，不太适宜人们的活动。在春夏季时，测点 2（暴晒混凝土路面）的气温比测点 4（暴晒石材铺地高），秋季则反之。而在测点 1（树荫下植草砖）、测点 3（索膜下）和测点 5（树荫下花池）的比较中，春、夏、秋三季实测的结果按气温从高到低的排序均是：测点 1（树荫下植草砖）> 测点 3（人工索膜下）> 测点 5（树荫下花池）。可以看出在景观设计因子中，人工遮阳和植物遮阳均可以起到一定的降温效果，而在植物遮阳中，下垫面为花池，有灌木层的植物降温优于下垫面为植草砖，只有地被层的情况。

春、夏、秋三季的模拟情况一致，在暴晒工况下观察点气温均比有树荫遮挡的情况偏高。春、夏、秋三季模拟实验的结果按气温从高到低的排序均是：观察点 2（暴晒混凝土路面）> 观察点 4（暴晒石材铺地）> 观察点 3（索膜下）> 观察点 5（树荫下花池），观察点 1 估计由于受建模限制，在模拟测试中气温值最高，与实测结果有偏差。可以看出在模拟实验里的景观因子中，人工与景观遮阳均能有效降温，并且植被遮阳降温的热缓冲效果优于人工遮阳。

春、夏、秋三季平均气温值高低排序表　　　**表 4-7**

平均气温值高低排序	①		②		③		④		⑤
	测点		测点		测点		测点		测点
春季实测	2	>	4	>	1	>	3	>	5
春季模拟	1	>	2	>	4	>	3	>	5
夏季实测	2	>	4	>	1	>	3	>	5
夏季模拟	1	>	2	>	4	>	3	>	5
秋季实测	4	>	2	>	1	>	3	>	5
秋季模拟	1	>	2	>	4	>	3	>	5

春、夏、秋三季实际测量的温度变化波动较为明显，其中气温最高、波动最大的测点为测点 2 暴晒下的混凝土路面和测点 4 暴晒下的石材硬铺地。在春、夏、秋三季模拟试验的结果中，观察点 1 树荫下植草砖的气温最高，其原因可能是在模拟建模时，植被部分只能选择乔木或地被，如果建了树的模型后则不能在其环境中加上草的模型。因此，在本次模拟试验中，观察点 1 是树荫下的裸土，而非植草转地面。该模型不能达到与实测工况完全吻合，所得到的模拟数据就与实际测量的有所不同（详见附录）。

4.1.3.3　模拟软件更加适用于景观遮阳设计因子的模拟

对春夏秋三次的模拟与实测差值（图 4-16 ~ 图 4-21）对比的研究分析，可观测出观察点 3（索膜下）、测点 5（树下花池）的模拟数据在三次模拟中与实际测量的差值较小，因此，初步推断 ENVI-met 模拟软件更加适用于景观遮阳设计因子的模拟，特别是一些景观遮阳设计因子中人工设施（如硬质广场，索膜等）设计。

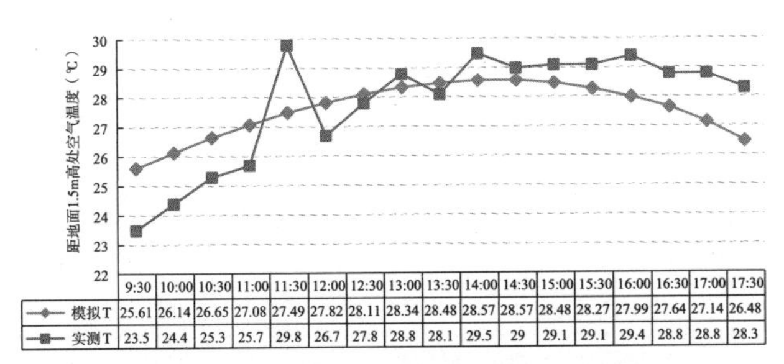

	9:30	10:00	10:30	11:00	11:30	12:00	12:30	13:00	13:30	14:00	14:30	15:00	15:30	16:00	16:30	17:00	17:30
模拟T	25.61	26.14	26.65	27.08	27.49	27.82	28.11	28.34	28.48	28.57	28.57	28.48	28.27	27.99	27.64	27.14	26.48
实测T	23.5	24.4	25.3	25.7	29.8	26.7	27.8	28.8	28.1	29.5	29	29.1	29.1	29.4	28.8	28.8	28.3

图 4-16　春季测点 3 模拟与实测气温变化图

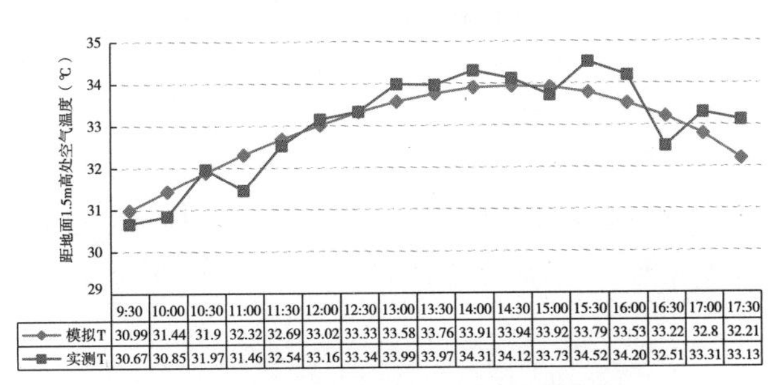

	9:30	10:00	10:30	11:00	11:30	12:00	12:30	13:00	13:30	14:00	14:30	15:00	15:30	16:00	16:30	17:00	17:30
模拟T	30.99	31.44	31.9	32.32	32.69	33.02	33.33	33.58	33.76	33.91	33.94	33.92	33.79	33.53	33.22	32.8	32.21
实测T	30.67	30.85	31.97	31.46	32.54	33.16	33.34	33.99	33.97	34.31	34.12	33.73	34.52	34.20	32.51	33.31	33.13

图 4-17　夏季测点 3 模拟与实测气温变化图

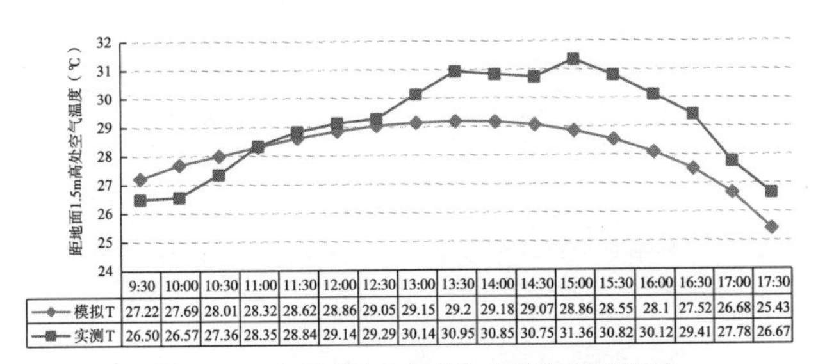

	9:30	10:00	10:30	11:00	11:30	12:00	12:30	13:00	13:30	14:00	14:30	15:00	15:30	16:00	16:30	17:00	17:30
模拟T	27.22	27.69	28.01	28.32	28.62	28.86	29.05	29.15	29.2	29.18	29.07	28.86	28.55	28.1	27.52	26.68	25.43
实测T	26.50	26.57	27.36	28.35	28.84	29.14	29.29	30.14	30.95	30.85	30.75	31.36	30.82	30.12	29.41	27.78	26.67

图 4-18　秋季测点 3 模拟与实测气温变化图

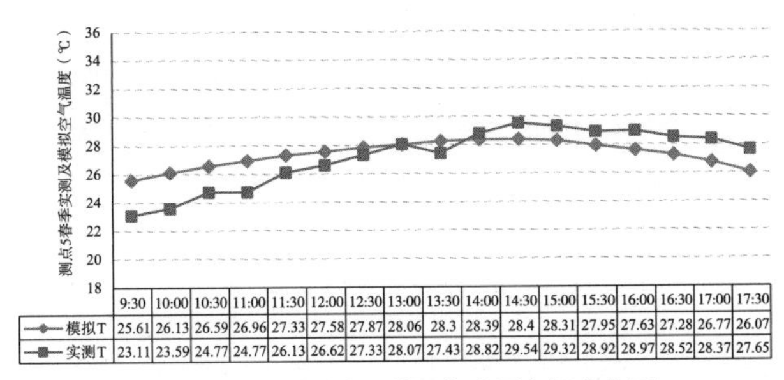

	9:30	10:00	10:30	11:00	11:30	12:00	12:30	13:00	13:30	14:00	14:30	15:00	15:30	16:00	16:30	17:00	17:30
模拟T	25.61	26.13	26.59	26.96	27.33	27.58	27.87	28.06	28.3	28.39	28.4	28.31	27.95	27.63	27.28	26.77	26.07
实测T	23.11	23.59	24.77	24.77	26.13	26.62	27.33	28.07	27.43	28.82	29.54	29.32	28.92	28.97	28.52	28.37	27.65

图 4-19　春季测点 5 模拟与实测气温变化图

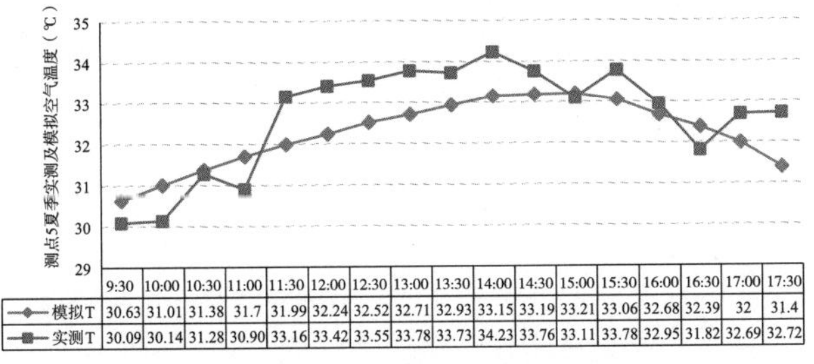

	9:30	10:00	10:30	11:00	11:30	12:00	12:30	13:00	13:30	14:00	14:30	15:00	15:30	16:00	16:30	17:00	17:30
模拟T	30.63	31.01	31.38	31.7	31.99	32.24	32.52	32.71	32.93	33.15	33.19	33.21	33.06	32.68	32.39	32	31.4
实测T	30.09	30.14	31.28	30.90	33.16	33.42	33.55	33.78	33.73	34.23	33.76	33.11	33.78	32.95	31.82	32.69	32.72

图 4-20　夏季测点 5 模拟与实测气温变化图

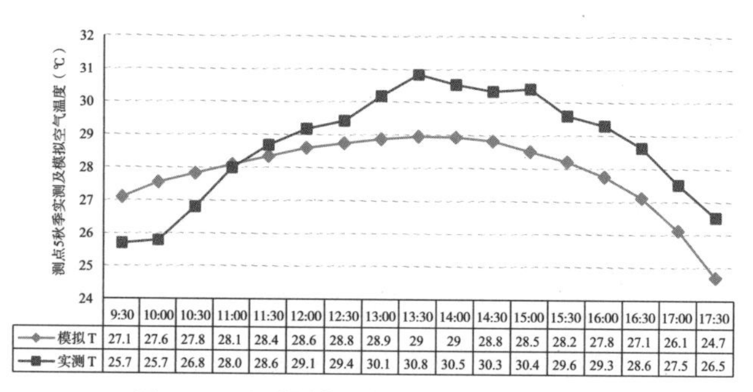

图 4-21　秋季测点 5 模拟与实测气温变化图

4.1.3.4　模拟试验数据与实测数据的差值对比

根据春、夏、秋三次模拟实验的综合对比分析，三次模拟实验结果与实测的结果的差值较为接近（表 4-8）。其结果表明在背景条件值合理界定的情况下，ENVI-met 软件适用于亚热带湿热地区郊野公园室外热环境的模拟研究。

春夏秋三次模拟试验与实测数据的差值对比　　表 4-8

测点情况分析	春季 20110410 差值平均值	夏季 20110814 差值平均值	秋季 20111106 差值平均值
测点 1：树下、植草砖	1.09	0.06	−0.01
测点 2：暴晒下、混凝土路面	−1.92	−2.04	−1.21
测点 3：索膜下	−0.19	−0.05	−0.9
测点 4：暴晒下、石材硬铺地	−0.8	−1.83	−3.37
测点 5：树下、花池	0.19	−0.38	−0.77
总平均差值	−0.326	−0.848	−1.252

4.1.4　模拟与实测数据对比分析小结

本次对广东天鹿湖郊野公园东门入口区微气候模拟与实测对比研究可初步得到以下结论：

（1）模拟实验与实际测量的校验结果表明，以实际测量的气象数据作为边界条件，ENVI-met 能够模拟亚热带湿热地区郊野公园室外环境的微气候状况。在仪器误差范围内，其模拟结果的气温变化趋势与实测值基本吻合。在今后的理想模型研究中，可以采用已有的如典型气象年、典型气象日等气象测量数据，运用该软件进行理想模型模拟分析。

（2）从模拟的趋势图可以看出，实验模拟与实际测量的日变化趋势存在一定的偏差，但整体的趋势还是比较一致的。模拟实验与实测数据相比，更能反映普遍的趋势变化而不受实测当天具体突发情况的影响。

（3）从数据差值上看，在利用当天测量的实际值的背景条件下，软件模拟的数据是可以在一定程度上反映实际情况的，其变化幅度一般小于实测数据。例如，模拟软件中景观设计因子中的植物遮阳和人工遮阳在模拟实验时可以一定程度上反映出实际设计效果，可以借助该软件辅助方案设计和方案优化。例如在秋季模拟中，模拟实验中气温降低值最大可达 1.84℃，而在实际测量中气温降低值最大可达 4.5℃。

（4）在场地适用范围上看，硬质地面和人工设施场地相比起自然树种遮阴场地模拟出来的结果更贴近实际测量的结果。特别是在人工索膜下，春、夏、秋模拟的结果与实测的相比其他几个测点较为吻合。

4.1.5　反思与优化建议

模拟实验的背景条件值设定对模拟实验的成功与否有重要的影响。采用当天实测数据的平均值再经过一系列的数据计算整理代入背景条件值设定中，其模拟得出的数据最贴切实际测量的数据。笔者为了寻求恰当的模拟试验背景条件，进行了多次模拟试验与比较。最终选用本次模拟背景条件，其与实测工况最接近，并且模拟试验结果与实测数据的差值也最小。同时，在此次的模拟实验中仍存在需进一步优化的部分，具体包括：

（1）在模型的建立中，具体界定的仅仅是东门入口区及其局部外环境，而实际的环境应该要考虑周边更广泛的范围，大自然是一个整体，其环境更为复杂而多变。模拟软件仅仅只表现了其中的一部分，并且软件在模拟时考虑的是单一的变量，除去了复杂多变的因素。

（2）在模拟软件建模中，建立树的模型仅仅采用了 10m 高的落叶树等条件的界定。不过在实际环境中，不同植物的遮阴效果不同，特别是在不同的地区，树种的差异性更加明显。在今后模拟实验中，可以进一步考虑这一点，选用比较贴合广州地区的树种来建立模型。

（3）由于受软件建模条件的限制，测点 1 树荫下植草砖这一环境因素未能在模型中被准确界定，只能单一考虑了树这个变量，这在一定程度上造成模拟结果与实测结果产生一定的偏差。

（4）在实测中，所测量的是 1.5m 高的风速，再经过风速轮廓线公式计算得出 10m 高的风速。在今后的测量中，如能直接测量到 10m 高的风速，这将有利于提高模拟的精准性。

通过这次对广东天鹿湖郊野公园东大门入口区春夏秋三季微气候模拟与实测的对比研究，笔者校验了 ENVI-met 软件在亚热带湿热地区郊野公园室外热环境中的模拟应用，认为其对景观设计具有辅助分析作用。这为本课题进一步探讨基于亚热带湿热气候的适应性设计策略及今后的设计实践奠定了坚实的基础。

4.2　景观设计因子对微气候影响的模拟比较实验

根据第二章的实测研究，发现热缓冲环境（热缓冲带）、绿地、遮阳乔木、水体、地面形式、地形等因素是影响测点微气候的主要景观设计因子，因此，本章模拟研究中以热缓冲环境（热缓冲带）和绿地为例进行模拟研究，尝试探寻相关因子在模拟实验中对微气候的影响。正如本章引言提到，在郊野公园中，游客活动区和游客室外热舒适感受最密切相关，这部分也是人为设计与人工建造介入程度较高的区域，因此，本章的模拟研究重点区域为游客活动区。本部分模拟研究的思路如下：首先，基于郊野公园游客活动区的调研统计数据，对模拟研究的理想模型进行建构。然后，设置不同工况观测景观设计因子对微气候的影响，具体工况如下：①模型 1：场地周边为硬地时，场地内草地对场地微气候的影响。②模型 2：在模型 1 场地周边增设热缓冲环境（界定为林地）时，场地微气候的变化。③模型 3：探索小面积草地对场地微气候的影响。

4.2.1　理想模型游客活动区的面积取值

根据对部分郊野公园的数据统计，郊野公园的面积从 47ha ~ 5640ha 不等，其中游客活动区及管理站的用地面积一般从 2000 ~ 43980m^2 不等。为了便于模拟研究，本章模拟实验取调研数据中的平均值作为参考建立游客活动区的理想模型（表 4-9）。

部分郊野公园的公园面积及游客活动区面积统计表 **表 4-9**

郊野公园名称	公园面积（ha）	游客中心或休息区域面积（m^2）	
船湾郊野公园	约 4594	游客中心	约 6320
西贡西郊野公园	约 3000	含管理站和游客中心	约 43980
马鞍山郊野公园	约 2880	管理站	约 12350
大帽山郊野公园	约 1440	川龙管理站	约 3960
		游客中心	约 6760
城门郊野公园	约 1400	管理站和游客中心	约 9060
清水湾郊野公园	约 615	管理站和游客中心	约 30320
龙虎山郊野公园	约 47	游客休憩区	约 11060
香港仔郊野公园	约 423	管理站和游客中心	约 17890
天鹿湖郊野公园	约 880	东大门入口区	约 16290
		西大门入口区	约 7320
狮子山郊野公园	约 557	管理站	约 8510
大屿山郊野公园	约 5640	东涌坳管理站	约 5500
		羌山管理站	约 3990
		芝麻湾管理站	约 2025
平均值	约 1697	—	约 12360

4.2.2 模型 1：无热缓冲环境时场地内草地对微气候的影响

4.2.2.1 模型建立与观察点布置

本次模拟测试区域为 150m × 100m 的场地，草地在模拟区域的中心位置，以 10m × 15m、20m × 30m、30m × 45m、40m × 60m、50m × 75m、60m × 90m、70m × 105m、80m × 120m、90m × 135m 依次递增。测试目标区域外围为硬地。具体如图 4-22 所示。

本次一共设定 5 个模拟观察点（A1 ~ A5），这 5 个点在同一条水平线上，A1 为绿地中心点，A2、A3 在绿地的边界上，A4、A5 为场地的边缘点。以绿地 10m × 15m 为例，观察点布置如图 4-23 所示。

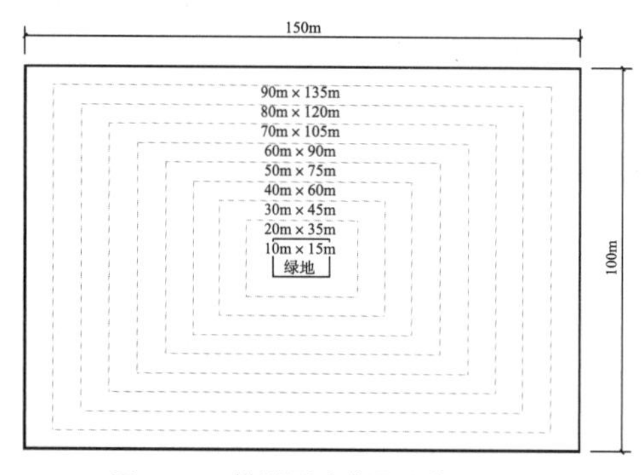

图 4-22 模拟测试范围示意图

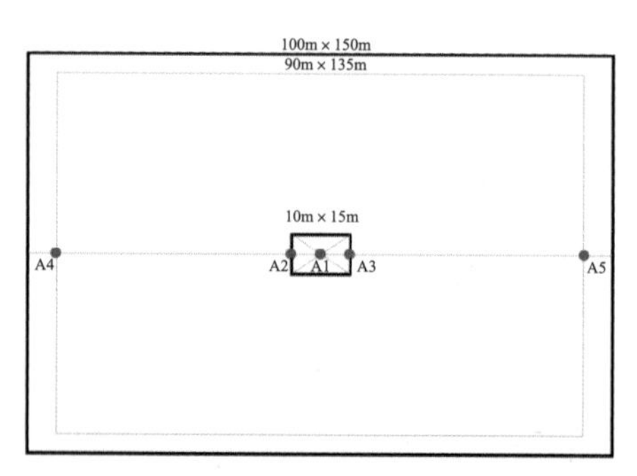

图 4-23 模拟测试观察点布置示意图

4.2.2.2　模拟实验的步骤与过程

（1）模型建立

界定理想模型的总面积为 150m × 100m；在中心点依次绘制 10m × 15m、20m × 30m、30m × 45m、40m × 60m、50m × 75m、60m × 90m、70m × 105m、80m × 120m 的绿地。

$\begin{cases} \text{x–Grids=155} \\ \text{dx=2} \end{cases}$　　$\begin{cases} \text{y–Grids=130} \\ \text{dy=2} \end{cases}$　　$\begin{cases} \text{z–Grids=20} \\ \text{dz=2} \end{cases}$

将地区设置为广州（Guangzhou，China）地区，把 CAD 中建立好的地形区域截图，另存为 *.bmp 格式，然后导入到 ENVI-met Eddi 软件。在模型中设定各类元素因子，例如：树 ds（10m 高的树木）、硬地 P、肥沃土壤 L 以及观察点 receptor 因子。

（2）背景条件值的设定

背景条件值设置中，有三个主要的影响背景因子：① Wind Speed in 10 m ab. Ground [m/s] 即 10m 高度的平均实测风速；② Initial Temperature Atmosphere [K] 即 6 点时初始实测温度；③ Relative Humidity in 2m [%] 即平均实测相对湿度。

本次模拟采用的背景条件值是广州地区夏季典型气象日的统计数据，根据需要取用其中从早上六点到下午五点的数据。使用了 6 点的初始大气温度，10m 高度的平均实测风速以及 2m 的平均实测湿度值作为背景条件值界定。表 4-10 为广州地区夏季典型气象日数据，其中干球温度即是指大气温度。

广州地区夏季典型气象日数据（加下划线字体为取用的背景条件值）　　表 4–10

广州地区夏季典型气象日数据			
时间	干球温度 ℃	相对湿度 %	10m 风速 m/s
6：00	27	80	2
7：00	27.5	77	2
8：00	28.2	74	2
9：00	29	71	2
10：00	29.7	68	2
11：00	30.4	66	2
12：00	30.9	65	2
13：00	31.1	64	2
14：00	31	65	2
15：00	30.7	66	2
16：00	30.1	68	2
17：00	29.4	71	2
平均值	29.58	69.58	2

（3）模拟的步骤

①将界定理想模型的 CAD 图形存储为 bmp 文件，运用 ENVI-met 编辑图形，将硬地、植

物以及土壤落实到模型中，并放入观察点（注意观察点命名为：A1、A2、A3、A4、A5），储存形成 in 文件。②运用 ENVI-met Configuration. Editor 编辑文件，设定模拟实验的背景条件值，形成 cf 文件。③运用 ENVI-met V4 在背景条件值下运行所建立的模型。④运用 Leonardo 软件出图，形成相关的图形，并得出相关的数据。

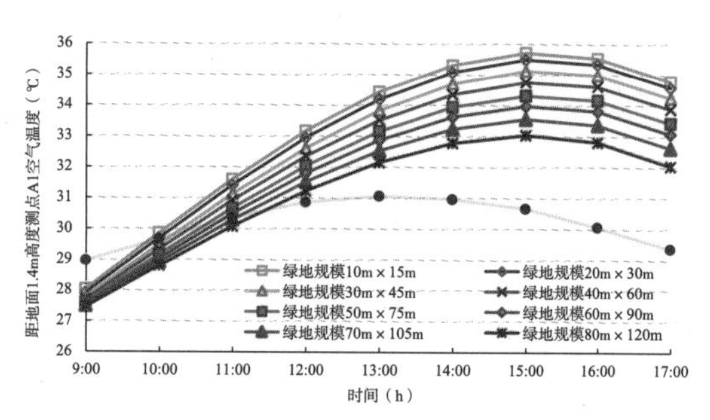

图 4–24　模拟观察点 A1 空气温度变化图

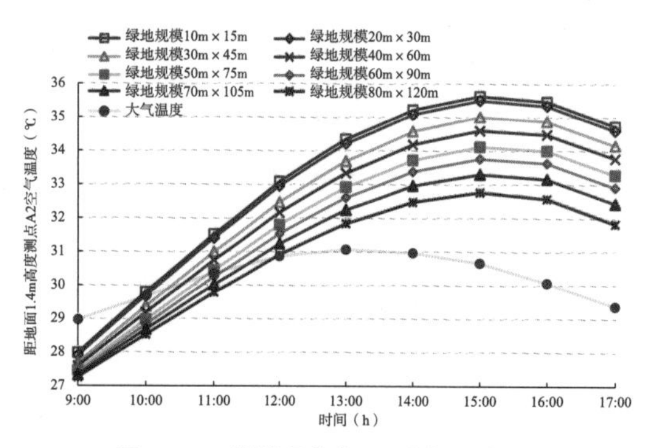

图 4–25　模拟观察点 A2 空气温度变化图

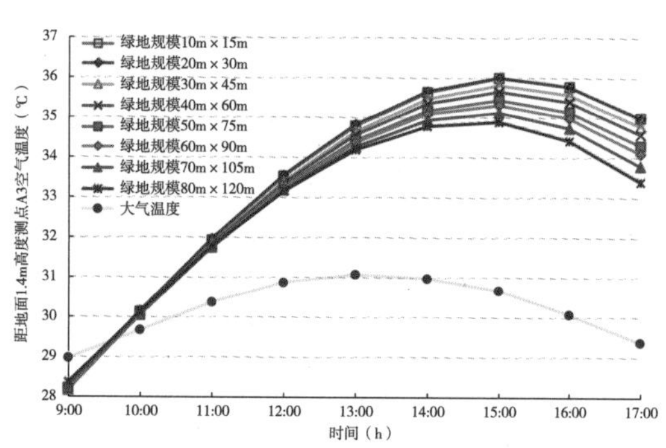

图 4–26　模拟观察点 A3 空气温度变化图

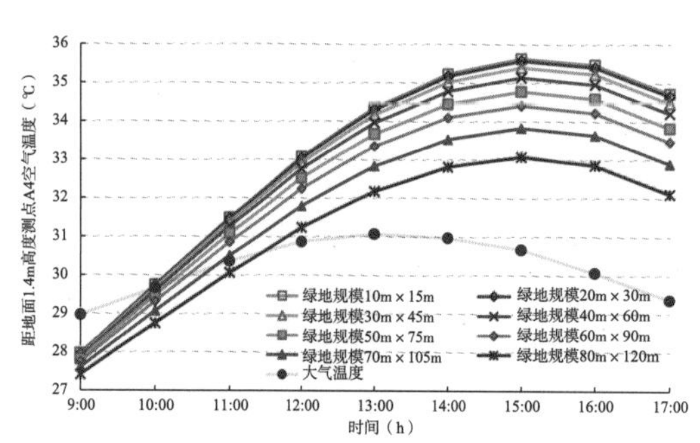

图 4–27　模拟观察点 A4 空气温度变化图

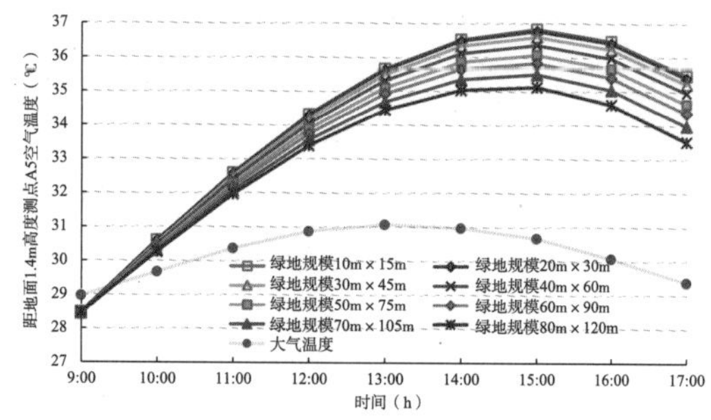

图 4–28　模拟观察点 A5 空气温度变化图

4.2.2.3　模拟实验的结果

由结果可知：①随着绿地面积的增大，各观察点的温度呈下降趋势，最大温差约为 2.75℃；②绿地能有效推迟当天最高气温的出现；③当草地面积为场地面积的 64% 时，各个观察点从中午 12 点以后的气温均在典型气象日之上，最大温差约为 6℃。由此可见，草地有一定的降温效果，但作用不太明显。

通过对各个观察点全天同一时刻的气温比较，发现随绿地面积增大，各观察点之间的气温变化规律相似。图 4-29 以下午 14:00 为例，可以得出：①在测试的相同时间点，同样绿地面积的条件下，观察点空气温度从高到低依次

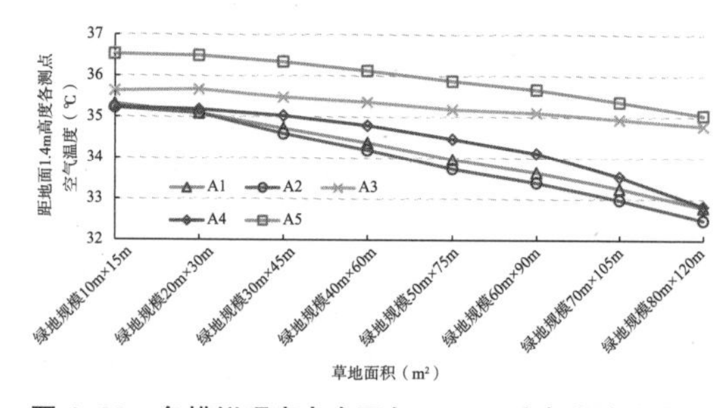

图 4–29　各模拟观察点在下午 14：00 空气温度比照图

是：A5>A3>A4>A1>A2，说明各观察点受其上风向的环境影响较为明显，例如受硬地影响，观察点 A2 气温最高；受绿地影响，观察点 A3 气温最低。因此，场地游客休憩点的选择较为重要。②绿地面积越大，降温效果越明显，各观察点的温差也越大；当草地面积达到用地面积的 25% 时（绿地规模为 50m × 70m），能降低温度约 1.5℃；当草地面积达到用地面积的 64% 时（绿地规模为 80m × 120m），能降低温度接近 3℃。

4.2.2.4　总结思考

笔者对本次模拟分析结果的思考：

（1）既然观察点受周边条件的影响明显，如果在模拟的目标场地外部增设热缓冲环境会带来怎样的影响？

（2）大面积的草地降温效果明显，对于在景观设计中经常用到的小面积草地的降温效果如何？

结合以上两点思考，笔者进行了以下 4.2.3“模型 2：增设热缓冲环境对场地内微气候的影响”与 4.2.4“模型 3：小面积草地对场地微气候的影响”的研究。

4.2.3　模型 2：增设热缓冲带对场地内微气候的影响

根据笔者在第二章对“热缓冲环境”的界定：位于设计区域周边的具有良好自然植被的环境，对设计区域的微气候有重要而明显的影响。根据相关研究，不同类型的绿化，其热物理特性不一样，对场地微气候的影响也有所不同，例如：草地蓄热量少，表明草地需要增大蒸腾量以带走自身热量避免温度过高而灼伤，故阳光下，草地表面温度、湿度明显升高，对其上方空气温度降温效果不高，但通风顺畅；灌木蓄热量居中，表面温度、湿度有一定升高，加上灌木表层高度与人活动的高度相当，故其蒸腾作用带来的不舒适感影响较大，而且灌木低矮叶密，对近地空气流动阻碍较大；乔木蓄热量多，原因是其叶层厚，树冠上表面温度、湿度也会升高，但由于人的活动范围一般在树冠下部及树干周围，乔木的蒸腾作用对人影响甚微，反而树冠上部气温上升，带动空气向上流动带走热量，而且树冠的蒸发作用也会给树下带来明显的降温效果，而树干对近地空气流动阻挡小。[112] 由此可见，在自然植被中，乔木对场地微气候的积极影响较大；同时，结合笔者对郊野公园的调研，在郊野公园中林地是非常普遍的，因此，笔者在此选用树林作为热缓冲环境。当热缓冲环境为带状浓密树林或林带时，可称之为“热缓冲带”。

4.2.3.1　模型建立与观察点布置

本次模拟的目的是在 4.2.2 的模拟模型基础上设定热缓冲带，以观察增设热缓冲带对场地内微气候的影响。本次模拟测试目标区域为 150m × 100m，同时设定了模拟区域外一定范围内的环境为 10m 高的乔木，总模拟区域为 300m × 200m（含热缓冲带）。绿地以 10m × 15m、20m × 30m、30m × 45m、40m × 60m、50m × 75m、60m × 90m、70m × 105m、80m × 120m 依次递增，设在模拟区域的中心位置。模拟区域内除了绿地以外，其他为硬地，模拟区域外的“热缓冲带”是 10m 高的乔木，具体如图 4-30 所示。

本次一共设定 5 个模拟观察点（A1 ~ A5），这 5 个点在同一条水平线上，A1 为绿地中心点，A2、A3 在绿地的边界上，A4、A5 为场地的边缘点。以绿地 80m × 120m 为例，观察点布置如图 4-31 所示。

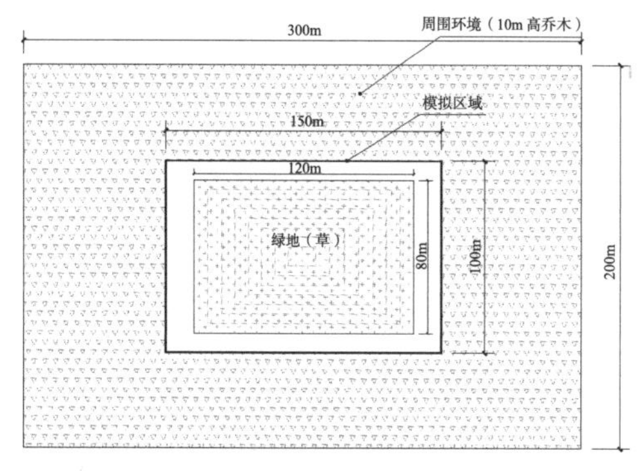

图 4-30　模拟测试范围示意图

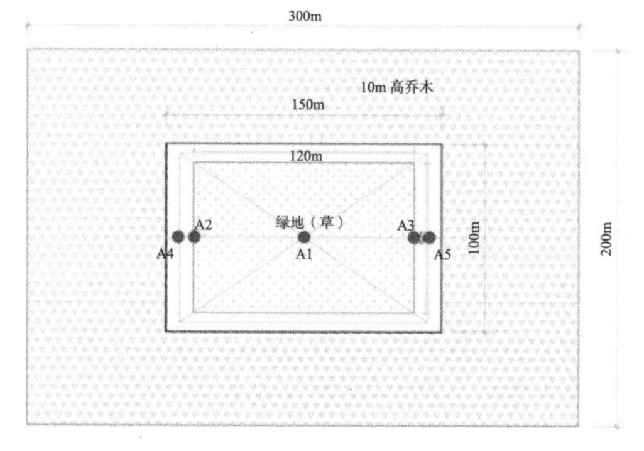

图 4-31　模拟测试观察点布置示意图

4.2.3.2　模拟实验的步骤与过程

本次模拟测试模型建立、背景条件值的设定、模拟的方法与步骤与前文一致，不再赘述。

4.2.3.3　模拟实验的结果

从图 4-32 ~ 图 4-36 的模拟测试的结果可知：

1）所有观察点各个时间点的气温都在典型气象日的温度线之下，而在 4.2.2 模拟中的所有观察点的绝大多数气温都在典型气象日之上，说明了热缓冲带对模拟目标区域的微气候调整具有很大的作用。同时，也说明“草地 + 热缓冲带”的复合设计方式可实现场地内各观察点气温都低于广州典型气象日温度数据的目标。

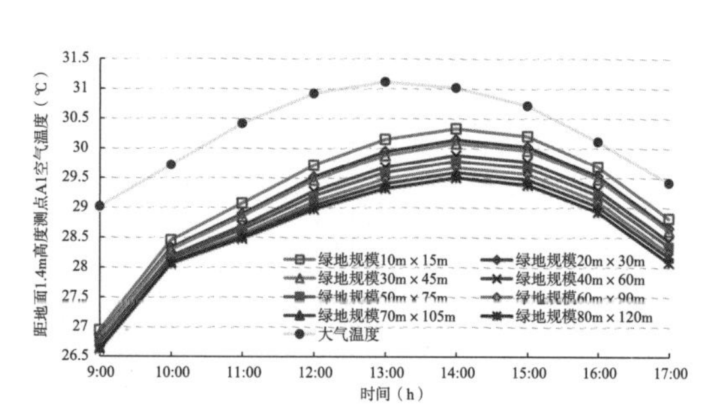

图 4-32　模拟观察点 A1 空气温度变化图

2）除观察点 5 外，随着草地面积的增大，其余四个观察点的温度有较为明显的下降趋势，说明草地对场地降温有一定作用，其作用强度随着面积的增加而增加。

3）观察点 5 在绿地面积显著增加的情况下，气温无明显变化，这是由于其位于中心草地的上风向，因此，该观察点受热缓冲带的影响比受中心草地的影响明显。说明游客休憩点的选址与风向及周边热缓冲带关系密切。

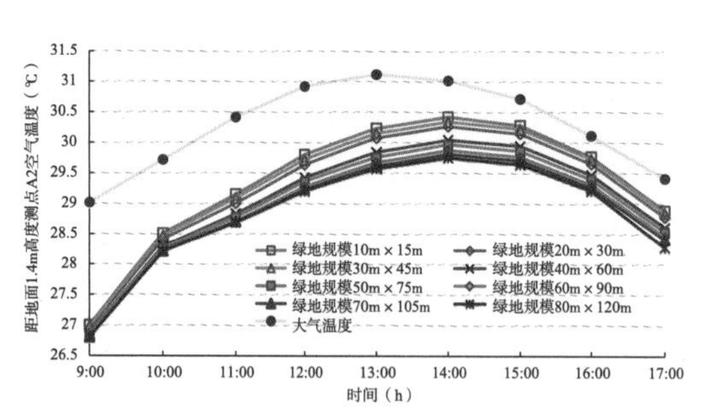

图 4-33　模拟观察点 A2 空气温度变化图

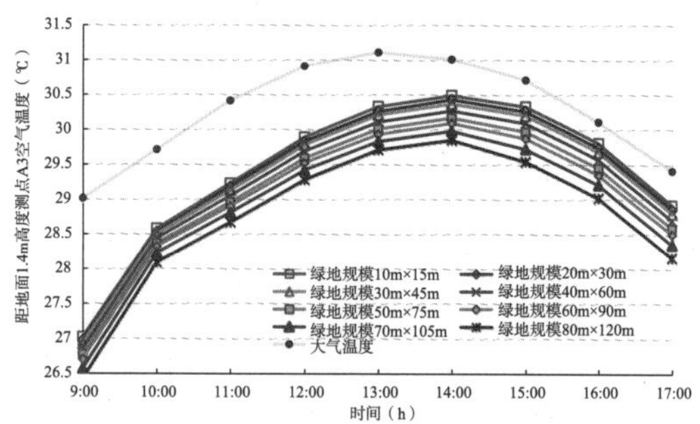

图 4-34　模拟观察点 A3 空气温度变化图

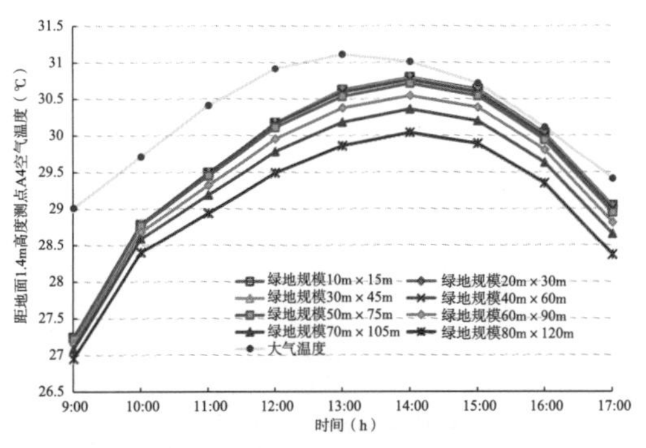

图 4-35　模拟观察点 A4 空气温度变化图

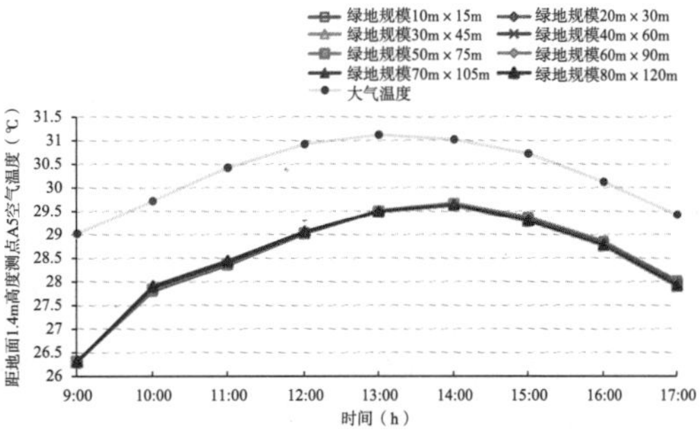

图 4-36　模拟观察点 A5 空气温度变化图

通过对各个观察点全天同一时刻的气温比较，发现随绿地面积增大，各观察点之间的气温变化规律相似。图 4-37 以下午 14：00 为例，可以得出：

1）在测试的相同时间点，同样绿地面积的条件下，绝大部分时间观察点空气温度从高到低依次是：A4>A3>A2>A1>A5，说明各观察点受其上风向的环境影响较为明显，例如受林地影响，观察点 A5 气温最低；受硬地影响，观察点 A4 气温最高。因此，场地游客休憩点的选择较为重要。

2）绿地面积越大，降温效果越明显，各观察点的温差也越大。观察点空气温度降低的最大约为 0.83℃。

3）在观察点周边具有良好热缓冲带的工况下，观察点的温度波动较为平缓，并且整体气温下降。

4）热缓冲环境对场地微气候的影响较为明显，但当草地面积增加到一定程度以后，在模拟测试的 12：00 ～ 17：00，位于草地中心的观察点 1 的气温略低于观察点 5。说明草地面积增大到一定程度后其对微气候的影响较为明显，因为对位于草地中心的观察点而言，草地相当于其热缓冲环境（图 4-38）。

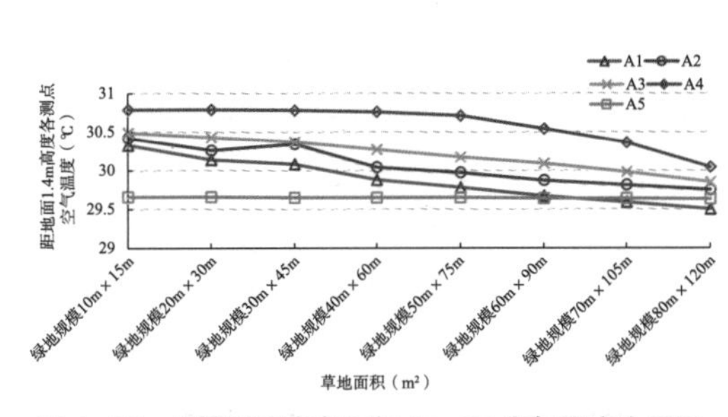

图 4-37　各模拟观察点下午 14：00 空气温度比照图

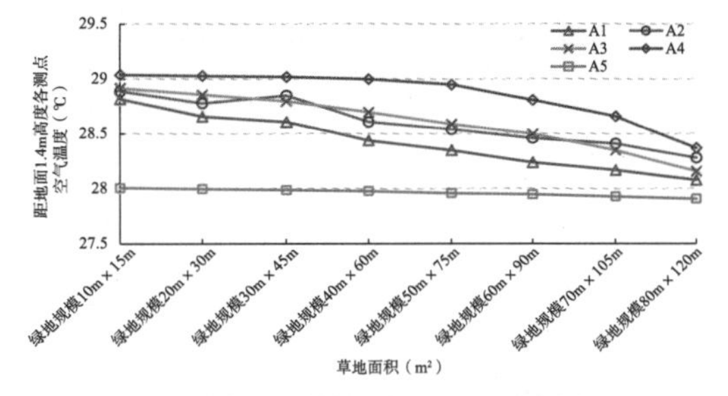

图 4-38　各模拟观察点下午 17：00 空气温度比照图

4.2.3.4　总结思考

笔者对本次模拟分析结果进行思考：大面积的草地降温效果明显，对于在景观设计中经常用到的小面积草地的降温效果如何？因此，下文 4.2.4 会探讨“模型 3：小面积草地对场地微气候的影响”的研究。

4.2.4 模型 3：小面积草地对场地微气候的影响

4.2.4.1 模型建立与观察点布置

本次模拟的目的是为了探讨小面积草地对场地微气候的影响，因此在 4.2.3 的模拟思路上进行模型工况的调整，包括以下三个方面：①缩小了模拟目标区域和绿地的面积，选用的草地面积是在景观设计中常用到的小尺度；②对模拟区域外围一定范围内的热缓冲带进行了界定，设为林地；③将模拟的精度由原来的 dx、y=2 提高到 dx、y=1。

模拟目标区域确定为 30m × 45m，同时限定模拟区域外一定范围内的环境为 10m 高的乔木，总模拟区域为 60m × 90m（加周围环境）。绿地在模拟区域的中心位置，以 $2 \times 3m^2$、$3 \times 5m^2$、$4 \times 6m^2$、$6 \times 9m^2$、$7 \times 10m^2$、$8 \times 12m^2$、$10 \times 15m^2$ 依次递增。模拟区域内除了绿地以外，其余为硬地，模拟区域外的“热缓冲带”是 10m 高的乔木，具体如图 4-39 所示。

本次一共设定 5 个模拟观察点（A1 ~ A5），这 5 个点在同一条水平线上，A1 为绿地中心点，A2、A3 在绿地的边界上，A4、A5 为场地的边缘点。以绿地 80m × 120m 为例，观察点布置如图 4-40 所示。

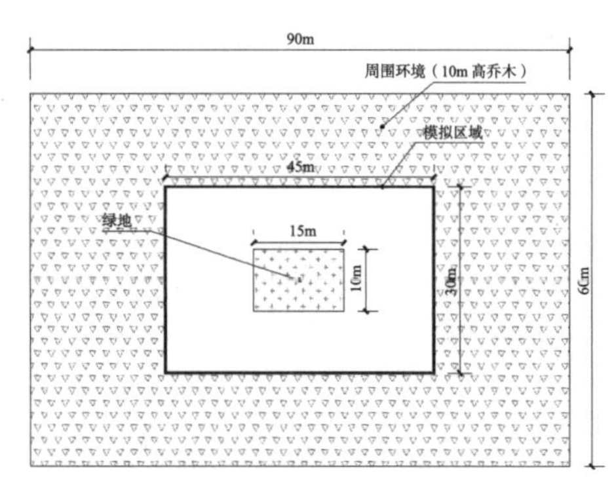

图 4-39 模拟测试范围示意图

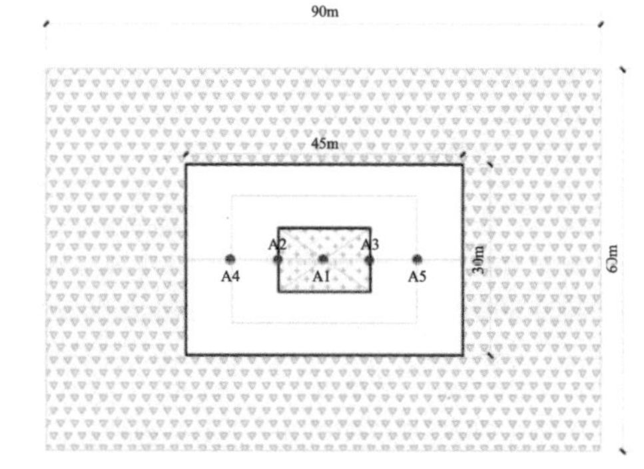

图 4-40 模拟测试观察点布置示意图

4.2.4.2 模拟实验的步骤与过程

本次模拟测试模型建立、背景条件值的设定、模拟的方法与步骤与前文一致，不再赘述。

4.2.4.3 模拟实验的结果

由图 4-41 ~ 图 4-45 的模拟测试的结果可知：

1）所有观察点各个时间点的气温都在典型气象日的温度线之下，结合 4.2.3 模拟的结果，可以初步推论热缓冲环境对模拟目标区域的微气候调整具有很大的作用。同时，也说明“草地 + 热缓冲环境”的复合设计方式可使场地各观察点气温都低于广州典型气象日温度数据的目标。

2）夏季典型气象日的最高气温在中午 12：00 出现，而各观察点的最高气温在下午 14：00 出现，因此可知即使面积较小的绿地，同样能有效推迟当天最高气温的出现。

3）除观察点 5 外，随着草地面积的增大，其余四个观察点的温度有下降趋势，但效果不明显，观察点 A1 的最大温差仅为 0.23℃，出现在下午的 13：00 ~ 14：00，说明面积规模在 $6m^2$ ~ $150m^2$ 的草地对场地降温作用不明显。由此可推论，对于设计中的小面积草地，影响场地气温的主要因素为场地周边的热缓冲环境。

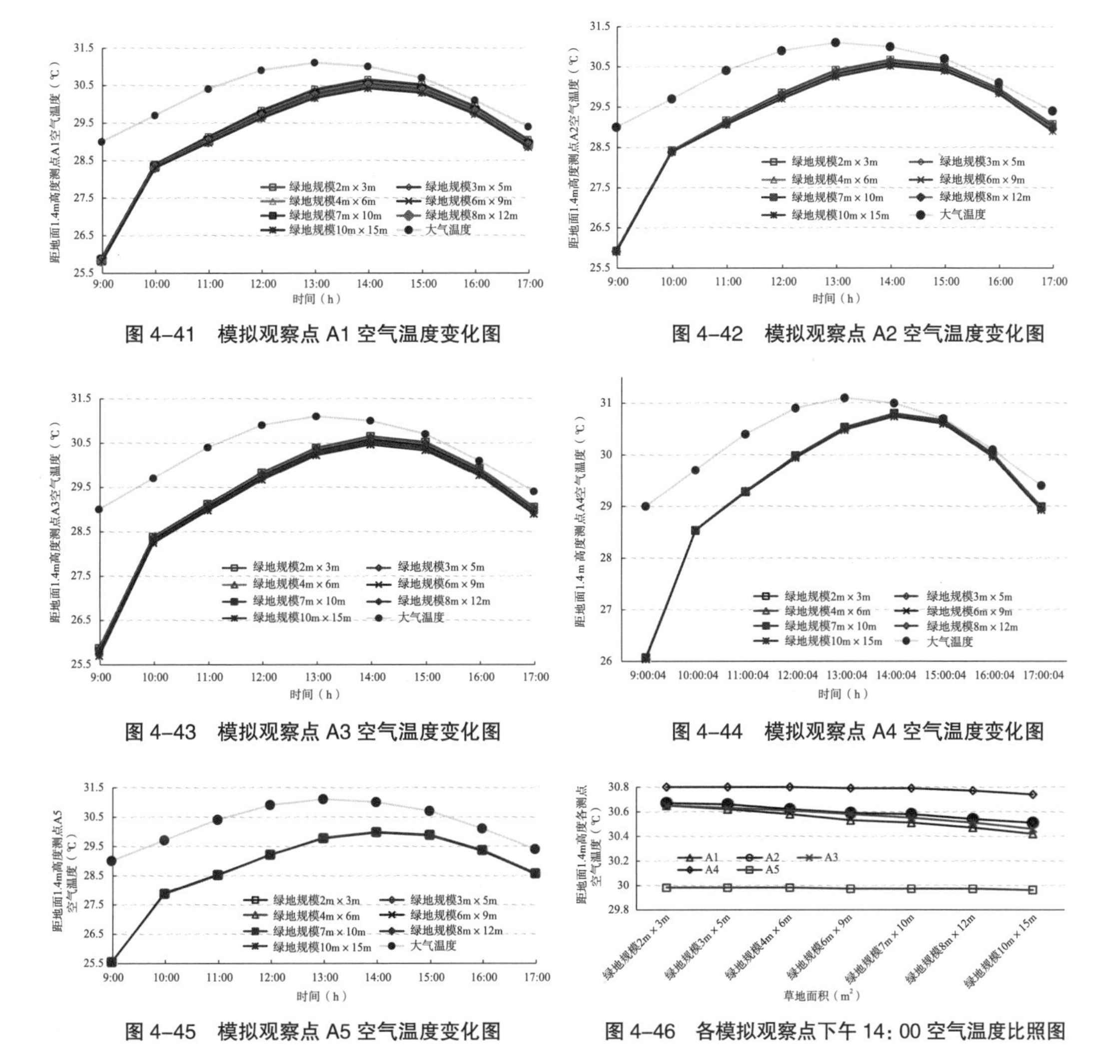

图 4-41　模拟观察点 A1 空气温度变化图

图 4-42　模拟观察点 A2 空气温度变化图

图 4-43　模拟观察点 A3 空气温度变化图

图 4-44　模拟观察点 A4 空气温度变化图

图 4-45　模拟观察点 A5 空气温度变化图

图 4-46　各模拟观察点下午 14：00 空气温度比照图

通过对各个观察点全天同一时刻的气温比较，发现随绿地面积增大，各观察点之间的气温变化规律相似，以下午 14：00 为例（图 4-46），可以得出：

1）在测试的相同时间点，同样绿地面积的条件下，绝大部分时间观察点空气温度从高到低依次是：A4>A2>A3>A1>A5，说明各观察点受其上风向的环境影响较为明显，例如受林地影响，观察点 A5 气温最低；受硬地影响，观察点 A4 气温最高。因此，场地游客休憩点的选择较为重要。

2）绿地面积越大，降温效果越明显，各观察点的温差也越大，但在 6 ~ 150m² 的面积规模中，草地的降温效果不太明显。在此模拟区域内，5 个观察点的温度随绿地面积增大，温度降低的最大值为 0.21℃，而观察点之间的温度差异最大的也仅为 0.82℃。

3）在观察点周边具有良好热缓冲层的工况下，观察点的温度波动较为平缓，并且整体气温下降，例如观察点 A5。

4）由于本次模拟草地面积不大，对位于草地中心的观察点 1 未能形成有效的热缓冲环境，因此观察点 A1 的气温与草地边缘观察点 A2、A3 接近。

4.2.4.4　总结思考

笔者对本次模拟分析结果进行思考：既然观察点受其周边热缓冲带的影响明显，可使场地内各观察点的气温均低于夏季典型气象日的温度线，那么，如果要使设计场地的气温低于夏季典型气象日的温度线，热缓冲带的最小设计宽度是多少？如果希望设计场地能达到热舒适状态，热缓冲带的最小设计宽度又是多少？结合这些思考，笔者进行了“4.3 理想模型中热缓冲带阈值模拟实验”的研究。

4.3　理想模型中关键设计导控指标的模拟实验

根据第二章的实测与本章 4.2 研究，发现热缓冲带是影响观察点微气候的关键景观设计因子，因此本节主要探讨郊野公园游客活动区周边热缓冲带的设计。当热缓冲环境为带状浓密树林或林带时，可称之为“热缓冲带”，其设计的宽度、高度等将对场地的微气候有直接影响。在本节的模拟中，结合亚热带湿热地区乔木生长的平均高度及笔者对郊野公园植物调研的经验数据，将“热缓冲带”的乔木高度设定为 10m，以寻求“热缓冲带”的设计宽度控制阈值。模拟的思路如下：假定游客活动区场地内部全部为硬地时（此时不考虑其他景观设计因子对场地微气候的影响），目标场地外部热缓冲带初始状态为草地，以 10m 宽为模数逐渐变化为遮阳乔木，观察测试对象在周围的热缓冲带发生变化时，场地微气候的相应变化情况。

4.3.1　理想模型中热缓冲带阈值模拟分析

4.3.1.1　模型建立

根据对部分郊野公园的数据统计，本节模拟实验取调研数据值中的平均值作为参考，建立游客活动区的理想模型（详见本章 4.2.1 理想模型游客活动区的面积取值）。

本次模拟测试目标区域为 150m × 100m（全部为硬地）的场地，在该场地外围缓冲带的变化从 160m 草地、0 米乔木开始，依次逐渐加上 10m 宽的林带，分别形成 10m、20m、30m、40m、50m、60m、70m、80m、90m、100m、110m、120m、130m、140m、150m 的“乔木热缓冲带”，缓冲带内为 10m 高的乔木，总的模拟区域为 470m × 420m，具体如图 4-47 所示：

理想模型中一共设置了 3 个观察点，分别是 A1、A4、A5（说明：在后续研究中测试区域观察点内部增加绿地的模拟数据，其模型的观察点一共有 5 个，为了方便比照研究，本次模拟的观察点布置与后面的模型布点一致。因为本次模拟场地内没有绿地及水体部分，因此不存在绿地边缘观察点 A2、A3）。布置的 3 个点在同一条水平线上，观察点 A1 位于观察点硬地中心点，观察点 A4、A5 为场地边缘的观察点，其中 A5 在上风向，A4 在下风向。各观察点的高度均为距地面 1.4m 高。图 4-47 以设定 10m 遮阳乔木的热缓冲带的模拟模型为例，示意观察点布置。

界定理想模型的总面积为 470m × 420m（包括热缓冲带），150m × 100m 为模拟目标区域。在模拟区域外围从 0m 开始，依次增加 10m 的遮阳乔木热缓冲层，直至达到 150m。在 ENVI-met Eddi 软件中的 Basic setting 设置了 470m × 420m 的区域面积来界定理想模型的模拟范围。

$$\begin{cases} x\text{–Grids}=156 \\ dx=3 \end{cases} \quad \begin{cases} y\text{–Grids}=140 \\ dy=3 \end{cases} \quad \begin{cases} z\text{–Grids}=20 \\ dz=2 \end{cases}$$

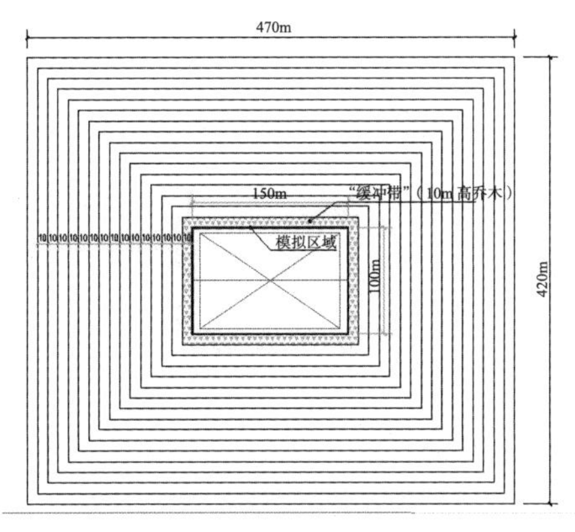

图 4–47　模拟测试范围示意图

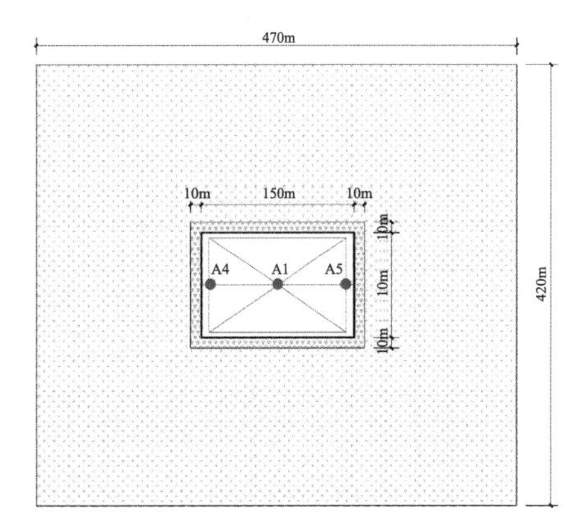

图 4–48　模拟测试观察点布置示意图

将地区设置为广州（Guangzhou，China），把 cad 中建立好的地形区域截图，另存为 *.bmp 格式，然后导入到 ENVI-met Eddi 软件。在模型中设定各类元素因子，例如：树 ds（10m 高的树木）、硬地 P、肥沃土壤 L 以及观察点 receptor 因子。

4.3.1.2　模拟实验的步骤与过程

本次模拟测试模型背景条件值的设定、模拟的方法与步骤与前文一致，不再赘述。

4.3.1.3　模拟实验结果分析

在不同遮阳乔木"热缓冲带"宽度条件下，可以得到观察点 A1（场地中心点）、A4（场地下风向）、A5（场地上风向）的风速、风向、空气温度、相对湿度、相对热辐射变化数据，下图为根据各观察点空气温度绘制的空气温度变化图。

由图 4-49 ~ 图 4-51 可以看出：①各模型观察点在上午 9：00 ~ 11：00 的温度基本都在典型气象日之下；②遮阳乔木"热缓冲带"能有效推迟场地气温峰值的到来时间，在典型气象日中最高气温出现在下午 13：00，而在模拟模型中最高气温出现在下午 15：00；③随着遮阳乔木"热缓冲带"宽度的增加，各观察点的气温呈下降趋势。其中场地活动中心观察点 1 的平均及最高气温均明显下降，最大温差超过

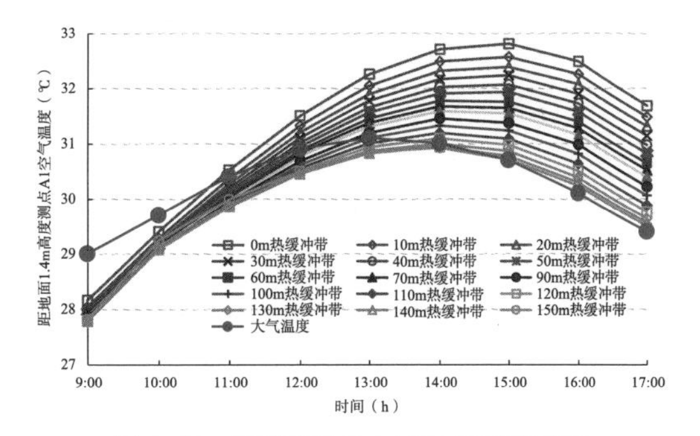

图 4–49　模拟观察点 A1 空气温度变化图

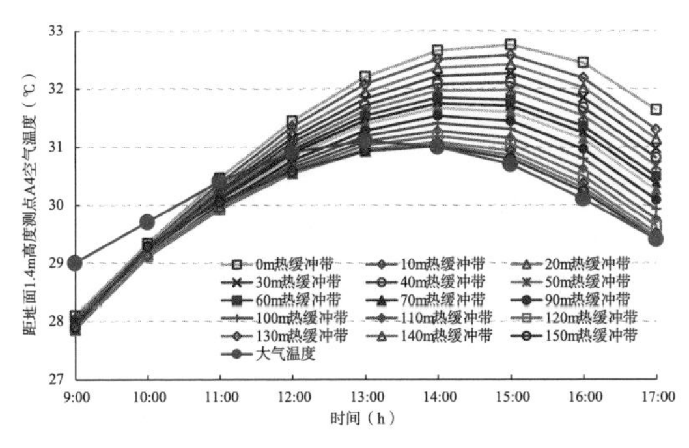

图 4–50　模拟观察点 A4 空气温度变化图

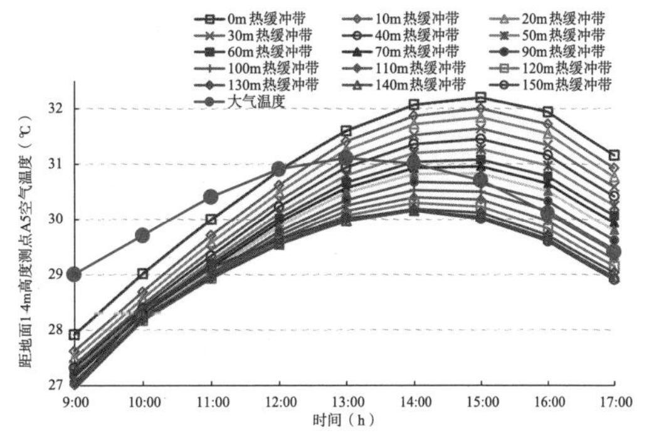

图 4–51　模拟观察点 A5 空气温度变化图

2℃，说明热缓冲带降温效果较为明显。当环境背景温度越高，其降温的效果越明显；④当遮阳乔木“热缓冲带”达到110m宽时，观察点5的全白天气温均低于典型气象日。因此，通过模拟初步判断：110m是场地内观察点全白天气温低于典型气象日的临界值，可作为该理想模型中热缓冲带的设定阈值。对于该模拟模型而言，如在场地内部不进行其他遮阳降温处理，场地内观察点除了在上风向的观察点5外，其余观察点的气温均有部分时段在典型气象日气温之上，说明需要考虑通过景观设计因子的组合来进行场地微气候优化。

4.3.2 不同景观设计因子组合的模拟分析

根据4.3.1部分的模拟实验，可知当热缓冲带达到110m时，场地的边缘上风向观察点可实现全白天气温低于典型气象日气温，因此，本部分的不同景观设计因子组合的模拟实验以此热缓冲带阈值为临界点，组合其他景观因子要素如草地、乔木、水体等，以观察不同景观设计因子组合对场地热环境的影响。

4.3.2.1 “热缓冲带 + 草地”模拟实验

（1）模型建立

在4.3.1模拟模型的基础上增加目标区域内草地这一变量。通过不同面积的草地与特定的“热缓冲带”组合的工况，观察目标场地热舒适状况的变化，以寻求设计导控指标。理想模型的模拟区域为470m × 420m，目标区域为150m × 100m，目标区域外围的热缓冲带（10m高乔木）宽度为110m，热缓冲带外部为草地。草地在目标区域的中心位置，以10m × 15m、20m × 30m、30m × 45m、40m × 60m、50m × 75m、60m × 90m、70m × 105m、80m × 120m依次递增。目标区域内除了草地以外，其他为硬地，如图4-52所示：

本次理想模型中一共设置了5个观察点，分别是A1、A2、A3、A4、A5，其中A1、A4、A5观察点的位置均与4.3.1部分的相同。因为在本次模拟目标区域中增加了草地，因此，增加了草地边缘的观察点A2、A3。布置的5个观察点在同一条水平线上，观察点A1位于观察点草地中心点，观察点A4、A5为场地边缘的观察点，观察点A2、A3位于草地边缘，其中A3、A5在上风向，A2、A4在下风向，各观察点的高度均为距地面1.4m高。图4-53以目标区域，草地为70m × 105m的模型为例，示意观察点布置。

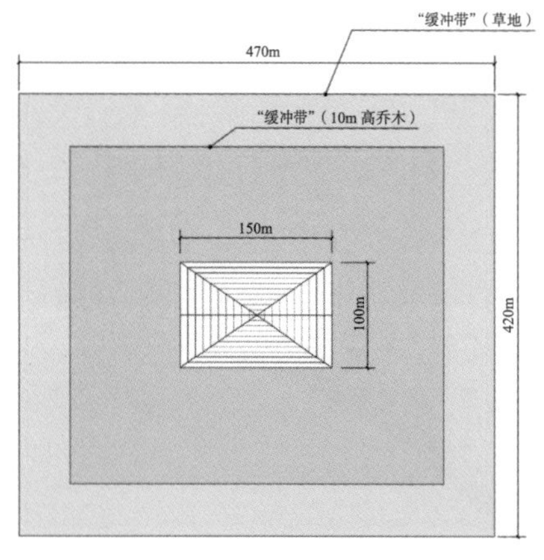

图4-52 模拟测试范围示意图

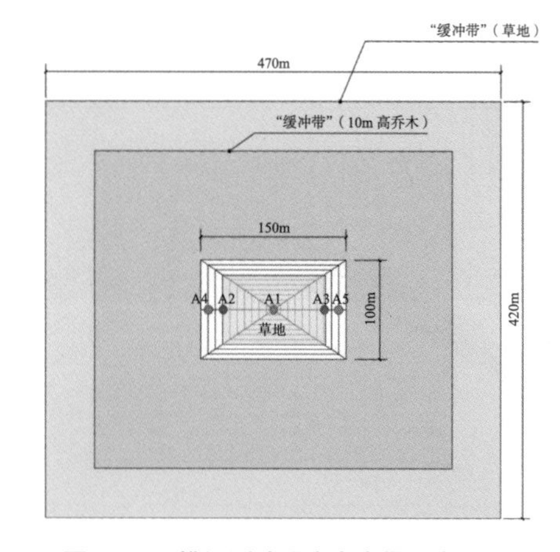

图4-53 模拟测试观察点布置示意图

（2）模拟实验的步骤与过程

本次模拟测试模型背景条件值的设定、模拟的方法与步骤与前文一致，不再赘述。

（3）模拟实验结果分析

在“110m 宽遮阳乔木热缓冲带 + 草地”的条件下，可以得到观察点各个设定观察点的风速、风向、空气温度、相对湿度、相对热辐射变化数据，图 4-54 ~ 图 4-58 为根据各观察点空气温度绘制的空气温度变化图。

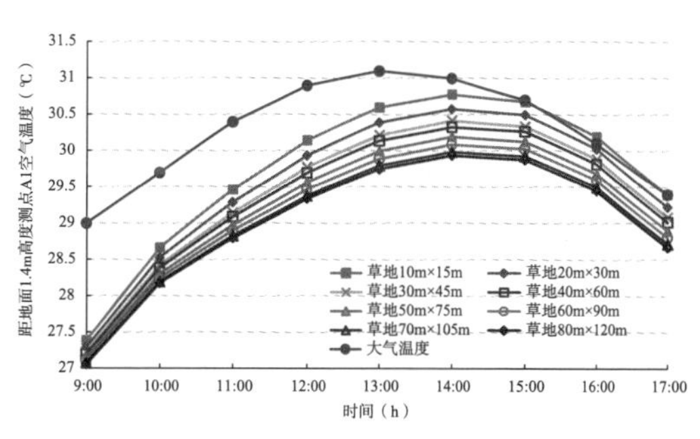

图 4-54　模拟观察点 A1 空气温度变化图

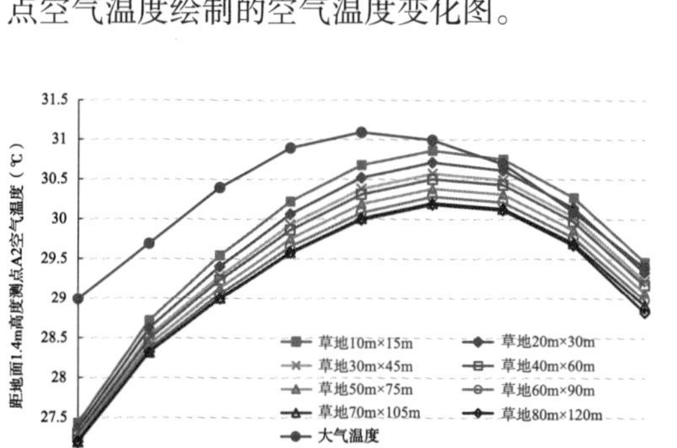

图 4-55　模拟观察点 A2 空气温度变化图

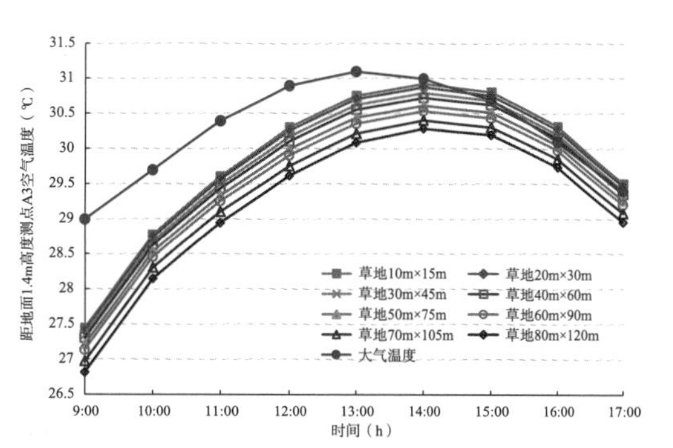

图 4-56　模拟观察点 A3 空气温度变化图

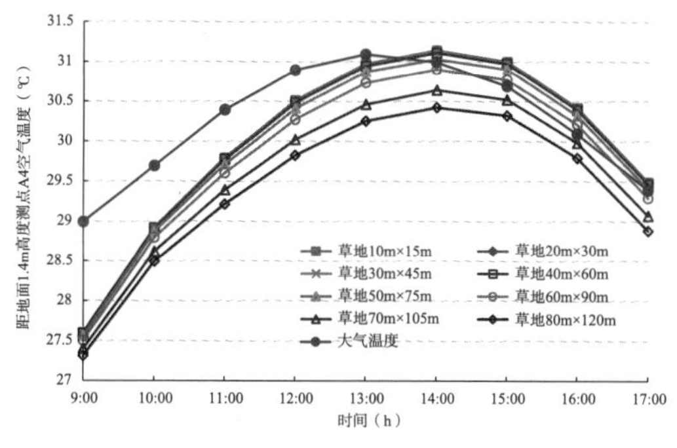

图 4-57　模拟观察点 A4 空气温度变化图

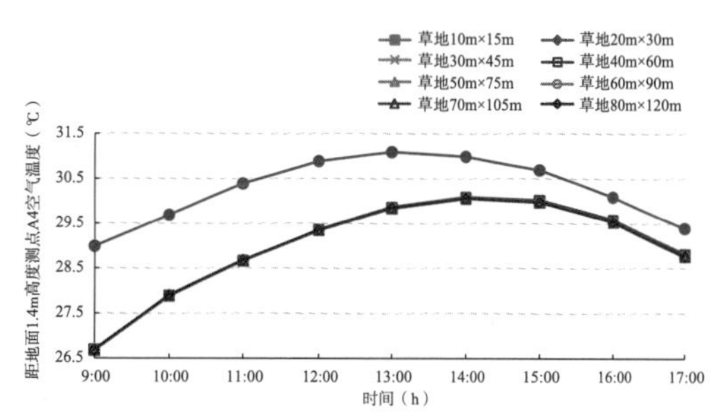

图 4-58　模拟观察点 A5 空气温度变化图

由模拟测试的结果可知：

1）所有观察点在绝大部分时间点的气温都在典型气象日的温度线之下，可以初步推论“热缓冲带 + 草地”组合方式对模拟目标区域的微气候调整具有很大的作用。同时，也说明“热缓冲带 + 草地”的复合设计方式可使场地活动中心观察点 A1 气温低于广州典型气象日温度数据的目标。观察点 A1 气温最大可低于广州典型气象日温度最大接近 2℃。

2）夏季典型气象日的最高气温在中午 12：00 出现，而各观察点的最高气温在下午 14：00 出现，因此可知即“热缓冲带 + 草地”的复合设计方式，同样能有效推迟当天最高气温的出现。

3）当目标区域草地面积达到 70m × 105m 时，草地内所有观察点的全白天气温均低于夏季典型气象日，可初步推论当目标区域场地内绿地面积达到 50% 及以上，同时组合 110m 宽乔木热缓冲带时，可有效优化场地内热环境，使该区域内全白天气温均低于夏季典型气象日。

4）除观察点 5 外，随着草地面积的增大，其余 4 个观察点的温度有下降趋势，观察点的最大温差为 0.84℃。

通过对各个观察点全天同一时刻的气温比较，发现随绿地面积增大，各观察点之间的气温变化规律相似，均呈现下降趋势。以上午 9：00、中午 14：00、下午 14：00、下午 17：00 等时间节点为例（图 4-59 ~图 4-62），可以得出：

1）在测试的相同时间点，同样绿地面积的条件下，绝大部分时间观察点空气温度从高到低依次是 A4>A3>A2>A1>A5，说明各观察点受其上风向的环境影响较为明显，例如受林地热缓冲带影响，观察点 A5 气温最低；受硬地影响，观察点 A4、A3 气温较高。因此，场地游客休憩点的绿地建议布置在使用场地的上风向为宜。

2）绿地面积越大，降温效果越明显，各观察点的温差也越大。在此模拟区域内，5 个观察点的温度随绿地面积增大而下降，温度降低的最大值为 0.84℃，而观察点之间的温度差异最大为 1.14℃。

3）在观察点周边具有良好热缓冲层的工况下，观察点的温度波动较为平缓，并且整体气温下降，例如观察点 A5。

4）当目标区域中的草地面积足够大时，如达到 60m × 90m 时，可实现观察点 1 在午后时段气温低于观察点 5，达到全区域观察点的最佳值。因此，当游客活动区中的草地面积足够大时，可考虑游客休憩点设置在草地中间。

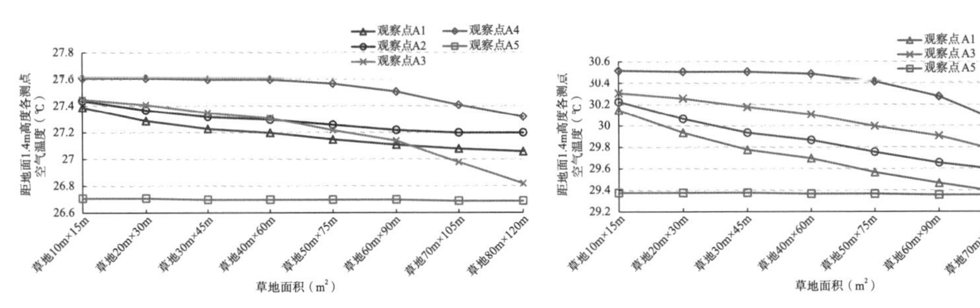

图 4-59　各模拟观察点在上午 9：00 空气温度比照图

图 4-60　各模拟观察点在上午 12：00 空气温度比照图

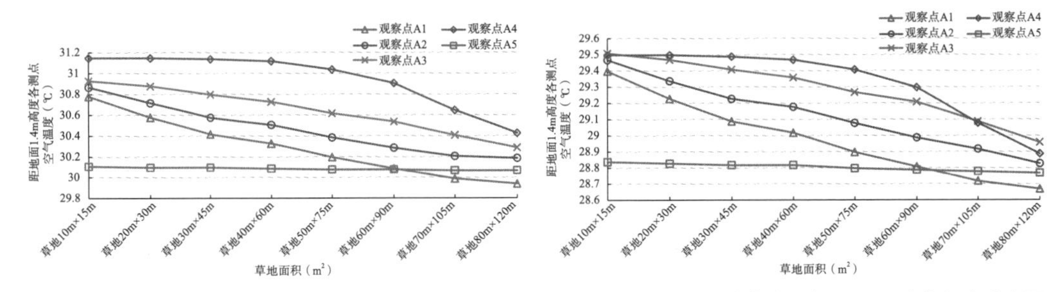

图 4-61　各模拟观察点在下午 14：00 空气温度比照图

图 4-62　各模拟观察点在下午 17：00 空气温度比照图

4.3.2.2 “热缓冲带 + 乔木”模拟实验

（1）模型建立

本次模拟的目的是希望探索“热缓冲带 + 乔木”的组合设计对目标区域热环境的影响与其他组合方式的差异程度，因此，在模型大小及观察点设定上均与其他组合方式的模拟模型保持一致性。本次理想模型与 4.3.2.1 部分在尺度方面相同，不同点在于将其目标区域中的等级变化草地部分换为乔木种植区，乔木为 10m 高。目标区域内除了乔木以外，其他为硬地，如图 4-63 所示。理想模型的模拟区域为 470m × 420m，目标区域为 150m × 100m，目标区域外围的热缓冲带（10m 高乔木）宽度为 110m，热缓冲带外部为草地。乔木种植区在目标区域的中心位置，分别以 10m × 15m、20m × 30m、30m × 45m、40m × 60m、50m × 75m、60m × 90m、70m × 105m、80m × 120m 依次递增。

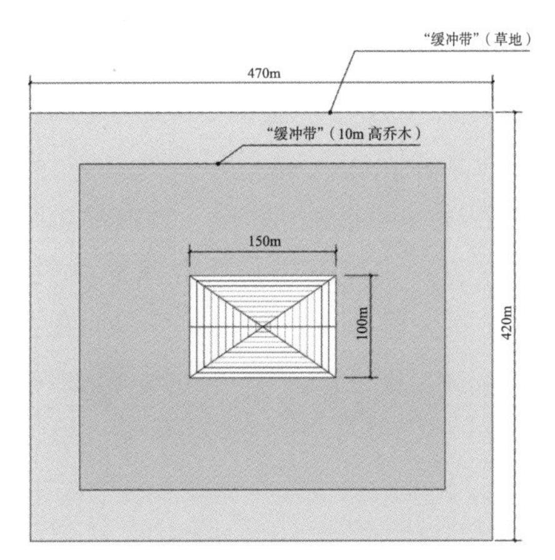

图 4-63　模拟测试范围示意图

本次理想模型中一共设置了 5 个观察点，分别是 A1、A2、A3、A4、A5，具体位置分别与 4.3.2.1 模拟实验相同。图 4-64 以目标区域乔木种植区为 70m × 105m 的模型为例，示意观察点布置。

（2）模拟实验的步骤与过程

本次模拟测试模型背景条件值的设定、模拟的方法与步骤与前文一致，不再赘述。

（3）模拟实验结果分析

在“110m 宽遮阳乔木热缓冲带 + 乔木”的条件下，可以得到各个设定观察点的风速、风向、空气温度、相对湿度、相对热辐射变化数据，图 4-65 ~ 图 4-69 为根据各观察点空气温度绘制的空气温度变化图。

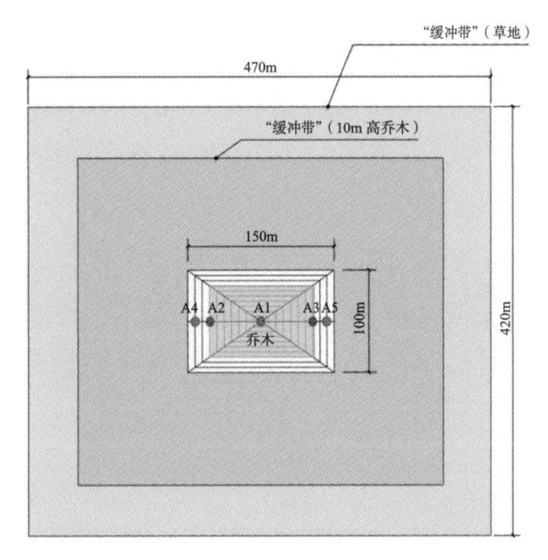

图 4-64　模拟测试观察点布置示意图

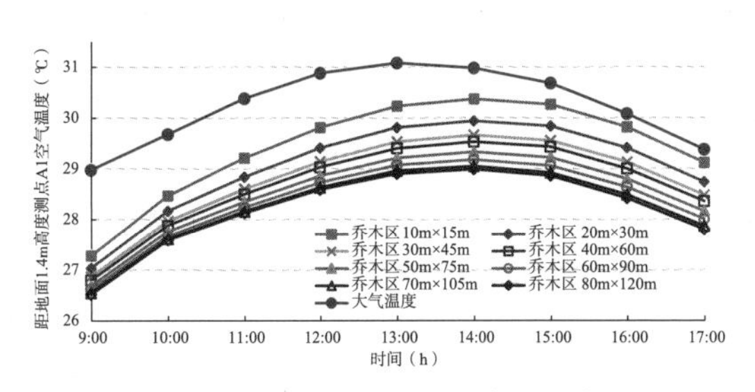

图 4-65　模拟观察点 A1 空气温度变化图

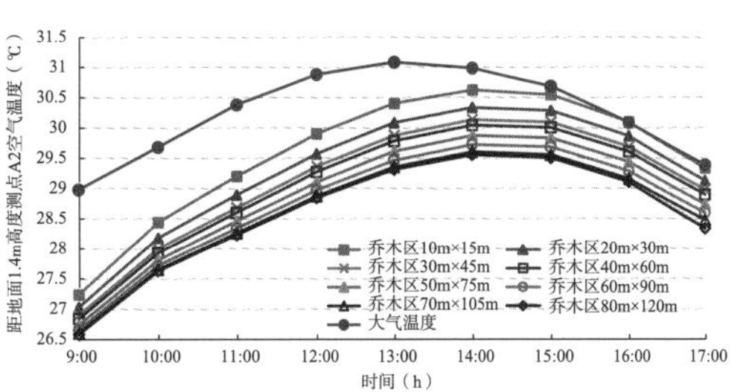

图 4-66　模拟观察点 A2 空气温度变化图

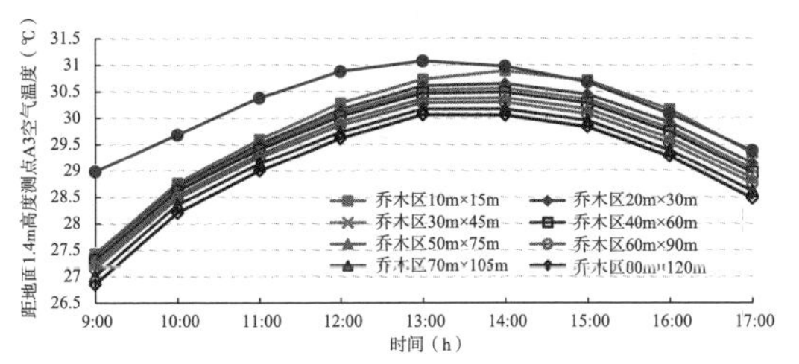

图 4-67　模拟观察点 A3 空气温度变化图

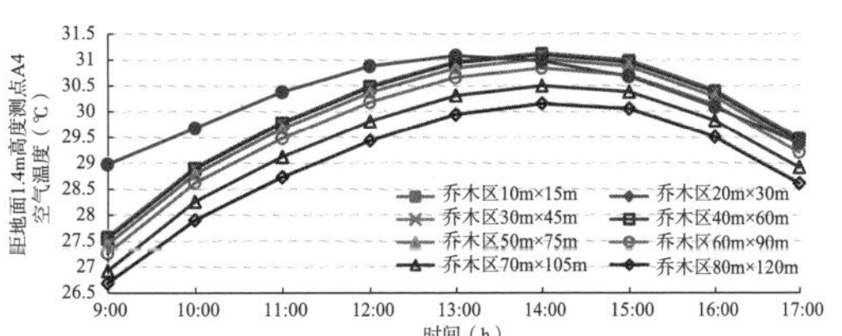

图 4-68　模拟观察点 A4 空气温度变化图

由以上模拟测试的结果可知：

1）所有观察点除 A4 观察点外，在全白天时间点的气温都在典型气象日的温度线之下，可以初步推论“热缓冲带 + 乔木”的组合方式对模拟目标区域的微气候调整具有很大的作用。当乔木种植面积达到 1%（10m × 15m）及以上，同时组合 110m 宽乔木热缓冲带时，乔木种植区内场地活动中心观察点 A1 的气温可全白天低于夏季广州典型气象日温度，最大可低于约 2.5℃。

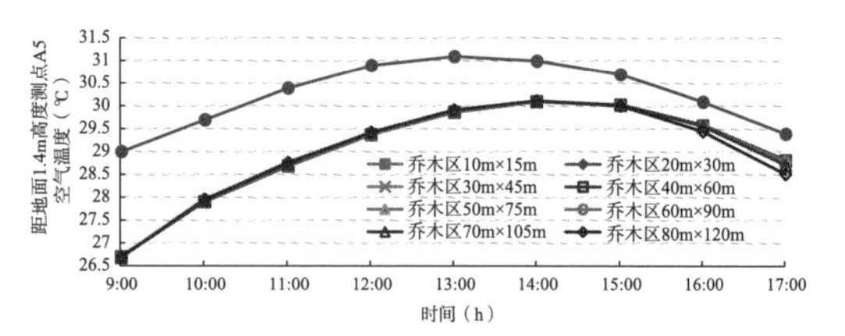

图 4-69　模拟观察点 A5 空气温度变化图

2）夏季典型气象日的最高气温在中午 12：00 出现，而各观察点的最高气温在下午 14：00 出现，因此可知即“热缓冲带 + 乔木”的复合设计方式，同样能有效推迟当天最高气温的出现。

3）当目标区域乔木种植面积达到 60m × 90m 时，乔木种植区内所有观察点的全白天气温均低于夏季典型气象日，可初步推论当目标区域场地内乔木种植面积达到 36% 及以上，同时组合 110m 宽乔木热缓冲带时，可有效优化场地内热环境，使该区域内全白天气温均低于夏季典型气象日。

4）除观察点 5 外，随着乔木种植区域面积的增大，其余四个观察点的温度有下降趋势，观察点的最大温差为 1.32℃，明显高于“热缓冲带 + 草地”模式的 0.84℃，说明乔木对场地降温作用较为明显。

通过对各个观察点全天同一时刻的气温比较，发现随乔木种植区面积增大，各观察点之间的气温变化规律相似，均呈现下降趋势。以上午 9：00、中午 12：00、下午 14：00、下午 17：00 等时间节点为例（图 4-70 ~ 图 4-73），可以得出：

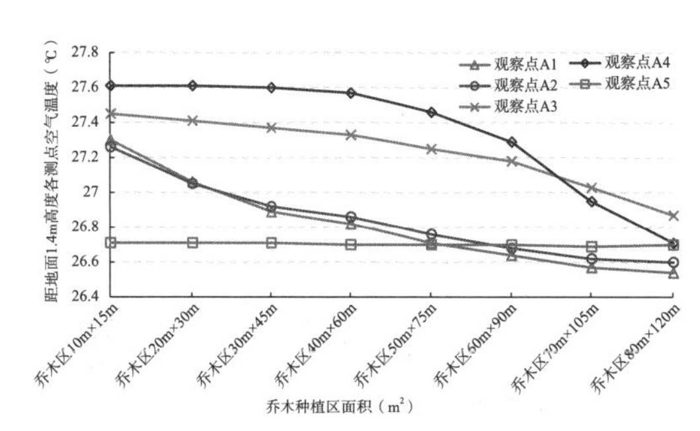

图 4-70　各模拟观察点在上午 9：00 空气温度比照图

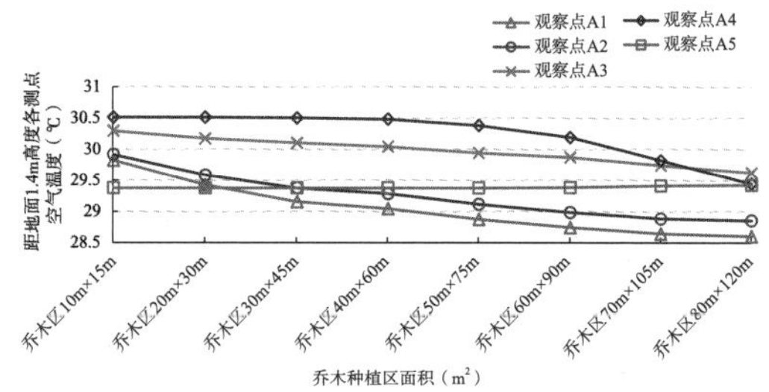

图 4-71　各模拟观察点在中午 12：00 空气温度比照图

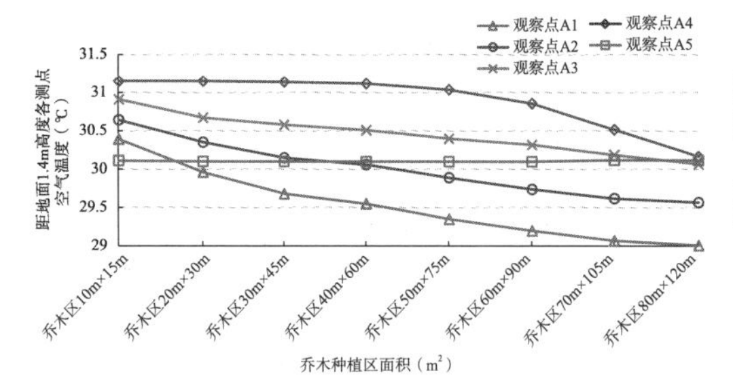

图 4-72　各模拟观察点在下午 14：00 空气温度比照图

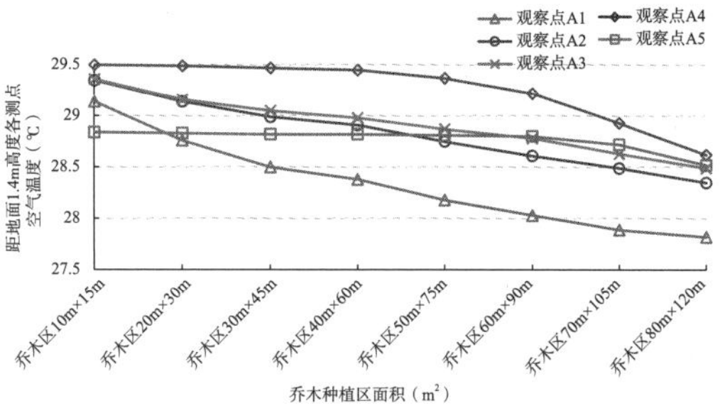

图 4-73　各模拟观察点在下午 17：00 空气温度比照图

1）在测试的相同时间点，同样乔木种植面积的条件下，绝大部分时间观察点空气温度从高到低依次是 A4>A3>A2>A5>A1，说明各观察点虽受其上风向的环境影响较为明显，但因为乔木对场地热环境有明显改善作用，因此，位于乔木种植区中心的观察点 A1 的气温比位于热缓冲带边缘的观察点 5 要低，这一点是与目标区域设置草地的情况不同。因此，建议游客中心区在配置绿化时多考虑遮阳乔木的种植，并将游客停留区域设置在树荫下。

2）乔木种植面积越大，降温效果越明显，各观察点的温差也越大。在此模拟区域内，5 个观察点的温度随乔木种植面积增大而下降，温度降低的最大值为 1.32℃，而观察点之间的温度差异最大为 1.69℃。

3）在观察点周边具有良好热缓冲层的工况下，观察点的温度波动较为平缓，例如观察点 A5。

4）当目标区域中的乔木种植面积达到 20m × 30m 时，可实现观察点 1 在午后时段气温低于观察点 5，达到全区域观察点的最佳值。当目标区域中的乔木种植面积达到 30m × 40m 时，可实现观察点 1、观察点 2 在午后时段气温均低于观察点 5。因此，可推论当乔木种植达到目标区域 9%（30m × 40m）时，便可在以硬地为主的游客活动区实现热环境可接受的树荫下的游客停留点。

4.3.2.3 “热缓冲带 + 水体”模拟实验

（1）模型建立

本次模拟的目的是希望探索“热缓冲带 + 水体”的组合设计对目标区域热环境的影响与其他组合方式的差异程度，因此，在模型大小及观察点设定上均与其他组合方式的模拟模型保持一致性。本次理想模型与 4.3.2.1、4.3.2.2 部分在尺度方面相同，不同点在于将其目标区域中的等级变化草地或乔木种植区部分换为水体，水体设定为静态，深度选用模拟软件系统默认值。理想模型的模拟区域为 470m × 420m，目标区域为 150m × 100m，目标区域外围的热缓冲带（10m 高乔木）宽度为 110m，热缓冲带外部为草地，水体以 10m × 15m、20m × 30m、30m × 45m、40m × 60m、50m × 75m、60m × 90m、70m × 105m、80m × 120m 依次递增，设置在目标区域的中心位置。目标区域内除了水体以外，其他为硬地，如图 4-74 所示。

本次理想模型中一共设置了 5 个观察点，分别是 A1、A2、A3、A4、A5，具体位置分别与 4.3.2.1、4.3.2.2 模拟实验相同。图 4-75 以目标区域水体面积为 70m × 105m 的模型为例，示意观察点布置。

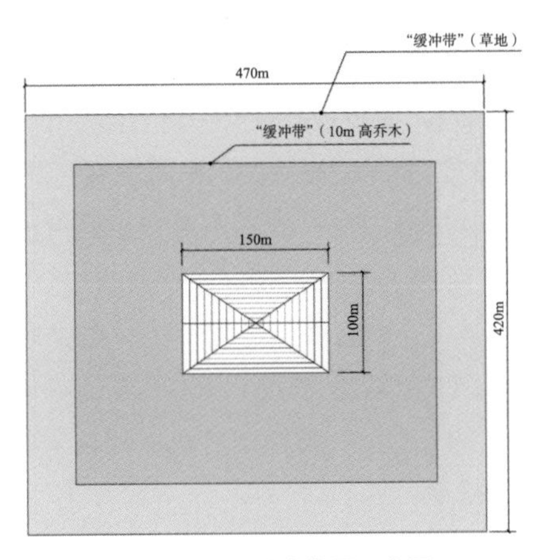

图 4-74　模拟测试范围示意图

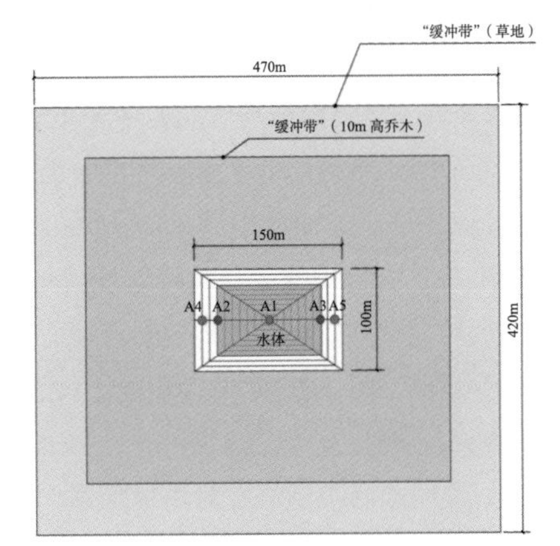

图 4-75　模拟测试观察点布置示意图

（2）模拟实验的步骤与过程

本次模拟测试模型背景条件值的设定、模拟的方法与步骤与前文一致，不再赘述。

（3）模拟实验结果分析

在“110m 宽遮阳乔木热缓冲带 + 草地”的条件下，可以得到各个设定观察点的风速、风向、空气温度、相对湿度、相对热辐射变化数据，图 4-76 ~ 图 4-80 为根据各观察点空气温度绘制的空气温度变化图。

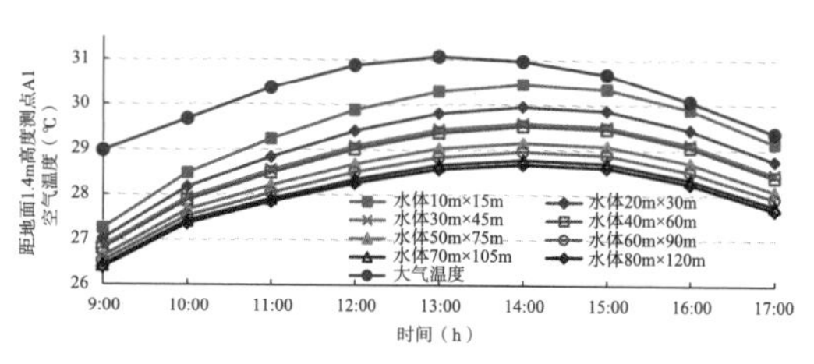

图 4-76　模拟观察点 A1 空气温度变化图

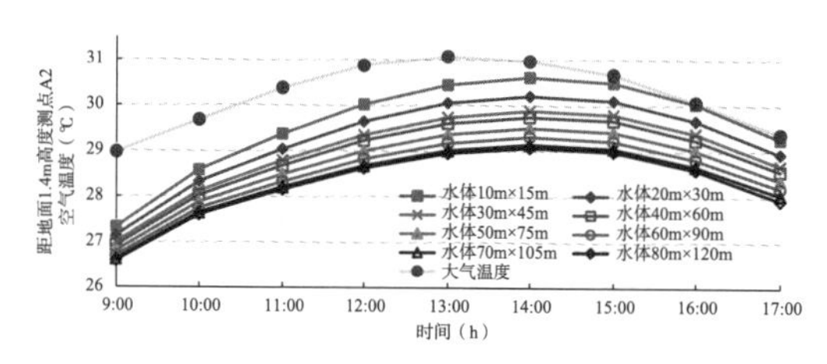

图 4-77　模拟观察点 A2 空气温度变化图

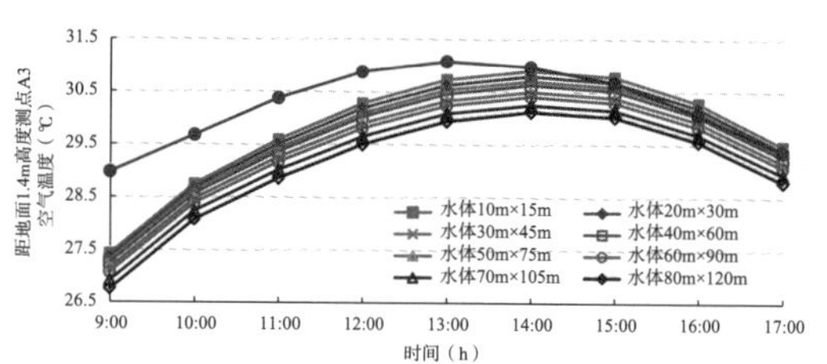

图 4-78　模拟观察点 A3 空气温度变化图

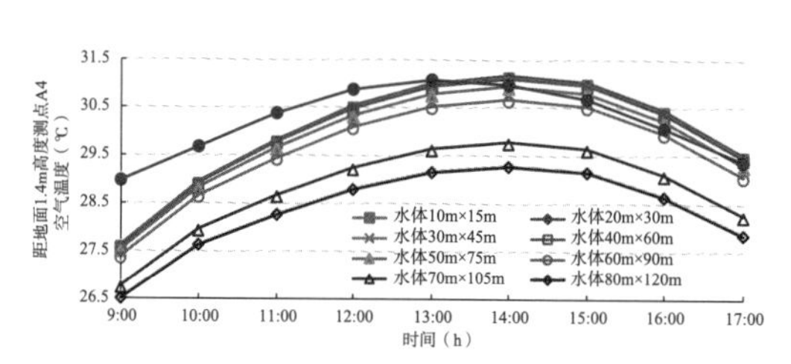

图 4-79　模拟观察点 A4 空气温度变化图

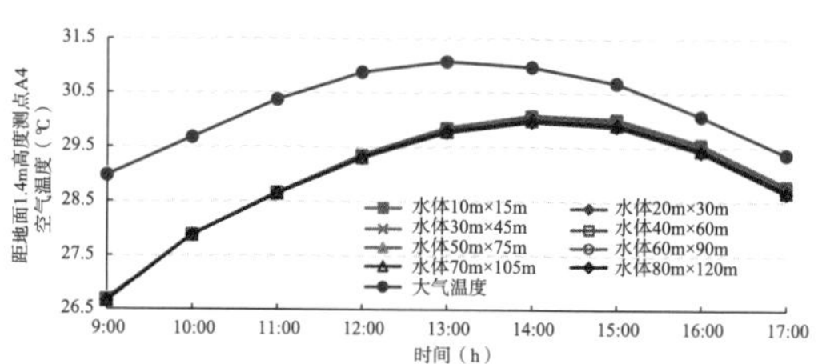

图 4-80　模拟观察点 A5 空气温度变化图

由以上模拟测试的结果可知：

1）观察点 A1、A2、A5 全白天时间点的气温都在典型气象日的温度线之下，即当水体面积达到 1%（10m × 15m）时，水体中央观察点及水体下风向观察点的气温可低于夏季典型气象日。当水体面积达到 4%（20m × 30m）时，A3 观察点全白天时间点的气温可都在典型气象日的温度线之下。可以初步推论“热缓冲带 + 水体”的组合方式对模拟目标区域的微气候调整具有很大的作用。水体中心观察点 A1 的气温最大可低于广州典型气象日温度接近 3℃。

2）夏季典型气象日的最高气温在中午 12：00 时出现，而各观察点的最高气温在下午 14：00 出现，因此可知即“热缓冲带 + 水体”的复合设计方式，同样能有效推迟当天最高气温的出现。

3）当目标区域水体面积达到 60m × 90m 时，目标区域内所有观察点的全白天气温均低于夏季典型气象日，可初步推论当目标区域场地内水体面积达到 36% 及以上，同时组合 110m 宽乔木热缓冲带时，可有效优化场地内热环境，使该区域内全白天气温均低于夏季典型气象日。

4）除观察点 5 外，随着水体面积的增大，其余 4 个观察点的温度有下降趋势，观察点的最大温差为 1.86℃，明显高于“热缓冲带 + 草地”模式的 0.84℃，略高于“热缓冲带 + 乔木”模式的 1.32℃，说明水体被动蒸发对场地降温作用较为明显。

通过对各个观察点全天同一时刻的气温比较，发现随水体面积增大，各观察点之间的气温变化规律相似，均呈现下降趋势，以上午 9：00、中午 12：00、下午 14：00、下午 17：00 等时间节点为例（图 4-81 ~ 图 4-84），可以得出：

1）在测试的相同时间点，同样静态水体面积的条件下，绝大部分时间观察点空气温度从高到低依次是 A4>A3>A5>A2>A1，说明各观察点虽受其上风向的环境影响较为明显，但因为水体被动蒸发降温对场地热环境有明显改善作用，因此，位于水体中心的观察点 A1 的气温比位于热缓冲带边缘的观察点 5 要低，这一点是与目标区域设置草地的情况不同，与目标区域设置乔木工况相同。因此，游客活动区可结合水体设置在静态水体之间，如湖心亭等。

2）水体面积越大，降温效果越明显，各观察点的温差也越大。在此模拟区域内，5 个观察点的温度随水体面积增大而下降，温度降低的最大值为 1.86℃，而观察点之间的温度差异最大为 1.74℃。

3）在观察点周边具有良好热缓冲层的工况下，观察点 5 的温度波动较为平缓。

4）当目标区域中的水体面积达到 20m × 30m 时，可实现观察点 1 在午后时段气温低于观察点 5，达到全区域观察点的最佳值。当目标区域中的水体达到 30m × 45m 时，可实现观察点 1、观察点 2 在午后时段气温均低于观察点 5。因此，可推论当水体面积达到目标区域的 9%（30m × 45m）时，便可在以硬地为主的游客活动区实现热环境可接受的滨水游客停留点。另外，本次测试发现观察点 A4 受水体影响，在水体面积达到 70m × 105m 时，观察点空气温度可在午后低于观察点 5 的温度，因此，当水面面积达到场地的 50% 及以上时，水体周边区域的热环境良好。

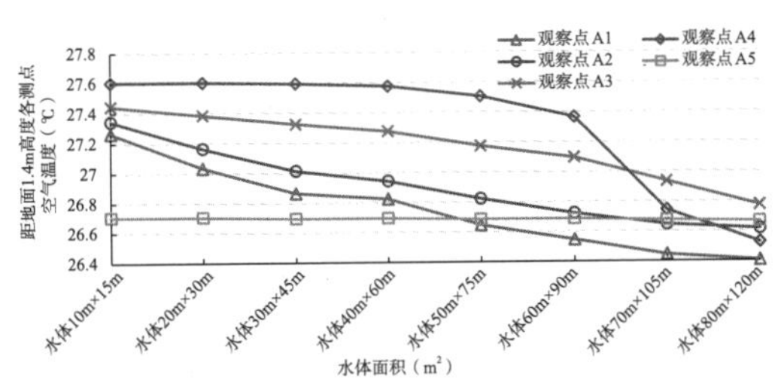

图 4-81　各模拟观察点在上午 9：00 空气温度比照图

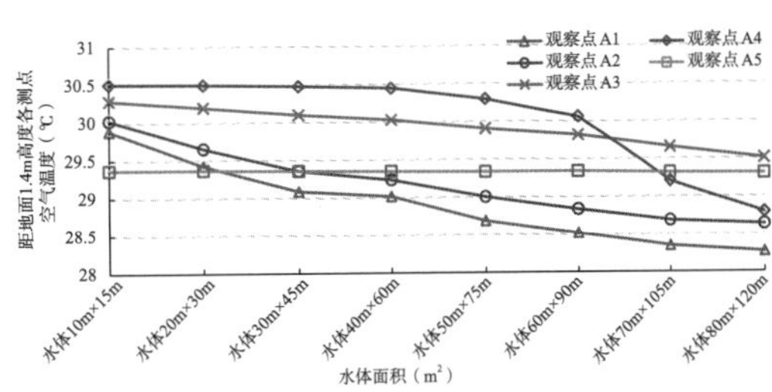

图 4-82　各模拟观察点在中午 12：00 空气温度比照图

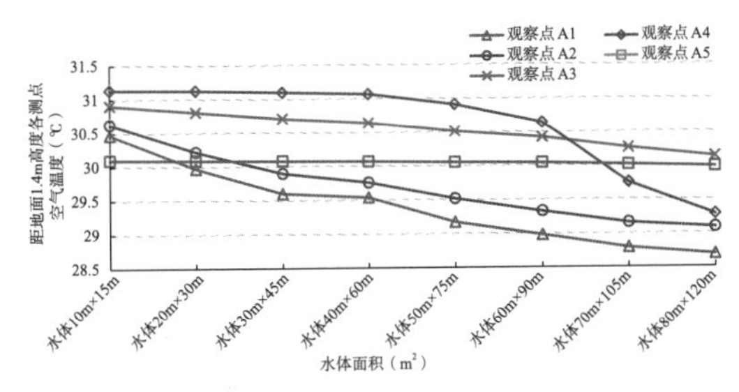

图 4-83　各模拟观察点在下午 14：00 空气温度比照图

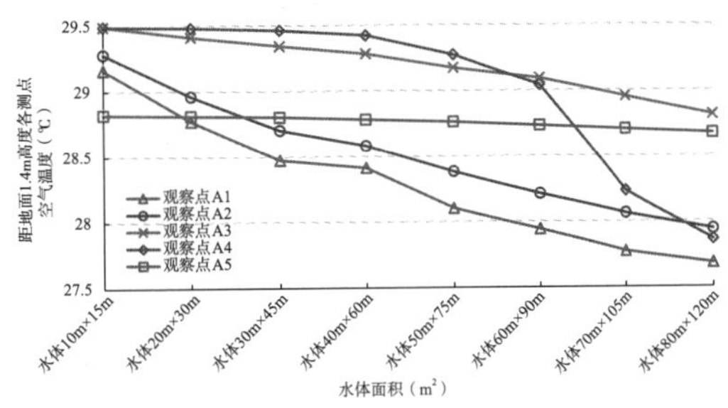

图 4-84　各模拟观察点在下午 17：00 空气温度比照图

4.3.3　基于热舒适 SET 的景观设计因子导控指标分析

本部分将上述模拟实验中观察点的风速、风向、空气温度、相对湿度、相对热辐射等变化数据，结合第 3 章 SET 研究中夏季访问游客的活动及衣着状态，行走状态运动量取值 2met（116.30W/m²）、着装为短衣长裤取值 0.5clo，其他计算变量取默认值，计算各观察点相应的 SET 数值，并与第 3 章郊野公园室外环境热舒适阈值的结论进行综合分析，尝试推导出满足亚热带湿热地区郊野公园热舒适 SET 的景观设计导控指标。

4.3.3.1　热缓冲带单一设计因子热舒适性模拟研究

本部分主要探讨在仅考虑通过控制“热缓冲带”设计因子的宽度变化，能否使目标场地达到

第 3 章研究的亚热带湿热地区郊野公园热舒适 SET 阈值区间。因此，本部分选用 4.3.1 部分模拟实验的观察点数据，以探寻目标区域在实现低于夏季典型气象日的前提下，是否能进一步达到更高的标准——亚热带湿热地区郊野公园夏季室外环境热舒适 SET 阈值为 27.86 ~ 34.44℃（5 级标尺）。由于篇幅所限，本研究选用理想模型中位于目标区域中心的观察点 A1 为例进行分析比较。

由图 4-85 可以看到，在 0 ~ 150m 宽的热缓冲带范围内，仅通过设置热缓冲带的方式仅能使目标区域接近 SET“适中”阈值的上限。因此，在设计中，需考虑采用复合设计因子的方式实现目标区域的热舒适性。

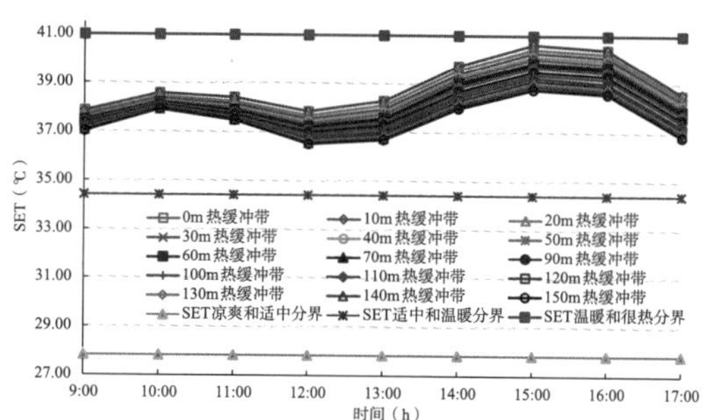

图 4-85　热缓冲带单一因子工况模拟观察点 A1 的 SET 变化图

4.3.3.2 “热缓冲带 + 草地”组合设计因子热舒适性模拟研究

本部分主要探讨通过控制“热缓冲带 + 草地”组合设计因子，能否使目标场地达到第 3 章研究的亚热带湿热地区郊野公园热舒适 SET 阈值区间，来探寻实现目标区域的热舒适性的可行性及相关设计导控指标。因此，本部分选用的 4.3.2.1 部分模拟实验的观察点数据进行计算分析。通过不同面积的草地与特定的“热缓冲带”组合的工况，观察目标场地热舒适状况的变化，以寻求设计导控指标。由于篇幅所限，仅选用理想模型中位于目标区域中心的观察点 A1 为例进行分析比较。

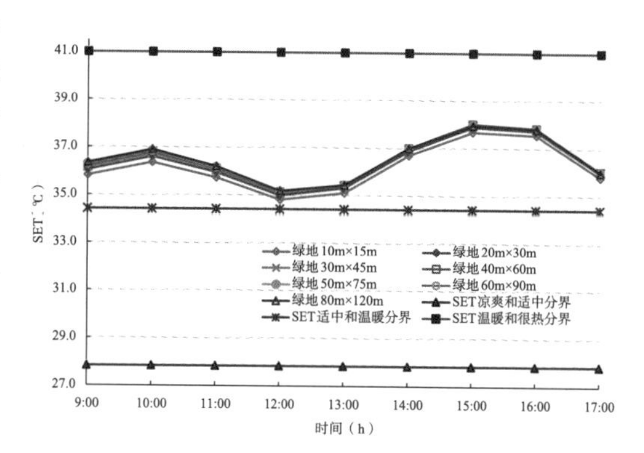

图 4-86　“热缓冲带 + 草地”组合设计因子工况模拟观察点 A1 的 SET 变化图

由图 4-86 可以看到，通过“热缓冲带 + 草地”组合设计因子的共同作用，使得目标区域观察点能比仅设置热缓冲带更接近 SET“适中”阈值的上限，SET 计算最小值比热缓冲带单一设计因子工况下降了接近 2℃。但“热缓冲带 + 草地”的模式在实验范围内仍未能达到热舒适的范围。

4.3.3.3 “热缓冲带 + 乔木”组合设计因子热舒适性模拟研究

本部分主要探讨通过控制“热缓冲带 + 乔木”组合设计因子，能否使目标场地达到第 3 章研究的亚热带湿热地区郊野公园热舒适 SET 阈值区间。因此，本部分选用的 4.3.2.2 部分模拟实验的观察点数据进行计算分析。由于篇幅所限，仅选用理想模型中位于目标区域中心的观察点 A1 为例进行分析比较。

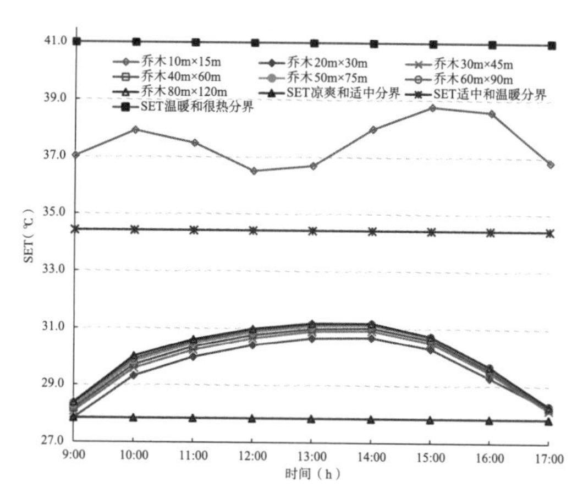

图 4-87　“热缓冲带 + 乔木”组合设计因子工况模拟观察点 A1 的 SET 变化图

由图 4-87 可以看到，通过“热缓冲带 + 乔木”组合设计因子的共同作用，当乔木种植区面积达到 20m × 30m 时，即乔木种植区面积达到目标区域的 4% 时，已经可以实现在目标区域内的观察点 A1 的 SET 计算值在热舒适范围内。由此可以推断，当乔木“热缓冲带”≥ 110m 宽且场地乔木种植面积≥ 20m × 30m 时，目标区域乔木中间能够达到较为舒适的室外热环境状况。但通过对其他观察点的 SET 计算则发现，在试验范围内，其余观察点仅能接近 SET“适中”阈值的上限，未能达到热舒适的范围。

4.3.3.4　“热缓冲带 + 水体”组合设计因子热舒适性模拟研究

本部分主要探讨通过控制“热缓冲带 + 水体”组合设计因子，能否使目标场地达到第 3 章研究的亚热带湿热地区郊野公园热舒适 SET 阈值区间。因此，本部分选用的 4.3.2.3 部分模拟实验的观察点数据进行计算分析。由于篇幅所限，本研究仅选用理想模型中位于目标区域水体中心的观察点 A1、水体边缘的观察点 A2 和 A3 为例进行分析比较。

由图 4-88 可以看到，通过“热缓冲带 + 水体”组合设计因子的共同作用，当水体面积达到 10m × 15m 时，即水体面积达到目标区域的 1% 时，已经可以实现在目标区域内的观察点 A1 几乎全白天的 SET 计算值在热舒适范围内。由此可以推断，当乔木“热缓冲带”≥ 110m 宽且场地静态水体面积≥ 10m × 15m 时，目标区域水体中间能够达到较为舒适的室外热环境状况。但通过对其他观察点的 SET 计算则发现（图 4-89、图 4-90），在试验范围内，其余观察点仅能接近 SET“适中”阈值的上限，未能达到热舒适的范围。

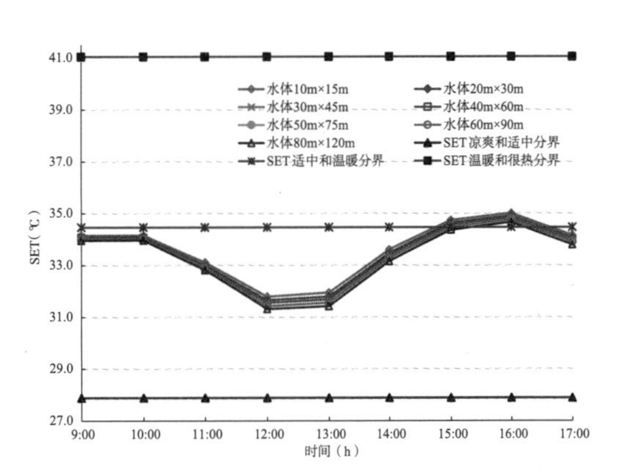

图 4-88　“热缓冲带 + 水体”组合设计因子工况模拟观察点 A1 的 SET 变化图

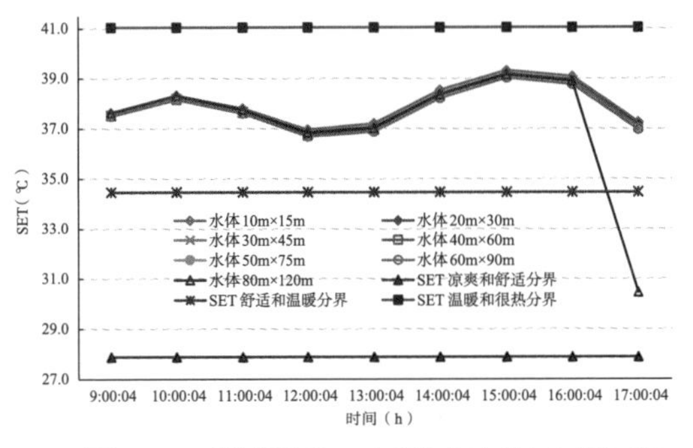

图 4-89　“热缓冲带 + 水体”组合设计因子工况模拟观察点 A2 的 SET 变化图

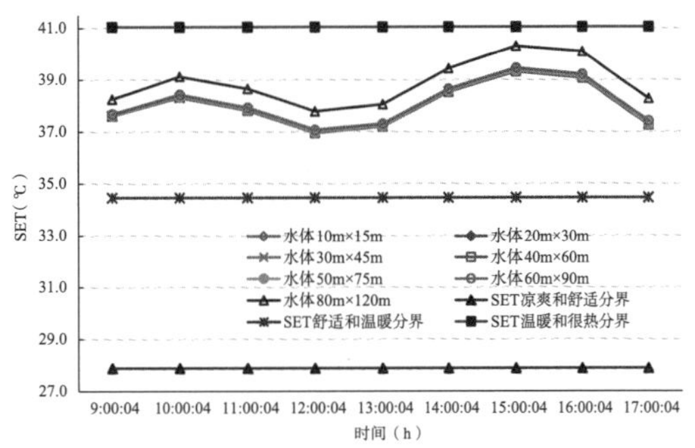

图 4-90　“热缓冲带 + 水体”组合设计因子工况模拟观察点 A3 的 SET 变化图

4.4　本章小结

本部分以广东天鹿湖郊野公园东大门入口区为例，首先运用 ENVI-met 模拟软件建立该区域的测试模型，分别进行春、夏、秋三季的模拟实验。通过对其春夏秋三季室外微气候的模拟与实测数据进行对比校验研究，得出模拟结果与实测结果在误差可接受的范围内变化趋势较为吻合的结论，从而将该模拟软件 ENVI-met 运用在亚热带湿热地区郊野公园室外微气候的模拟研究之中，并认为其可作为辅助设计的工具。

同时，本部分在亚热带湿热地区郊野公园典型案例室外热环境实测研究与热舒适的 SET 阈值研究的基础上，利用 ENVI-met 模拟软件、结合郊野公园游客活动区的理想模型对影响室外热环境的相关景观设计因子进行模拟研究，探寻热缓冲带及不同面积草地、乔木种植区、水体对场地微气候影响，计算理想模型中各观察点的 SET，并结合本研究提出的亚热带湿热地区郊野公园室外环境热舒适的 SET 阈值进行比照研究，尝试提出使目标场地气温低于夏季典型气象日气温及达到热舒适范围的相关景观设计因子的设计导控指标。通过以上的模拟测试与数据比照分析，可以初步得到以下结论：

（1）热缓冲带导控指标：对于郊野公园游客活动区的理想模型而言，热缓冲带能有效降低目标区域气温，与其他设计因子组合时能使场地内观察点气温低于夏季典型气象日气温。当理想模型仅设置遮阳乔木“热缓冲带”时，其能有效推迟场地气温峰值的到来时间约 2 小时。各模型观察点在上午 9：00 ~ 11：00 的温度基本都在典型气象日之下，当遮阳乔木“热缓冲带”达到 110m 宽时，位于场地上风向的观察点 5 全白天气温均低于典型气象日。

（2）“热缓冲带 + 草地”组合设计因子导控指标：对于理想模型而言，所有观察点在绝大部分时间点的气温都在典型气象日的温度线之下，观察点 A1 的气温最大可低于广州典型气象日温度最大接近 2℃，可以初步推论“热缓冲带 + 草地”的组合方式对模拟目标区域的微气候调整具有很大的作用。当目标区域场地内绿地面积达到 50%（70m × 105m）及以上，同时组合 110m 宽乔木热缓冲带时，可使该区域内全白天气温均低于夏季典型气象日。

（3）“热缓冲带 + 乔木”组合设计因子导控指标：对于理想模型而言，除 A4 观察点外，在全白天时间点的气温都在典型气象日的温度线之下，场地活动中心观察点 A1 的气温最大可低于广州典型气象日温度约 2.5℃，可以初步推论“热缓冲带 + 乔木”的组合方式对模拟目标区域的微气候调整具有很大的作用。当目标区域场地内乔木种植面积达到 36%（60m × 90m）及以上，同时组合 110m 宽乔木热缓冲带时，可使该区域内所有观察点全白天气温均低于夏季典型气象日。当乔木“热缓冲带”≥ 110m 宽且场地乔木种植面积≥ 20m × 30m（4%）时，目标区域乔木中间观察点能够达到较为舒适的室外热环境状况。

（4）“热缓冲带 + 水体”组合设计因子导控指标：对于理想模型而言，观察点 A1、A2、A5 全白天时间点的气温都在典型气象日的温度线之下，水体中心观察点 A1 的气温最大可低于广州典型气象日温度接近 3℃，可以初步推论“热缓冲带 + 水体”的组合方式对模拟目标区域的微气候调整具有很大的作用。当目标区域场地内水体面积达到 36%（60m × 90m）及以上，同时组合 110m 宽乔木热缓冲带时，目标区域内所有观察点的全白天气温均低于夏季典型气象日。当乔木“热缓冲带”≥ 110m 宽且水体面积达到≥ 10m × 15m（1%）时，可以实现在目标区域内的水体中心观察点 A1 几乎全白天的 SET 计算值在热舒适范围内。

通过模拟测试还可知道，在测试的相同时间点，同样工况下，各观察点受其上风向的环境影响较为明显，因此，场地游客休憩点的选择较为重要。本部分的结论将为下一章基于气候适应性的亚热带湿热地区郊野公园规划设计策略的提出做相关准备工作。

第5章 基于气候适应性的亚热带湿热地区郊野公园规划设计策略

5.1 设计目标与原则

5.1.1 设计目标

郊野公园作为提供给人们休闲游憩的自然保育区域，其规划设计的重要基本理念是“保护、修复、合理利用”。本研究主要关注在亚热带湿热气候条件下，通过优化郊野公园游憩区的景观设计达到改善室外热环境质量的目的。基于气候适应性的郊野公园规划设计目标包括三点：安全性、舒适性和健康性。

安全性主要是指从人的生命安全以及人体生理极限出发的评价标准。例如，人在室外活动时的温度极限（高温、低温对人的生命安全影响），风速极限（对行人产生安全问题的危险风速），大量降水的危害等。这部分的设计目标可参照目前建筑热工学、环境工程学等学科现有研究成果提出的评价指标和标准设计。

舒适性是比“安全性”更高的目标，本书主要研究使用者的“热舒适”。人体的热舒适是受到外界环境、个人的活动状况、生理、心理等主观感觉的多种变量影响的复杂问题。“热舒适”可以简单定义为：人对于其所处的环境既不感到过冷也不感到过热时的一种状态，这是由“无任何不舒适感”所限定的一种中和状态[35、97]。“热舒适”设计策略这部分可结合第三章“亚热带湿热地区郊野公园室外环境热舒适 SET 阈值初步研究”的结论作为设计目标之一。

健康性问题主要针对城市气候设计为主，由于郊野公园的区位及其自身优越的自然生态条件，健康性是其具备的基本要素，因此本部分对健康性暂不作讨论[97]。

本章将主要从热舒适性及安全性两个方面研究郊野公园的景观设计，进而提出适用于珠江三角洲等亚热带湿热地区郊野公园的气候适应性设计策略。由于热安全是热舒适的必要前提，换言之，热舒适设计在各方面的指标及标准会较热安全设计更严格，因此，本研究的气候适应性设计研究以热舒适性为主、安全性为辅。本章主要研究内容有：

（1）提出基于热舒适性、安全性的亚热带湿热地区郊野公园规划设计原则和策略；

（2）对气候适应性设计策略在郊野公园中的场地选址、规划布局、建构筑物、植物配置、水体设计、铺装构造、护坡处理等景观设计因素中的具体运用进行论述总结，以辅助景观设计人员进行方案设计及优化；

（3）结合实证研究，提出基于热舒适模拟的“设计预制→设计优化”思路与应用方法。

（4）将气候适应性设计策略运用在景观实践案例中并进行总结反思。

5.1.2 设计原则

亚热带湿热地区郊野公园气候适应性设计策略的原则包括安全性原则、热舒适原则、生态性原则、地域性原则、经济性原则、可持续性原则等。在本部分的研究中主要关注安全性原则、热舒适原则这两个方面。

5.1.2.1 亚热带湿热地区郊野公园安全性设计原则与评价因子

环境安全可分为生理安全和心理安全两大类。生理安全指人在环境中活动能保持健康，无受伤害的可能性，而心理安全则指能维护心理健康，保持安全感的状态，即对环境安全的可预期感和可控感[125]。

安全性评价是对一些特定气候要素的专门评价，这些评价更多是从人在环境中活动的安全性和人体生理限度出发的，例如确定人在户外活动时的温度极限（如在亚热带郊野公园中，过高的气温对人的生命安全影响），风速极限（如对人在户外活动时危险风速）等。这些“安全性”的评价指标和标准，是环境工程学、环境卫生学等学科重点研究的内容，往往具有明确的数量范围，容易直接判别[97]。

气候要素主要包括风、日照和太阳辐射、温度、降水和湿度、雾和能见度等，结合亚热带夏长高温、暴雨常见、台风频繁的气候特征，本研究认为风速、气温、降水、太阳辐射是郊野公园安全性的评价因子。

（1）风速

风速的安全性指标，主要是针对过大的室外风速带给人行动的影响，以及建筑结构、户外设施的破坏。一些学者（1992）通过在风洞试验中对行人举止的观察，得到风速与不舒适度之间的定量描述关系：开始感到不舒适：v=6m/s；影响动作：v=9m/s；影响步履的控制：v=15m/s；危险：v=20m/s[126]。在郊野公园中，虽然不能确保各处都不受大风干扰（尤其是部分郊野公园的沿海区域），但可以通过布局选择合适的场地及节点位置，提供游人避风的场所，并减少大风对设施的破坏。

（2）气温

温度的安全性评价标准，是以温度限值的方式出现的。根据一些学者的试验，在下列气象条件下，人体的体温调节就会发生困难：

a）相对湿度 <30%，气温 >40℃；

b）相对湿度 >50%，气温 >38℃；

c）相对湿度 >85%，气温 >30℃[127]。

在《城市居住区热环境设计标准》（JGJ 286—2013）中提到：“热环境学和生理学研究表明，当居住区内人群户外活动处于休息或以 3.5km/h 以下速度闲步状态时，为保证热适应者人体生理安全的生理温度指标不超过 38℃限制，所对应的热环境的湿球黑球温度值应为 33℃”。因此，该标准 3.3.1 指出，“当进行评价性设计时，应采用逐时湿球黑球温度和平均热岛强度作为居住区热环境的设计指标，设计指标应符合下列规定：居住区夏季逐时湿球黑球温度不应大于 33℃；居住区夏季平均热岛强度不超过 1.5℃”。如果夏季气温升至 40℃时，高温会引起中暑，甚至危及生命。在温度、湿度等气候要素危及人体生命安全的限值，并且远超出热舒适性的评价标准，因此在此情况下，已不适宜进行户外活动。根据笔者第二章的实测研究，在郊野公园中，在夏季阵雨天气，会有可能出现相对湿度 >85%、气温 >30℃的情况，如 2011 年夏季马峦山的实地测量调研。

（3）降水

亚热带地区湿热多雨，并在夏季多台风与瞬时暴雨，尤其是近年极端天气频繁出现，出现频率及强度均有所增加，例如 2014 年 5 月 22 日夜间到 23 日白天，广州市从化、增城大部分地区遭遇特大暴雨，日降雨量均超当地 1950 年以来的历史纪录。据统计，从 5 月 22 日 0 时到 24 日 0 时的 48 小时内，从化平均降雨量为 238 毫米，增城平均降雨量为 201 毫米，其中增城派潭站达 521 毫米，增城拖罗水库达 507 毫米[9]。大量的降水可能影响场地使用安全的影响，以及导致构筑、设施的破坏。同时，地面的硬化使地表径流速度增大，而过大的地表径流流速会导致地面的侵蚀、水土的流失、水体的污染，对生态环境有所破坏，同时提高了山泥倾斜等危险发生的可能。使用场地内地表水的有效排除、地表径流速度的控制及场地的防滑措施都是郊野公园场地设计中需要关注的。开放绿地空间中地表水径流深度不应超过 25mm，而流速不应超过 0.8 ~ 0.9m/s[27]。

（4）太阳辐射

在《城市居住区热环境设计标准》（JGJ 286—2013）中指出，为了保证居住区室外热环境的安全，夏季逐时湿球黑球温度 WBGT 不应大于 33℃，热岛强度不超过 1.5℃。对于亚热带地区郊野公园而言，可参照此标准。

5.1.2.2　亚热带湿热地区郊野公园热舒适设计原则与影响因子

热舒适指标是受气温、湿度、太阳热辐射、风速这四种要素的综合影响，另外，通过笔者前文的相关实测研究可知，人们在心理上对热环境的感受程度也会影响热舒适质量。

（1）空气温度

由于温度是人感受环境最直接的物理热学指标，对于亚热带湿热地区郊野公园室外环境而言，要提高人的舒适度，首先要解决室外气温过高的问题，尤其是夏季的炎热季节。人体正常体温在 36 ~ 37℃之间，由于人体不断在产生热量，需要向外界散热，故根据国内外的实验得出，夏季人们感到最舒适的气温范围是 19 ~ 24℃[128]。同时，热舒适的气温范围还与空气湿度有关，具体可参看表 5-1。当环境温度超过舒适温度的上限时，人们便感到热；若超过 37℃时就感到酷热[128]。结合笔者在第三章对亚热带湿热地区郊野公园室外环境热舒适 SET 阈值的研究，通过对游客热感觉的问卷调查，可以得知，对于实测研究的公园而言，游客在春、夏、秋三季的热舒适 SET 范围是 22.81 ~ 31.94℃。

要使郊野公园的室外热环境达到热舒适的目标，就要考虑降低场地气温的相关设计，一般可以从两个方面着手：隔热和散热。隔热能减少热量的吸收，从源头上降温。散热则是通过热交换，带走热量。被动蒸发降温是通过水分蒸发带走热量，与该场地的降水、通风和蒸发力有关。亚热带湿热地区降水充沛，蒸发力也较强（与太阳辐射有关），虽然被动蒸发降温在一定程度上会增加表面附近湿度，而良好的通风则可以把湿气带走。

（2）相对湿度

亚热带湿热地区全年湿度较大，高温高湿是其气候的显著特征。结合在第二章对若干典型郊野公园的实测研究可以看到，该地区郊野公园室外环境的湿度均在 60% 以上，一般是 60% ~ 80% 之间；如遇阵雨天气则可达到 90% 以上。

湿度控制与人体舒适的关系主要体现为：在适宜的湿度环境中，空气中水蒸气与人体皮肤表面接触，通过热交换带走人体表面的热量，从而使人体温度处于舒适的温度范围；过高的湿度环境，会使人感到闷热，热量反而更加难于散失，超出人体舒适度范围，从而使人体舒适度降低；过低的湿度环境，人体皮肤会感觉干燥，皮肤与水蒸气的热量交换少，人体热量难于散失，主要依靠汗液蒸发散热，体内水分减少，人体会感觉缺水不适。相关学者的研究表明，相对湿度、气温与人体的舒适度之间存在相应变化关系，如表 5-1 所示。

湿度与对应的舒适温度 [128] **表 5-1**

湿度（%）	白天温度（℃）	夜间温度（℃）
0 ~ 30	22 ~ 30	20 ~ 27
30 ~ 50	22 ~ 29	20 ~ 26
50 ~ 70	22 ~ 28	20 ~ 26
70 ~ 100	22 ~ 27	20 ~ 25

上表说明人体热舒适的范围与相对湿度、空气温度有紧密对应的关系，例如亚热带湿热地区湿度长期处于 70% ~ 85% 之间的水平，查表所对应的人体热舒适的温度范围应在 22 ~ 27℃之间；但在实际情况中，夏季亚热带湿热地区的空气温度范围在 25 ~ 35℃之间，高于人体舒适度范围水平，因此需要适当降低郊野公园中游客集中活动场地的湿度，以使环境接近热舒适水平。控制空气湿度的主要方式包括控制湿气的来源以及营造良好的通风条件。

（3）风环境

一些学者对使用者的问卷调查研究表明，在炎热夏季影响室外舒适性的诸多气候因素（气温、地面温度、日辐射、通风、湿度等）中最有决定性的因素是通风 [129]。

通风可以加速皮肤上汗液的蒸发，从而改变皮肤表面的温度，给人带来舒适的感受。自然风的流动，会给人带来新鲜感，人只有在达到一定风速的环境中，才会产生舒适感。人体对最低风速的感知有差异，一般的最低限值约为 0.5m/s，并且环境温度越高，人体的有感风速就越高 [129]。而且，对于亚热带的高温高湿气候，通风设计就更为重要。在通风良好的区域，即使场地的气温稍高，但是因为通风能帮助皮肤的汗液蒸发，依然有可能实现人体的热舒适；如图 5-1，以湿度达 70% 时为例，当静风时，舒适的温度最高值约为 25℃；但随着风速的增加，舒适的温度最高值也在上升。当风速达到 1m/s 时，最高舒适温度可达到 33℃。

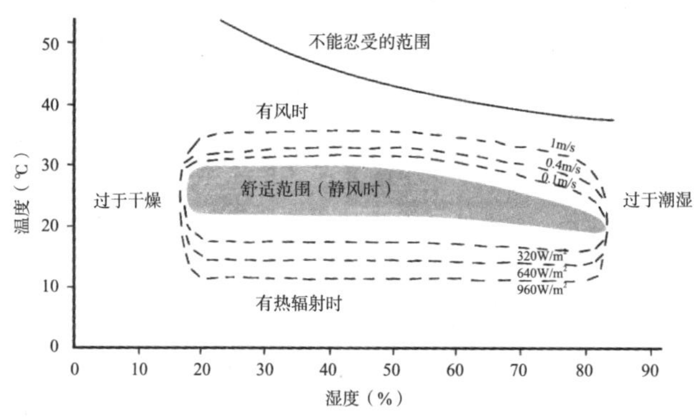

图 5-1 热舒适与温度、湿度关系图 [129]

在亚热带的郊野公园中，由于地处湿热气候范围，并且绿化和水体占了绝大部分的面积，所以公园里整体的温度与湿度在全年的大部分时间里都比较高。因此，改善风环境就是要尽量有效地利用适宜的风速，从而改善人们在郊野公园里的热舒适感。在大部分情况，对场地风要素的考虑是以疏导气流、局部调整微气候以及建筑朝向、构造的处理为主，具体设计策略如利用夏季主导风、创造与利用局地风等，同时也要考虑过高风速带来的安全问题，一般宜在 5m/s 以内。

（4）热辐射

户外环境中的热辐射包括了太阳短波辐射、地面长波辐射、大气长波辐射及天空散射辐射等。在早上至下午阳光充沛的时间段中，主要是太阳短波辐射影响着户外环境气候。热辐射与人的舒适性有直接的关系。有学者的相关研究表明：室外环境的热舒适度由黑球温度、气流速度以及空气的相对湿度所决定，在这几个因素中起决定作用的是太阳辐射，因为它的大小很大程度上决定了黑球温度和相对湿度的大小[82]。

亚热带地区夏季高温，日照时间较长；而郊野公园作为一个供居民游憩、赏玩、亲近自然的开放空间，主要是提供多种户外活动的场地，并且其中大部分的户外活动是在白天进行的。由第 2 章的实地调研可知，亚热带湿热地区郊野公园暴晒工况下的室外环境的黑球温度与气温均高于当地气象站的记录数据。因此，减少热辐射对于亚热带郊野公园室外环境的气候适应性设计至关重要。

5.2　亚热带湿热地区气候适应性设计策略

亚热带湿热地区具有明显的高温、潮湿、多雨的气候特点，在这里，气候最大的挑战并不在于其单纯的热，而在于高温高湿组合的“湿热”。[112、113] 因此，遮阳、隔热、通风、防雨、降湿等方面成为亚热带湿热地区应对气候景观设计的重点。对于景观的气候适应性设计，笔者认为主要是包括两个方面的内容：一是运用景观要素的组合创造满足环境安全健康及人体舒适性需求的微气候；二是从环保节能的角度选择适合当地气候的材料及构造，尤其是本土材料的选用。由于本章重点是围绕热舒适及安全性进行讨论，因此，郊野公园设计中关注的生态保护和自然保育等方面的内容，暂不论述。

郊野公园科学保护区和生态保育区原则上严禁设置各种游憩设施，所以公园中供休息游憩的建构筑物一般只分布在游憩区，还有少量设置在缓冲区，尽量减少对公园生态环境的影响。游憩区内的建构筑物形式宜因地制宜，结合气候适应性设计，与当地自然环境相协调，尽量减少人为因素对环境的负面影响。[130] 郊野公园内的游客休憩场地根据不同的使用功能可分为公园出入口区、游客中心区域、烧烤场、露营地、登山休息平台、观景平台、停车场等，其功能是为了满足人们停留、聚集、休闲、穿行、娱乐、餐饮等需求，所以相较于郊野公园内的其他区域，其人工因素及人为影响所占的比重较大，也是游客停留使用最多的空间。根据目前的资料收集及案例研究，笔者总结提出亚热带湿热地区郊野公园的气候适应性设计策略，主要包括以下四方面：

5.2.1　设置热缓冲带策略

根据第 2 章的实测调研与第四章的模拟分析可知，热缓冲带对郊野公园场地微气候有关键影响。热缓冲带的设置方式包括保留原有植被、加强绿量、设置水体、设置绿化广场等；同时，选择适宜的界面处理方式与材料构造。根据第四章模拟研究部分的结论，对于面积约为

15000m^2 的游客活动区，其区域测点低于夏季典型气象日的热缓冲带的宽度阈值约为 110m；如果要使目标区域达到热舒适 SET 阈值，则需要结合在场地内增设绿地或遮阳等复合设计方式。

5.2.1.1　*在游客活动区周边加强绿量和设置水体*

在郊野公园规划中，需控制建筑建设强度，并在游客活动区周边加强绿量和设置水体。根据 Country Park Accreditation Handbook（《郊野公园评审手册》）可知，英国郊野公园的基本设计标准包括对用地面积与建设强度的要求：郊野公园至少有 10hm^2（约 25 英亩）的大小；场地应以自然生长或半自然生长的景观为主，如森林地、草地、湿地、荒野、郊野；建筑物总面积不到 5%（这主要是指建构筑物，但不包括停车场）。[37] 同时，对于郊野公园中的旧有建筑物，在建筑质量能保证安全使用的前提下，尽可能加以充分利用。正如在《绿色建筑评价技术指南》中 4.1.10 条（一般项）提到："充分利用尚可使用的旧建筑"；这里要求对原场地内存在建筑面积在 200m^2 以上的旧建筑时，需提供详细材料说明该建筑是否可以使用[131]。

在满足使用功能的情况下，绿地率越高，对环境的降温作用越明显，也能在一定程度上增加视觉愉悦度。对于郊野公园整体而言，其绿地率是相当高的。对于其中的游客集中区域，因功能需要会设有一定面积的硬地与构筑物。根据本研究调研统计，在受统计的郊野公园中，游客活动区的绿地率平均达到 68.37%（表 5-2）。有学者研究发现，绿地率增大，植物覆盖率（或水体面积）增大，通过植物蒸腾作用（或水的蒸发作用），增强散热降温能力，如绿地率从 30% 上升到 50%，日平均气温下降约 0.5℃[12]。根据第四章 4.2 小节的模拟试验结果，可知绿地可有效延迟场地最高气温出现的时间，并且随着面积的增加降温效果越明显。根据第四章的结论，建议在游客活动区绿地及水体的设计导控指标为：≥ 110m 乔木"热缓冲带"+ ≥ 60m × 90m（占场地面积 36%）乔木或水体。

部分调研郊野公园绿化率统计　　**表 5-2**

郊野公园	游客集中区域	游客集中区域绿化率（%）
船湾郊野公园	游客中心	59.05
西贡西北潭郊野公园	含管理站和游客中心	73.90
马鞍山郊野公园	管理站	63.30
大帽山郊野公园	川龙管理站	68.14
	游客中心	69.60
城门郊野公园	含管理站和游客中心	49.27
清水湾郊野公园	含管理站和游客中心	68.73
龙虎山郊野公园	休息点 + 活动场地	90.16
香港仔郊野公园	含管理站和游客中心	65.92
广州天鹿湖郊野公园	东门	64.91
	西门	90.91
狮子山郊野公园	管理站	63.82
大屿山郊野公园	东涌坳管理站	58.81
	羌山管理站	61.75
	芝麻湾管理站	78.28
平均值		68.37

游客活动区周边的热缓冲带一般由绿地与水体组成，周边绿化的面积一般在满足场地功能需求的前提下越大越好，并且应根据当地的气候条件与植物自然分布特点，栽植多种类型植物，乔、灌、地被结合构成多层次的植物群落，保证足够的绿量，不应出现大面积的纯草坪。有研究表明，建筑周边的乔木和灌木可以有效地降低炎热地区或季节的建筑墙体表面和室内的温度，同时，建筑周边的植被也会降低风速[131]。植被对微气候的影响与其植被密度、叶层厚度、树叶类型、枝下空间、种植形式（如列植与散植）等因素有关。在住房和城乡建设部科技发展促进中心组织编写的《绿色建筑评价技术指南》中 4.1.14 条（一般项）提到，根据当地的气候条件和植物自然分布特点，栽植多种类型植物，乔、灌、草结合构成多层次的植物群落，每 100m^2 绿地上不少于 3 株乔木；在形成多层次植物群落的同时，鼓励增加木本植物的种类，对于华南、西南地区不少于 50 ~ 54 种[131]。

同时，具有一定深度的水体属于较稳定的蒸发源，水体所占面积越大，蒸发面积越大，蒸发降温效果越好，但要注意避免导致周围空气湿度过大，而使人感觉不舒适。

5.2.1.2　*游客活动区选址要点*

在郊野公园内，游客活动区或休憩节点的选址要综合考虑生态保护、功能需求、交通组织、游线设计、景观视线等方面。在亚热带湿热地区郊野公园中，游客活动区选址的恰当与否会直接影响场地的微气候（景观、生态、交通、经济层面的影响在此暂不论述）。正如第四章模拟研究中可见，游客活动区选择在热缓冲环境的上风向与下风向会有较为明显的差异，模拟测试温差可达 2℃。又如，密林能取得较佳的遮阳效果，同时也会削弱风速，在需要良好通风的场地要考虑密林与游客活动区的具体设置位置与结合方式。因此，游客活动区选址及周边热缓冲环境在热舒适方面需要考虑设计因素包括：游客活动区与热缓冲环境的相对位置，活动区周边绿地的宽度与长度，硬地与绿地、水体的比例关系及组合方式，植被组合的层次、类型、绿量与高度，热缓冲环境的空间闭合程度；另外，还要结合海拔高度、主迎风面、场地地形、向阳背阳等因素，在郊野公园的整体规划中统筹考虑游客活动区的选址。对于未建成场地，大面积的湖泊、林地等热缓冲环境对场地的微气候影响明显，湖泊会增加空气湿度，促进蒸发，林地会产生林地风等；对于已建成的场地，铺地、构筑物、建筑物等都会对热环境产生影响，可结合需要进行现场测量与分析。

据调研可知，郊野公园多位于城市郊区的山林或海岸地带。亚热带季风气候区的夏季为台风多发季节，需要防止台风对场地内构筑物的破坏性影响，保护游客和工作人员的人身安全。所以，休憩场地选址应在台风风压较低的场地，例如山丘脚、山脉边、树林内、盆地内等，利用天然地形来减弱台风风压。同时，台风会带来瞬时的强降水，有可能会形成山洪。需要注意建构筑物应远离被洪水淹没和巨大径流流过地区。有些地方平时并无特别，但在台风带来暴雨时会发生洪水或巨大的瞬时地表径流，所以避免选址在山沟边以及山谷低地等可能发生水患的地区。夏季过大的台风、海风以及潮汐和季节性的水面变化会使水面向岸蔓延，场地需考虑历年水面蔓延的最远范围。由于亚热带湿热地区常年湿度较大，所以郊野公园的游客休憩场地不宜设在水面的夏季主导风的下风向，宜设在上风向处，可避免不必要的增湿。

基于气候适应性设计原则，游客活动区的选址有以下要点：

（1）应选择台风风压较低的场地；

（2）避免不利于建设和停留的地区；

（3）避免较大山体径流通过或淹没之地；

（4）应选择排水良好或具备建设相应的排水设施条件的区域；

（5）常年风速不可大于 9m/s，且当量风速不可超过 16m/s；

（6）优先选择周边有茂盛乔木及大面积水面等热缓冲环境的区域；

（7）优先选择有夏季主导风通过的区域。

对于在山林地中的选址，需要重点关注：

（1）避免易生成管状气流的峡谷地带；

（2）须远离泥石流易发生、土石滑动的区域，避开水土流失严重的裸露坡地；

（3）选址的坡度不宜大，一般以 4° ~ 5° 为宜；

（4）宜选择有遮蔽西晒和冬季西北风的山体或防风林，且东南面开阔以纳夏季主导风的区域；

（5）避开泛洪区域，选择排水良好的区域，以避免场地淹水和积水。

对于在水边平地中的选址，需要重点关注：

（1）避免有潮汐变化和季节性水位变化可蔓延的区域；

（2）避免直接面临台风、易受台风侵害的区域；

（3）避免周边有较大山体径流通过和淹没之地；

（4）避免易淹水的地区和土质湿陷等不宜建设和停留的区域；

（5）宜在水面夏季主导风的上风向。

以香港仔郊野公园游客中心旁的烧烤场（图 5-2）与上水塘烧烤场（图 5-3）对比为例，游客中心旁烧烤场铺地以植草砖与石材铺地混凝土嵌缝两种结合，能较好地满足使用需求。虽然铺地有一部分为硬质，但是充足的树荫与较高的枝下空间、视线通透等优点吸引了较多的游人使用。而上水塘烧烤场虽然地面都为草地，但该草地因缺乏管理而长得太野，不利于行走，并且遮阴乔木较少，处于暴晒的区域较多，调研当天基本无游人在这里烧烤。

图 5-2　香港仔郊野公园游客中心烧烤场

图 5-3　香港仔郊野公园上水塘烧烤场

5.2.1.3　用适合的界面处理方式

在游客活动区中，其界面一般包括环境界面与建筑界面。环境界面一般是场地地面的类型，例如绿地、透水砖、植草格、汀步等透水地面形式以及水体，也包括生态挡墙、生态护坡等。建筑界面是指建筑的表皮部分，一般包括立面与屋顶，其处理的形式比较多样，例如可以采用绿化屋顶、垂直绿化、挑檐花架、架空柱廊、双层表皮等方式。

透水地面是理想的热缓冲界面，具有良好的透水性，可对天然降水进行一定程度留存，减少地表径流，又可在炎热季节产生被动蒸发作用，降低环境温度，调节微气候，是“可呼吸的地面”。在住房和城乡建设部科技发展促进中心组织编写的《绿色建筑评价技术指南》中 4.1.16 条（一般项）提到，“室外透水地面面积比不小于 45%，住区非机动车道、地面停车场和其他硬质铺地采用透水地面”，这里说的透水地面包括自然裸露地面、公共绿地、绿化面积和镂空面积≥ 40% 的镂空铺地（如植草砖），但不包括透水砖等铺装方式[131]。

建筑屋面的处理主要是解决隔热问题，屋面隔热的形式包括传统的通风间层隔热屋顶与新型隔热屋面两类。通风间层隔热屋顶在岭南已有广泛的应用，其隔热效果明显好于实砌屋面。新型隔热屋面如轻型种植屋面、蓄水屋面等，可以在不需大幅提高造价的同时有效地降低室温、减少温差，能有效改善郊野公园内建构筑物内的热舒适性能。常见的轻型种植屋面的植物为佛甲草，佛甲草有生命力强、耐晒抗旱、浅根系、无需维护等优点。例如，在广东天鹿湖郊野公园入口区的卫生间屋顶就采用了佛甲草种植屋面。蓄水屋面利用水的蒸发，大量消耗到达屋面的太阳辐射热，从而有效地减弱了屋面的传热量和降低屋面温度，提供舒适的热环境，达到良好的节能效果。在夏季高温多雨的亚热带地区，夏季可以利用降雨补充蓄水屋面的水量。蓄水屋顶的蓄水深度以 150mm 为宜，建造时需要计算蓄水对结构荷载的增加，注意防水处理以及加强管理，防止蓄水池内蚊虫滋生。现在亦有蓄水屋面和种植屋面结合做的蓄水种植屋面，结合种植屋面和蓄水屋面的特点，能达到更佳的降温隔热效果[132]。

墙面绿化主要是靠墙面上的植物遮挡太阳辐射以及吸收热量。垂直绿化墙面还有很好的观赏性，与郊野公园的整体环境相适应。据相关研究，绿化墙面的外表面比无绿化的外墙面要低 4.4℃，内墙的温度也能降低 0.9℃，一般做法是选用较为粗糙的墙体材料，也可以结合柱子与圈梁组成的构架，结合种植槽让攀缘植物生长；或采用木架、金属丝网等支架辅助植物攀缘。绿墙和墙面之间形成的间层是夏季良好的通风竖井，绿化墙面宜设在东、西面，防止太阳东西晒并保证充足的阳光供植物生长[133]。

热缓冲界面的具体处理方式宜结合具体设计及场所功能进行选用。例如，有研究表明，当建筑墙体被植被覆盖时，植被的遮阳和隔热作用有可能会产生相反的热工效果[134]。

例如，游客中心是郊野公园中最常见的建筑物，一般设于郊野公园的入口或者游憩设施相对比较集中的区域，其规模一般根据游客容量、服务内容、展览教育等功能需求而定，建筑体量不宜太大，一般不超过一层，能为游客提供所需的必要信息和服务。在调研过程中就发现建筑界面处理得较好的优秀案例，如香港仔郊野公园的游客中心为一层建筑物，体量较小，外墙为白色和浅粉色墙面，外观简朴。工作人员办公间是半开放的灰空间，结合女儿墙设挑檐。最特别的是有一处墙体为镂空的花格墙，既有围蔽作用，也能通风（图 5-4）。花格的自遮阳也能实现良好的墙体防太阳热辐射作用。

（a）游客中心挑檐遮阳

（b）游客中心的花格墙

（c）设置外廊遮阳

（d）外部挑檐

图 5-4　香港仔郊野公园游客中心

5.2.1.4　适应气候的材料及构造做法的选择

在郊野公园的材料选用方面，建议选择本地材料，一方面减少交通运输，以减少碳排放；另一方面本土材料与当地的气候有较好的适配性，并且能凸显地域特色。本土的石材、木材、竹子、砖瓦、茅草，甚至是场地中原有建筑的旧材料重复利用，都能带来场地景观的地域感，并营造出郊野公园所特有的乡土气息。例如，英国的伊尔切斯特郊野公园（Irchester Country Park），该公园前身是铁矿石采石场，公园保留着古老的地质构造，裸露的石灰岩含丰富的化石贝壳碎片，使人们称之为真正的侏罗纪公园。再如，香港西贡西郊野公园利用石灰窑遗迹营造的露天博物馆（图 5-5、图 5-6）。

图 5–5　香港西贡西郊野公园石灰窑遗迹

图 5–6　香港西贡西郊野公园石灰窑遗迹科普栏

在植被设计上，本土植被也是营造地域与乡土特色的优良选择。在住房和城乡建设部科技发展促进中心组织编写的《绿色建筑评价技术指南》中 4.1.5 条（控制项）提到，“种植适应当地气候和土壤条件的乡土植物，选用少维护、耐候性强、病虫害少、对人体无害的植物。”在《绿色建筑评价技术指南》中 5.1.9 条（一般项）提到，“绿化物种选择适宜当地气候和土壤条件的乡土植物，且采用包含乔、灌木的复层绿化”[131]。结合郊野公园的实地调研，笔者带领的课题组对珠江三角洲的郊野公园植被种类进行了调研，并经过筛选后初步建立了植物库。

在人工建构筑物及地面铺装的材料选择上，一般建议选用浅色、吸热少的材料，并避免高反射率。吉沃尼认为，在材料表面的温度取决于投射到不同朝向表面上的太阳辐射强度，但此种辐射对表面所产生的热作用，首先取决于外表面的颜色，并在一定程度上也取决于紧靠表面附近的气流速度[135]。对于地面铺装，建议选用保水性及透水性好的材料及构造，如透水地面。透水地面指内部构造是由一系列与外部空气相连通的多孔结构形成骨架，同时又能满足使用强度和耐久性要求的地面铺装，具有较好的保水性和渗水性[136]。由于自身一系列与外部空气及下部透水垫层相连通的多孔构造，雨过天晴以后，透水性铺装下垫层土壤中丰富的毛细水通过太阳辐射作用下的自然蒸发蒸腾作用，吸收大量的显热和潜热，使其地表温度降低，从而改善室外热环境[97]。透水地面的构造一般可分为面层与基层。面层常用如透水砖、花岗岩、防腐木、塑木、水泥预制板、植草砖植草格等各种“多孔材料”等。结合路面需要具备较高承载力的要求，还有透水沥青、透水混凝土及高载重透水混凝土等形式。基层一般为承载层，由透水性良好的砂石级配构成。透水地面的设计是利用土壤的渗透能力来达到涵养水分的功能，因此，一般土壤渗透系数在 10^{-4}cm/s 以上者，才适合进行透水地面设计[137]。一般说来，铺装面材应该避免采用过于深色的材料，例如沥青路面等，因为深色材料会吸收大量的太阳辐射热，导致其表面温度急剧上升。[138]

在郊野公园中，硬地场地不宜过大，满足活动及人流集散需求即可，游客活动区及园区道路建议尽量采用透水地面。透水地面包括增强草地、砂、砾石等（图 5-7），其中运用当地石料石材更显野趣，体现地方特色（图 5-8）。此类地面没有对土壤进行压实，允许植物的生长，对原自然土壤破坏较少，但荷载能力较弱，适合在游憩区域及步道使用。植草砖铺面做法在目前郊野公园的停车场中较为常见，但常见植草砖的草格较小，草格互相分隔，草的生长状况欠佳（图 5-9）；目前也有改良的做法就是运用植草格，既保证足够的荷载，绿化率也达到 90% 以上。而增强草地的做法包括在播种草籽前在地面的顶部碾压一层小圆石或砾石或铺设镀锌链索或塑料网格等，其效果比植草砖铺面的做法好得多，也便于行走[139]。另外，目前有透水性的混凝土、透水沥青地面既可满足荷载要求，也具有呼吸作用的透水性，适合在郊野公园中人流较为密集的节点位置及需要车辆通过的路段使用。

图 5–7　香港西贡东郊野公园沙砾地面

图 5–8　深圳马峦山郊野公园石铺路面

图 5–9　郊野公园中植草砖地面

此外，架空栈道、架空平台是一种特殊的地面铺装形式（图 5-64）。该结构多用于生态敏感性较强的区域中，通常具有很小的着地面积，对原有地面破坏较少，可以保护原有生态走廊，同时能迅速将水排到自然土壤中[27]。

结合第 3 章的实测研究，将架空木铺地、渗透地面、混凝土地面与草地四种构造形式地面进行实测，对比其热舒适性的差别（表 5-3），发现草地、架空木铺地、渗透地面相对混凝土硬地而言，对改善人在室外环境中热舒适性有积极作用（注：该实验未考虑不同深浅色彩对于热舒适的影响）。

天鹿湖郊野公园各测点空气温度对比　　表 5–3

	测点 1– 草地	测点 2– 木平台	测点 3– 渗透地面	测点 4– 硬地（砼）
平均值（℃）	30.44	31.27	30.91	31.35
最大值（℃）	32.56	33.60	33.18	34.02
最小值（℃）	27.53	27.95	27.70	28.17
极差（℃）	5.03	5.65	5.48	5.85

从各测点空气温度值对比可得，硬地环境下空气温度最高且变化幅度（极差）最大。其次为木平台、渗透地面，而草地环境下空气温度最低且变化幅度（极差）最小。建议在满足功能需要的情况下，尽可能选择架空地面及渗透地面的形式。其中渗透地面的采用有近似草地的效果，更能减少郊野公园建设对原有自然环境的影响，应尽可能多地使用。

因此，在郊野公园中，在满足功能需求的前提下，应尽可能少用大面积的、连续的硬质铺地，宜采用小面积的、分散的地面铺装，如汀步。考虑到人流集散要求，出入口广场等主要功能区范围可采用较为连续的地面铺装，而在露营地、烧烤点等节点内，宜尽可能减少地面硬化处理，多采用分散性铺装或不采用硬地铺装（图 5-10、图 5-11）。在不考虑车辆通行的步行径、小径宜采用分散的铺装可以减少对原地面的破坏，并增添野趣（图 5-12）。

图 5-10　香港西贡西郊野公园伤健乐园

图 5-11　香港西贡西郊野公园烧烤场地

图 5-12　香港西贡西郊野公园石板路

5.2.2　运用遮阳体系策略

根据第 2 章对亚热带湿热地区典型郊野公园案例进行实测研究的结果可以看到，在郊野公园中，未经过设计处理的暴晒区域，其太阳辐射及 1.5m 高处的气温高于当地气象站的观测数据。因此，为了提供给游客安全舒适的室外游憩环境，有必要在设计中采用环遮阳体系，即结合郊野公园的整体规划与步行交通系统，通过自然植被遮阳与人工遮阳（如索膜、凉亭、廊道等建构筑物等）相结合的形式营造户外的环遮阳步行体系，创造舒适宜人的步行环境，人工遮阳构筑物同时兼备防雨避雨的功能。

5.2.2.1　设置环遮阳避雨体系

针对亚热带地区炎热多雨的气候特点，郊野公园的设计需通过人工遮阳与植物遮阳相结合的形式，在户外活动区域内形成连续的遮阳及避雨系统。建议在游客集中活动区域，室外地面遮阳面积不应小于地面面积的 30%。结合夏季风场活跃区设置室外活动场地，合理利用庇护性景观（亭、廊、棚架、膜结构等）为刚性地面提供遮阳。

休息亭要合理分布在游憩区和徒步游径上。为踏青的旅客提供中途休息整顿、欣赏风景、躲避风雨的场所（图 5-13）。休息亭多数做成四面开敞的凉亭（图 5-14）。所以，屋顶的隔热和挡雨功能是设计的重点。公园内的休息亭多采用坡屋顶式，可以达到良好的防太阳热辐射和迅速排雨的效果。另外，亭子的亭檐长度为檐口高度的 0.5 倍时，亭内的活动空间全部位于阴影下，能提供良好的遮阳效果，为游客提供一个舒适的休息环境。

郊野公园内的爬山廊能提供较长的遮风避雨的场所，常用在主要的登山径上，是郊野公园环遮阳系统设计中的重要人工构筑物（图 5-15）。因为爬山廊的体量较大，应谨慎设置，使其

图 5-13　马峦山郊野公园山下的休息亭

图 5-14　香港仔郊野公园内凉亭

图 5-15　天鹿湖郊野公园上的爬山廊

尽量与山体环境相协调，避免影响自然景观和生态环境。其气候设计要点和休息亭相似，应注重通风与遮阳。而且要注意爬山廊内的排水，如爬山廊较长应分段设置截水排水沟，避免爬山廊内部因积水产生的危险。

构筑物遮阳，除了常见的亭廊外，亦可利用攀藤植物结合花架遮阳（图 5-16），更能与郊野公园环境融合。绿化棚架遮阳效果较好、设置灵活性高，与郊野公园的环境较为协调，可设置在公园入口区、游客集中休憩区和徒步游径上。采用钢筋混凝土材料的棚架较为坚固耐用，建议最好对表面进行斧凿、拉毛等工序使表面变得粗糙，或直接使用石材砌筑，以利于植物的吸附和攀爬，并能营造郊野气氛。木制的绿化棚架须进行防腐处理，或可采用塑木，保证其强度和耐久度。建议选择冬季会枯萎的攀岩植物，夏季在棚架下游人可以纳凉，冬季阳光可以照射到里面的休息座椅。

除了利用人工构筑物外，建议结合绿化遮阳形成园区内主要步道连续的景观遮阳系统（图 5-17）。根据研究，园林植物的树冠可以反射掉部分太阳辐射带来的能量（20% ~ 50%），能通过蒸腾作用吸收环境中的大量热能（植物吸收辐射的 35% ~ 75%，其余 5% ~ 40% 透过叶片），降低环境温度[140]。选择落叶乔木遮阳，在夏季能实现遮阳，同时避免冬季乔木过多遮挡阳光。

图 5-16　深圳塘朗山郊野公园的花架

图 5-17　香港西贡西郊野公园的乔木遮阳

此外，在第 2 章实测研究中发现，“植物遮阳＋构筑物遮阳”的复合遮阳措施与单一方式的遮阳措施相比，更能有效地改善户外环境热舒适性。以佛山三山郊野公园夏季遮阴措施热环境测试数据对比为例，从表 5-4 看到，测点 4 比测点 3 平均温度低 1.13℃，平均相对湿度仅高 3.88%，风速相差不大，说明点测 4 比点测点 3、测试点 7 更舒适。从问卷调查结果可以看到，游客认为测点 4 的热感觉比点 3、测试点 7 更为适中。

佛山三山郊野公园夏季遮阴措施热环境测试数据对比　　表 5-4

测点		测点 3- 树荫下草地	测点 4- 树荫下亭下	测点 7- 亭下水池边
平均温度（℃）		33.85	32.72	33.22
平均相对湿度（%）		62.00	65.88	64.23
平均风速（m/s）		0.81	0.76	0.79
评价平均值	汗量	1.44	1.06	1.06
	热舒适感	3.44	2.94	3.13

（注：评价平均值中采用热感觉标尺进行问卷调查，其中 5 为酷热，4 为较热，3 为适中，2 为凉爽，1 为寒冷）

5.2.2.2　利用围合界面阴影创造遮阳空间

游客活动区周边的围合界面包括了场地地形、树林、建筑等。郊野公园的地形一般较多起伏变化，可利用地形高差形成的阴影区布置需要遮阳的场地内容。有学者研究提出，可运用太阳日影原理，求出周围围合界面在广场上的日影轨迹。根据广场周围围合界面日影轨迹分析，周围围合程度越高，阴影区区域越大。在郊野公园游客活动区设计中，可利用围合界面产生的阴影区域，将主要休闲活动区布置在阴影区里，减少太阳辐射的影响[141]。

因此，在郊野公园游客活动区设计时可以先进行该场地的日影分析：主要分析场地内夏季阴影覆盖区域与冬季日照区域，场地内的阴影主要来自于山体高度或现有建筑物、高大乔木对太阳的遮挡，或场地内有高差形成的阴影，这些已有的阴影区对太阳辐射的遮挡效果较为理想，在亚热带湿热地区应当得到合理的利用。例如，在天鹿湖郊野公园东门入口区中，结合地形营造了下沉广场与山脚的后花园，利用地形界面的阴影为游客提供了一定时段的遮阳状态下的户外休憩区域。

5.2.2.3　建构筑物遮阳设计

郊野公园内的建筑和设施构筑物数量一般较少，主要是位于游客活动区的游客中心、售票处，设于游径沿路上的构筑物如凉亭、连廊、公厕、索膜，以及少量的管理处等。这些建筑在郊野公园中的使用频率较高，而采用人工设备改善其热环境的可能性较低，因此，需要考虑如何在自然条件下进行建构筑物的气候适应性设计，为游人提供一个自然、舒适的环境。建构筑物的气候适应性设计要注意三个方面：防太阳热辐射、加强界面的隔热性能、改善通风效果。

建构筑物遮阳设计已经取得相当丰硕的研究成果，并且做法也较为成熟。遮阳可以分为外遮阳和内遮阳，在亚热带地区，外遮阳有很好的遮阳效果，一般首选外遮阳。有学者研究表明，以 1m 深水平遮阳而言，由热带至亚热带地区，在新加坡以及中国香港、中国台湾、日本东京等依次可节能约 15.8%、15.0%、12.9%、5.6%，越往寒带气候区则越无实际效益，可见外遮阳在南方地区优异的节能表现[136]。一般的遮阳形式有水平遮阳、垂直遮阳、综合遮阳（兼具水平与垂直遮阳的特点，也称格子遮阳），还有一些糅合了其他功能的创新遮阳设计，如导光与遮阳组合（穿孔板、格栅金属板、密金属网等材料制成的遮阳板）、结合洗窗兼维修走廊的外遮阳设计、结合蔓藤花架的遮阳设计等。其中，结合蔓藤花架的遮阳设计融合了植被遮阳与人工遮阳，并且创造出富于阴影与季相变化的空间效果，是在亚热带湿热地区郊野公园建构筑物设计中值得提倡的设计手法。

结合建筑造型设计，如增加檐口出挑长度、布置外廊、设置屋顶遮阳等手段，可实现良好的遮阳效果。建筑的檐口对建筑遮阳有很大的作用。以大暑下午 2：00 广州地区为标准计算，对于平屋顶和坡屋顶，均有阴影高度为出檐长度两倍的关系[112、113]。利用屋檐遮阳的凉亭、连廊等，当出檐长度为檐口高度的 0.5 倍时，亭内的活动空间全部位于阴影下，能提供良好的遮阳效果，提高舒适度。对于售票处、游客中心等建筑物，可以通过伸长出檐或增加外廊等手段，使阴影高度达到窗台面以下。这样不但可以实现遮阳，亦可防止眩光（图 5-18）。

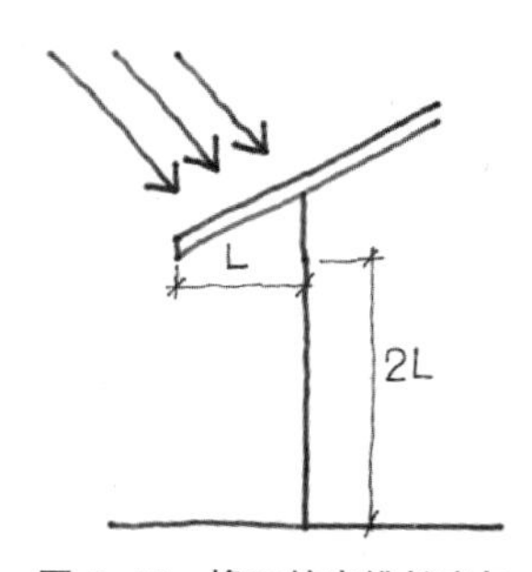

图 5-18　檐口的出挑长度与檐口高度的关系[112、113]

屋顶是受太阳热辐射最严重的面层。可以适当为游客中心等体量较大的建筑物结合立面设计屋顶遮阳构件，屋顶遮阳构件的合理倾斜角度为冬至日正午时刻太阳高度角，在夏至日正午时刻，太阳直射辐射几乎全部被遮挡，但在冬至日正午时刻可以获得近乎满日照[142]。平屋面在夏季正午与太阳直射辐射垂直，故会接收到较多的太阳直射辐射，根据相关研究，坡屋顶接收到太阳直射辐射的强度总体比平屋顶少。因此在亚热带湿热地区，坡屋顶遮挡太阳散射辐射的效果比平屋面好。根据广州大学汤国华教授的测量比较可以得出：在太阳辐射较强的 5、6、7、8 月，坡屋面可有效地防止太阳辐射，而在太阳辐射较弱的 1、2、3 月和 10、11、12 月，比平屋顶可接受较多的太阳直射辐射[112、113]（图 5-19）。

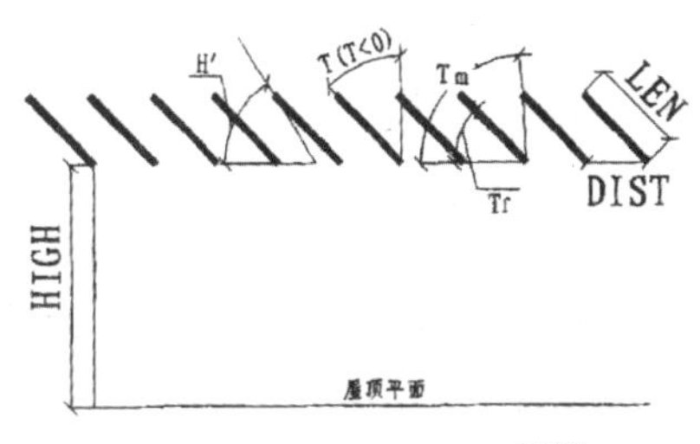

图 5–19　屋顶遮阳构件[142]

5.2.2.4　乔木有效遮阳绿量控制（针对冠层在 2.5 米以上的绿化）

乔木的有效遮阳绿量与冠层的总绿量、树冠水平覆盖面积、叶面积密度在垂直方向上的分布有关。在选择树种与培育树形的时候可通过提高有效遮阳绿量来达到优化树下热环境的目的。亚热带地区，一年中大部分时间气候湿热，种植常绿树较为适宜。如果树冠叶丛过疏则难以遮挡太阳辐射，过密会阻碍通风，把湿热空气困在树冠下。同时，亚热带湿热地区一年四季均适宜户外游玩，因此，可适当种植落叶树，夏季遮阳冬季纳阳，并可营造季相变化。

从第 3 章佛山三山郊野公园的气候数据实测（表 5-5）中可以看出，尽管密林中平均风速比疏林低 0.07m/s，相对湿度均在 60% ~ 70% 之间，但密林下的温度、出汗量、舒适度都更好，说明提高乔木冠层的总绿量能有效遮挡太阳辐射、降低气温、提高舒适度，但要注意控制湿度不能过高，并尽可能加强通风。

三山郊野公园不同冠层密度的实测对比　　表 5–5

平均值对比		3. 疏林下草地	5. 密林下草地
温度（℃）		33.85	32.79
相对湿度（%）		62.00	68.59
风速（m/s）		0.81	0.76
评价	汗量	1.44	1.06
	平均热舒适感	3.44	2.94

（备注：5 酷热；4 较热；3 适中；2 凉爽；1 寒冷）

要扩大乔木冠层的水平覆盖面积，可选择树冠宽大、枝条舒展或横生的树种，也可通过修剪培育使树冠水平发展。由于绿化棚架的覆盖面积不受植物生长的限制，可适当增加其面积。同时，叶面积密度的空间分布越均匀，有效遮阳绿量越大。另外，树冠的形状对遮阳效果影响较为明显。例如香港仔郊野公园中烧烤场中某棵树的树冠呈钟形、叶片并不算很密（图 5-20），其水平覆盖面积不广、中等总绿量、叶面积密度分布不平均；其有效遮阳绿量处于中等水平，树下空间舒适度一般。西贡西湾仔部分南营地的树冠呈广卵形，树干很高，枝条向上（图 5-21）；其水平覆盖面积较小、中等总绿量、叶面积密度分布较平均；有效遮阳绿量处于中等水平，形成游客活动区的绿色界面，但树下空间可活动范围太小。西贡西湾仔部分往南营地的道路两边的树冠呈伞形或馒头形，枝条横向及纵向舒展（图 5-22）；其水平覆盖面积较大、中等总绿量、叶面积密度分布虽然不算平均，但总体来说，有效遮阳绿量较高，荫蔽范围广、树下活动范围大，如同宽阔的绿廊，舒适度及景观愉悦度较高。

图 5-20　香港仔郊野公园休息区绿化

图 5-21　西贡西郊野公园湾仔南营地边界绿化

图 5-22　西贡西郊野公园湾仔南营地林荫道

5.2.3　改善场地通风策略

对于亚热带湿热地区而言，要在“高温高湿”的气候背景下营造热舒适的活动场所，创造良好的场地通风是非常重要、有效的设计策略。改善场地通风的方式有利用夏季主导风、创造与利用局地风等。例如利用夏季主导风，尽量选择夏季主导风能通畅进入开阔地作为游客集中、停留与休憩的场地，结合实际地形与需要适当地创造与利用局地风，如水陆风、林地风、山地风等；同时要避免产生不利的通风，如避免过大的风速。

5.2.3.1　避免危险风

根据相关学者的研究成果，在选择郊野公园的游客集中场地时，所选场地的常风速最好不大于 6m/s；但是若要在山顶、海边等风速较大的场地设立游憩区域时，应满足常风速不大于 9m/s，当量风速不可超过 16m/s[143]。结合现场实测，本研究认为，场地的常风速最好不大于 5m/s。根据场地的需要，可考虑设置防风林，采用具有较强抗风能力的中高乔木、灌木等混合交错种植，以达到防风效果。

同时，选址时应考虑到当地气候的特点，如珠江三角洲在夏季是台风多发地区，人流集中的场地应避免设置在易受到台风直接侵袭的海边等地。

5.2.3.2　利用夏季主导风

季候风是最大尺度的地形风，由于海陆之间的热力差而产生大尺度的风场。由于海陆不同的热容量，在太阳辐射下，使得陆地冬冷夏热而海洋冬暖夏凉。因此，我国东南沿海地区夏季季风由海洋流向大陆，冬季从陆地流向海洋。夏季主导风归根于地域气候环境的形成，所以具有规律性和持效性的特点，因此，对于亚热带湿热地区，利用夏季主导风是使场地取得良好通风最主要也是最有效的策略。在进行场地风廊设计时，除了实地考察，还可结合 GIS、ENVI-met 等软件模拟辅助设计，整体分析郊野公园的地形、水体、植被等情况，尽量选择夏季主导风能通畅进入的开阔地作为游客集中、停留与休憩的场地。

图 5-23　西贡西湾仔南营地

图 5-24　西贡西湾仔南营地卫生间

在郊野公园沿海区域的风速会较大，以香港西贡西郊野公园湾仔南营地（图 5-23、图 5-24）为例，实测风速达 5m/s。该营地以疏林草地为主，三面为树林，一面临大海，景色优美，通风良好，有亭廊满足休息和使用，且卫生淋浴设施完善、建筑风格自然淳朴，每年都会吸引大量的游人前来露营。

例如，香港西贡西郊野公园湾仔扩建部分的南露营地，面朝大海，背靠山地。营地以草坪为主，沿海植有一排乔木（图 5-25），山上是茂密的树林（图 5-26），图 5-27 是从山林通向露营地的路。如示意图 5-28 ~ 图 5-30 所示，风从海面吹上岸，岸边的一排树不会阻挡大部分的风，但可以稍稍减缓过大的风速。风吹过草坪，使整个草坪处于良好的通风环境下，舒适度高。靠近山脚的区域，是舒适的林下空间，与草坪地相比，风速不大，但树木遮蔽更阴凉。

5.2.3.3　*利用热缓冲层形成热压通风*

热压通风是利用进风口与出风口的高度差和温度差来实现空气流动的，其主要动力因素是温度差，所以合理设置冷源和热源是热压通风的关键。在亚热带湿热气候下，建筑周边场地的

图 5-25　西贡西郊野公园湾仔南营地海边绿化

图 5-26　西贡西郊野公园湾仔南营地山边绿化

图 5-27　西贡西郊野公园湾仔南营地入口步道绿化

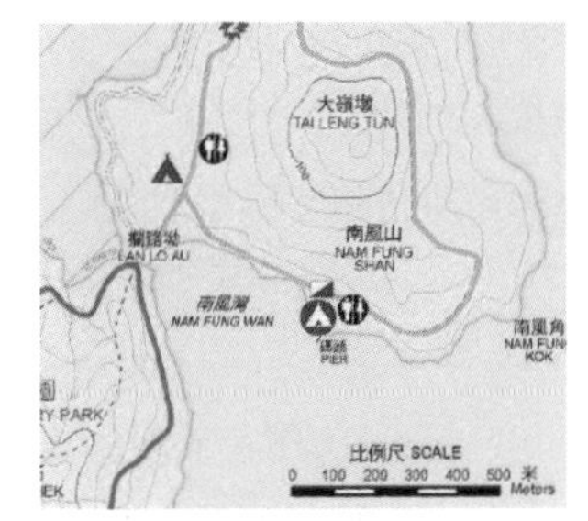

图 5-28　西贡西郊野公园湾仔平面图

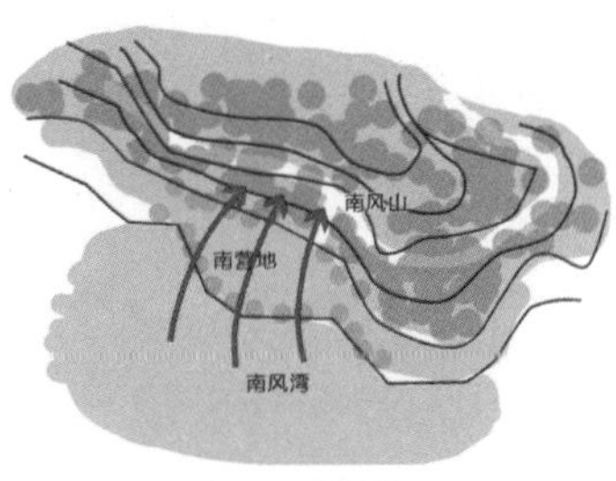

图 5-29　西贡西湾仔营地通风示意

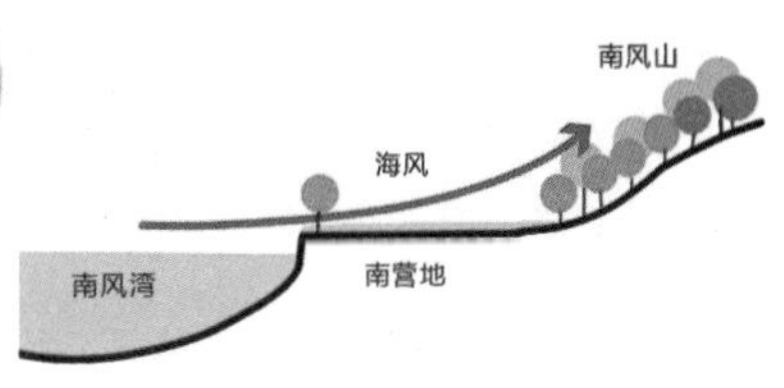

图 5-30　西贡西郊野公园湾仔部分南营地场地剖面通风示意图

大片水面、庭院、林地等都是良好的冷源。结合室外环境，适当设置乔木或灌木丛，既可作为冷源又可引导风向，如临近大片水面的亭子等构筑物（如第二章调研的佛山三山及深圳马峦山郊野公园的水边休息亭）。

休息亭若靠近冷源，如大面积的水面、树林或灌木花丛等，能提高亭内的通风效果，同时屋顶可设计成架空双层屋顶，形成屋顶的侧开口，利用太阳照射的屋面作为热源，促进热压通风。如马峦山郊野公园山脚下的一个休息亭，临近一片水面，采用了架空双层屋顶的做法，结合水面作为冷源，亭内很凉爽，实现了很好的通风效果。

公厕是郊野公园内最为必要的服务设施，在游人密集的活动区公厕的密度也相对较高，而徒步游径等区域，密度会相对较低，宜结合休息处设置。公厕选址应比较隐蔽但方便易达，阳光充足，通风良好。公厕因私密性需要不能开大窗，但是对通风换气要求较高，所以公厕的气候适应性设计重点是通风设计。常见的做法是开高窗通风和设置捕风楼，有利于热压通风的进行，也有利于公厕内低处难闻的气味从上方开口排走。如马峦山郊野公园山脚公厕，侧向高窗通风（图 5-31）；香港仔南露营地的配套公厕，屋顶与墙体脱开有助通风（图 5-32）。

图 5-31　马峦山郊野公园山脚公厕

图 5-32　香港仔南露营地的配套公厕

5.2.3.4　创造与利用局地风

（1）水陆风

水与陆地因为比热容的不同，所以白天吸热和晚上放热时表面空气温度会有差异，水面与地面就会形成温度差异：白天水面温度低，气压大；陆地表面温度高，气压小，故有从水面流向陆地的气流。陆地的树林与开阔地面相比，开阔地面温度较高且通风条件更为良好，因此从水面流向开阔地面的气流较为明显，同时起到降温增湿的效果。

同时，需要辩证地看待水陆风的效果并给以选择性的利用。人的舒适性感觉是由温度、湿度、太阳辐射与风速等因素共同决定的。在亚热带湿热地区，郊野公园内植物蒸腾作用显著，所以利用水陆风有可能会导致湿度过大反而不能达到舒适效果。因此，有些场地反而是避免水陆风，把游客集中的开阔区域选择在水面的夏季主导风的上风向。

（2）林地风

郊野公园内成片的树林与游客广场、露营地等开阔区域有明显的温度差异。树林下因为茂密的树叶导致接收的阳光辐射比开阔区域的少很多，温度较低，气压较大；开阔区域温度较高，气压较小，因此，气流从树林向开阔区域流动，形成林地风。

在游客活动区的选址上，应结合夏季主导风向一并考虑，若林地风的风向与夏季主导风向基本相同，能更有效地在开阔的区域得到舒适的通风。但是在静风频率较大的区域，通过利用林地风，也能在调整场地的风环境上取得一定的效果。

（3）山地风

对于山地地形，山顶在白天受到的太阳辐射比山谷高，因此山顶的气压比山谷的低，气流由山谷沿坡面上行，形成“谷风”；而到了夜间，冷空气下沉，气流就会沿坡面下滑，形成“山风”。山谷风在夏季晴朗天气中的变化尤为明显，因此，结合夏季风的风向，在迎风坡的中高处布置游客的集中点，在白天能够取得较好的通风效果。要避免在通风效果不好的背风坡、山谷等地形设置游客集中点；也要避免在易受冷风侵袭的坡地及山顶设置休憩区，必要时考虑防风林的设置。另外，登山径中的休息亭及小平台等游客暂时停留休息点，如根据园路规划需要在背风坡和山谷等通风较不理想的位置设置时，应尽量使平台视野朝向开阔，同时利用林地风进行局部微气候调整。

由于山地风相对而言是在较大范围内的整体气流规律流动，所以在实际设计时除了要结合当地的季风风向，还要综合考虑山体的植被、水体造成的局地气候环境和山体本身的安全性问题，从整体的考虑中取得最优选择。

5.2.4　被动蒸发降温策略

水体是水汇集的场所，水体又称水域，包括江、河、湖、海、冰川、积雪、水库、池塘等，也包括地下水和大气中的水汽。郊野公园内的水体一般包括池塘、水库、溪流、输水渠、跌水瀑布、河道甚至海域（如香港西贡西与西贡东郊野公园）等。在郊野公园设计中，一般是对地表水及其周围环境进行处理，并控制大气中的水汽在一定范围内，尽可能地保护地下水。水体对热环境的影响与水体的布局及规模、流动状态、水面覆盖度等因素有关。

5.2.4.1　水体布局与规模（面积与深度）

水体可布置在游客休憩区夏季主导风的上风向，可以扩大水面对周围环境的降温范围，同时，在水边配置不同的绿化对微气候的影响也不同：①当水边是草地时，草地表层升降温比水面层快，吸热量和蓄热量都比水面小，故白天在太阳辐射情况下形成热压通风，风由水面吹向草地；②当水边是灌木时，灌木表层升降温比水面快，吸热量和蓄热量都比水面小，故白天在太阳辐射情况下形成水风；但因灌木低矮叶密，对近地空气流动阻碍较大，水风难以深入陆地；③当水边是乔木时，乔木树冠表面升降温比水面快，但树冠中下层升降温较慢，树冠整体蓄热量比草地和灌木都多，同时树干对近地通风阻挡小；白天在太阳辐射下，水风上岸后可以通过乔木林树干之间较大的空间上升，穿过树冠叶子之间的孔隙到树冠顶补充受热上升的热空气，所以乔木下岸边的水风较明显[112、113]。

例如，天鹿湖郊野公园的荷花池周围是很密的灌木、乔木，水面因睡莲蔓延生长而铺满浮水植物，因此荷花池的蒸发降温及水风效应并不能很好地发挥出来。而天鹿湖郊野公园的西门，水池西面是较密的树丛，东面是疏林草地（休息点），因此水池的西面较阴凉，风就从西经过水池吹向草坪，形成较舒适的微环境。西贡西郊野公园湾仔南营地水边是乔木，海风对场地微环境调节能起到良好的作用（图 5-33 ～图 5-35）。

图 5-33　天鹿湖郊野公园荷花池

图 5-34　天鹿湖郊野公园西门水体

图 5-35　西贡西郊野公园湾仔营地

对于整个场地来说，水体面积越大，蒸发降温的效果越好，但要注意控制湿度不能过高而引起闷热与不舒适。当水体深度达到一定时，水体面积对水体表面温度的影响不大，但对于整个场地来说，水体面积越大，周围降温的范围也会扩大。当布局合理时，能产生水风使周围场地降温，而如果布局不合理，可能会使蒸发的水汽滞留在场地范围内，造成高湿高温的不舒适环境。

陈卓伦在博士论文《绿化体系对湿热地区建筑组团室外热环境影响研究》中结合模拟实验对水体深度的研究结论为：通过对比不同深度水体的表面温度及空气温度，发现不同水深案例的逐时模拟结果之间差异很小。当水深超过 0.45m 时，表面温度就不会随着深度的改变而发生变化。因此，该论文建议在后续的模拟分析中，可以统一采用 ENVI-met 对水深的缺省设置，即 1.75 m[12]。而根据其他学者的相关研究，当水深 <4m 时，在太阳光下，水深越大，水体表面温度越低；当水深 >4m，水深对水体表面温度影响不大。如果水体表面温度太高，对周围环境的蒸发降温效果就不明显[97]。因此，建议水深宜为 1 ~ 4m；若设计中考虑供游客嬉水的区域，则水深应不超过 0.5m（图 5-36）。

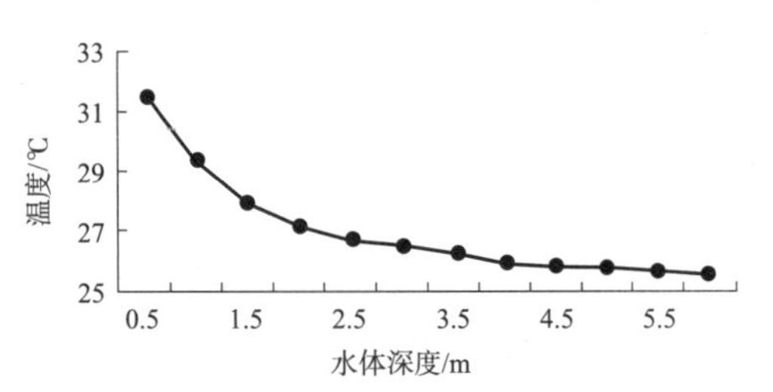

图 5-36　水表面温度随水体深度变化曲线[97]（水体特征尺寸 25 米、植被遮挡系数为 1）

另外，由于在郊野公园中，部分景观水体兼具蓄洪排洪功能，因此，在设计时要给予考虑，保证其在瞬时暴雨期间能起到安全保障作用，如广东天鹿湖郊野公园入口区后花园的景观水池，是利用原有山体排洪道加以优化设计而成，兼具蓄洪排洪作用，并且对场地微气候进行适当调节。

5.2.4.2　*动静态水体影响*

水体按其流动状态可分为动态水体与静态水体。一般静态水体以蒸发降温为主，静态水体一般需要有一定面积和深度，才能对整个场地产生蒸发降温的效果。动态水体除了水的蒸发外，流动的水能在一定程度上加大周围空气的流动速度，促进水分扩散和蒸发，能达到很好的散热降温效果，还能增加视觉与听觉的愉悦度。水的流动速度越大，效果越好，如瀑布、跌水等，可结合休息点设置，舒适度高且具有较高的趣味性和观赏性；而溪流、水渠等，降温效果次之，但一般流程较长，对改善热环境也有很好的作用，可结合道路设置。如深圳马峦山郊野公园，水量丰富，动静水体相结合，较大水体如水池、瀑布旁边设置休息亭、平台，在保证安全的情况下，人们可以进行亲水活动。人们喜欢在有瀑布或跌水的地方停留，他们认为那里更凉爽、更好玩（图 5-37 ~ 图 5-39）。

（a）跌水景观

（b）跌水景观

（c）溢水景观

图 5–37　马峦山郊野公园入口休息点的水景观

（a）溪流景观

（b）栈道旁溪流景观

（c）汀步景观

图 5–38　马峦山郊野公园沿途山溪景观

图 5–39　马峦山郊野公园的瀑布

5.2.4.3　水体表面设计

水体中种植水生植物，可减少夏季水面产生的眩光，但植被遮挡系数越大，水面温度越高，这与植物降低水面蒸发、阻挡空气流动有关。太阳光和反光物间的光线角度与季节及太阳高度角有关，宜根据游客休憩点视线、阳光入射角配置适当的植物位置，减少植物对水体表面的风的阻挡。也可以根据水面的大小，确定植物的位置和高度。对于小面积的水，阳光入射范围不大时，可以先遮断太阳直射光再遮断从水面反射过来的光线；对于大面积的水，由于阳光入射范围太广，遮断太阳直射光对减少反射光的作用不大，更适合遮断从水面反射过来的光线。水体表面可适当种植水生植物，减少眩光，但不宜过多。植物栽植于光源与反光物之间，或反光物与光源之间，应根据游客休憩点视线、当地太阳辐射入射角来确定植物种植的大致位置。

从笔者在华南植物园的气候实测可以看出（表 5-6），水面的植被遮挡系数越大（浮水植物与挺水植物），水边岸上的热环境越不理想。例如，无植被覆盖水面的岸边，温度、SET、黑球、WBGT 的值都最小，挺水植物覆盖表面次之，浮水植物覆盖表面的值最大。

华南植物园不同表面水体白天实测平均数值分析（2012 年 07 月 07 日实测） 表 5-6

平均值（1.5 米高处）	1- 草地（无覆盖水边）	5- 草地（浮水植物覆盖水边）	6- 草地（挺水植物覆盖水边）
温度（℃）	30.44	31.30	30.78
相对湿度（%）	77.96	75.60	75.62
黑球	35.27	37.98	37.05
WBGT	28.06	29.08	28.71
SET	26.60	29.40	28.56

从各项的平均值来看，在无植物被覆盖水面的滨水草地上，舒适度最高；而被浮水植物覆盖水面的滨水草地，舒适度最低。从测量数据来看，水生植物虽然能为水面遮挡热辐射，降低水面反射率；但水生植物也阻碍了水的蒸发，进而降低了水面对周围的降温作用，也降低了水陆风对岸上的对流散热作用。而浮水植物相对挺水植物，覆盖水面的面积较大，其上部空气温度也越高。

5.2.4.4 排水防滑降湿设计

亚热带湿热地区降雨丰富，并且瞬时暴雨发生的频率较高，因此在场地选择与设计时要结合周边地形考虑场地使用的安全性，存在较大高差的地形需妥善考虑护坡及场地排水处理。同时，在场地中结合使用功能的需求设置避雨设施；铺装设计要考虑场地排水与防滑。

（1）排水蓄水：场地迅速排水，就地蓄水

郊野公园中的排水系统需根据场地的使用功能有所区别，在主要游客游憩区、主要道路等区域宜使用有组织排水，保证场地的安全使用。而其他区域可利用自然地表坡度排水。同时，在郊野公园设计中，可利用原有的水塘、沼泽、洼地，结合公园的排水设计，实现就地蓄水。蓄水能降低暴雨高峰排放，减轻排水泄洪对市政管线压力。同时，蓄水池也有改善微气候的作用，可配合节点的景观设计。如广东天鹿湖郊野公园入口广场设计中，利用原在山脚处的汇水低洼地设计为莲花池，兼有景观优化与排水蓄水的功能（图 5-40、图 5-41）。

硬质铺装的使用场地通常要求迅速排水，以利于人们使用。郊野公园中，一般需在重要的使用场地，如入口广场、主要活动场地设置排水沟、边沟或者雨水口，以保证大量降水时能及时排除地表水，不影响场地使用。而在一般场地，可将广场地表水直接排入绿地中。沟渠的最小坡度是 0.5% ~ 1.0%，地表的最小坡度是 1.5% ~ 2.0%[27]。此外，架空地面（如栈道）能使水迅速排到下层自然地面中，能有效排水。

图 5–40　天鹿湖郊野公园西门入口荷花池

图 5–41　天鹿湖郊野公园东门广场后花园水池

（2）场地安全：生态护坡、挡土墙设计

郊野公园的游客休憩区应避开冲沟、山体的大面积汇水径流通过或淹没之处，但由于郊野公园中地形一般起伏变化较多，因此为了防止在暴雨后山泥倾泻，一般需要在必要的地段设置护坡与挡墙以保证场地与园路的安全。在护坡与挡墙下部设置截水沟，对上方山体的地面径流有组织排除。在护坡的设计上，可结合场地原有植被的保护处理为生态护坡，例如香港的香港仔郊野公园里面的生态护坡的做法（图 5-42、图 5-43），在香港其他地方也普遍运用。

图 5–42　香港仔郊野公园生态护坡照片

图 5–43　香港船湾郊野公园生态护坡照片

（3）透水地面：渗透雨水，减少地表径流

硬质铺装降低了地面渗透的能力，增加了地表径流的流量和流速。因此，郊野公园的地面尽可能采用透水地面。透水性地面如植草砖等，既能满足场地使用及荷载需求，又能保持一定的渗透能力；架空地面能使水迅速下渗到下层自然地面，减少铺设地面对地表径流的不利影响，应在郊野公园中尽可能使用。铺装地面上的雨水应该流入有植被的地面或渗透设施，再进入排水设施，以便过滤和降低流速。但需注意，有植物的地面径流不应当流到铺装表面上，因为这会增加水的流速，并会产生淤泥及有机物沉积。

（4）耐湿防滑：采用耐候性材料与构造

亚热带湿热地区多雨、高湿，使郊野公园内地面易出现湿滑现象，特别是在斜坡、梯级等地方。而且由于郊野公园内一般空气质量较好，潮湿荫庇环境中的路径中较容易生长青苔，地面防滑对郊野公园室外环境的安全性设计特别重要。

选择表面较为粗糙的面层材料，或在材料表面做防滑处理，如使用混凝土地面时在混凝土表面做凿痕处理等（图 5-44），或采用荔枝面、自然面等石材面材。在重点地点如斜坡、梯级或因长期使用出现磨损的路段应增加防滑措施，如凿痕、增加防滑条等，防止意外发生（图 5-45）。此外，较为荫庇的地方湿度大，水分蒸发慢，地面容易积水产生青苔造成路面打滑，故地面应保持良好的排水、透水效果。

在亚热带湿热地区郊野公园中，雨水充沛，整体环境湿度较高，路面容易湿滑，苔藓植物容易生长。因此，地面不宜采用表面过于光滑的材料，建议选择防滑效果较好的地面材料（如荔枝面或菠萝面、自然面石材），并在重点区域增设防滑设施，例如在台阶、坡道较大的路段，应增设防滑条、警示牌等，以确保人们活动的安全。在石材步级设计时，考虑人性化设计，在踏步上设置排水坡度与汇水沟，这样地面水就不会顺着踏步面往下淌，而是在踏步两侧或一侧汇集（图 5-46）。另外，在地面铺装上结合透水地面设计，采用透水构造做法，减少地面积水（图 5-47）。

图 5-44　深圳马峦山郊野公园混凝土梯级采用凿痕的处理

图 5-45　香港九龙公园坡道增加混凝土防滑条

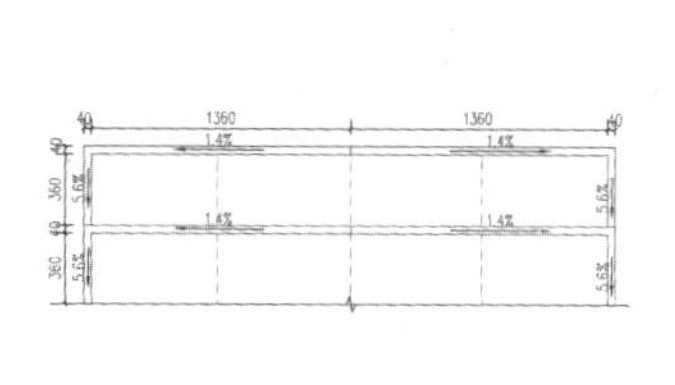

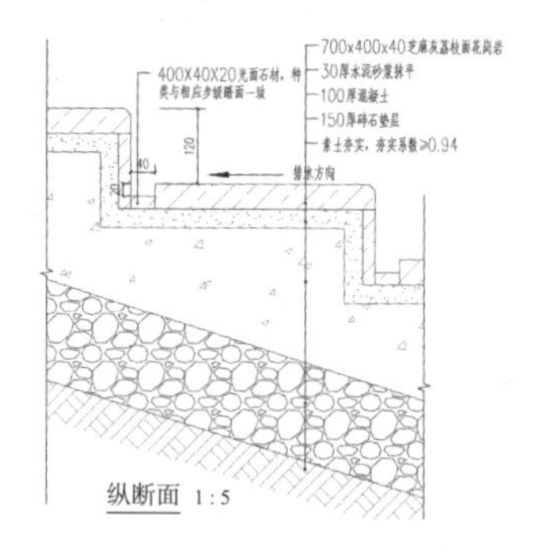

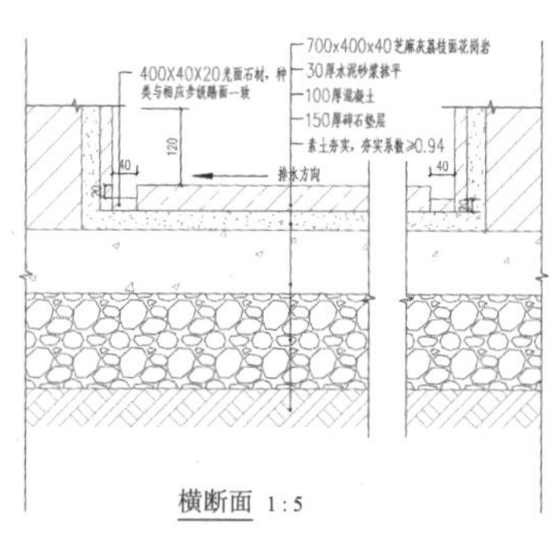

8 楼梯踏面排水构造详图 1 : 5

图 5-46　佛山西樵听音湖核心景区景观设计的室外踏步大样（图片来源：项目组提供）

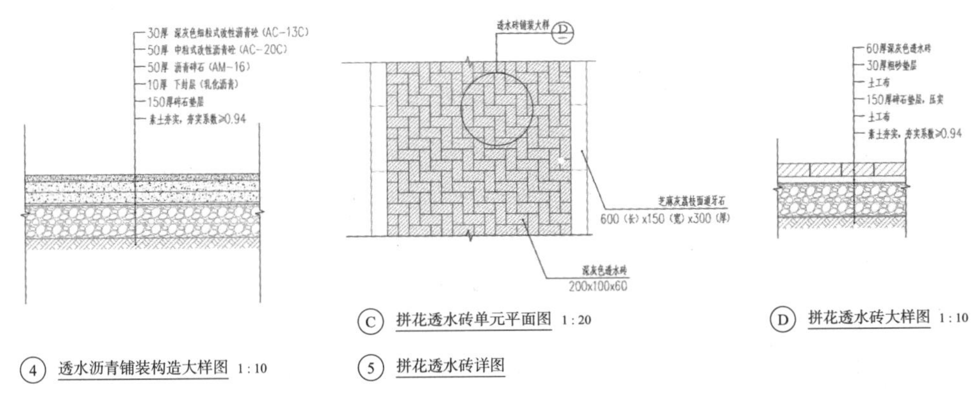

图 5-47　佛山西樵听音湖核心景区景观设计的透水地面做法（图片来源：项目组提供）

5.3　策略应用途径：基于热舒适模拟优化设计方案

如何将相关测试、模拟研究得出的结论，结合提出的气候适应性设计策略，有效应用于设计实践之中，即如何将“技术科学发现”与“规划设计实践”进行有机紧密联系，是本人一直思考的问题，也是引发本书研究的初衷。本部分在提出基于气候适应性的郊野公园规划设计策略与要点的基础上，尝试提出“设计方案—模拟—预判—反馈—优化”的辅助设计方案优化思路，并结合工程实践案例进行运用实证。需要指出的是，基于热舒适模拟优化设计方案的思路是相关策略应用的途径之一，本人带领的课题组也正在探索其他合适的应用途径和工具。

基于热舒适模拟优化设计方案的应用途径主要包括五个环节：“设计方案—模拟—预判—反馈—优化”。其基本思路是利用 ENVI-met 热环境模拟软件，对选取的设计实例进行热环境模拟，并运用热舒适阈值对模拟结果进行热舒适的预判，从模拟预判中提出设计优化建议。本部分结合课题组的研究成果以佛山南海区西樵镇核心景区“叠泉织锦”景点为应用分析案例，对设计方案进行热环境模拟，并运用岭南园林的热舒适阈值对模拟结果进行热舒适的预判，从营造舒适微气候的角度探寻辅助设计方案优化的途径。由于本部分的研究工作是在郊野公园课题基础上的持续研究，同时，也是围绕本人近年对岭南园林气候适应性设计策略的相关研究工作展开，因此在模拟分析与评价中，选用更接近实证研究案例的岭南园林热舒适阈值，而不是郊野公园热舒适阈值。本人与课题组对岭南园林热舒适阈值的研究进展已有其他文章论述，在此不赘述。

5.3.1　设计项目概况与模拟优化目标

5.3.1.1　项目概况

“叠泉织锦”景点位于佛山南海西樵听音湖片区，是环湖“听音八景”之一，面积约 3.7hm^2。设计场地在西樵山风景区西北侧山脚、听音湖南岸，东、西侧为云影琼楼酒店和岭南玉阁，南侧为西樵山山麓的白云洞景点。“叠泉织锦”位于西樵山风景区与听音新城连接的景观轴上，是规划“由山入城”理念的重要空间节点，

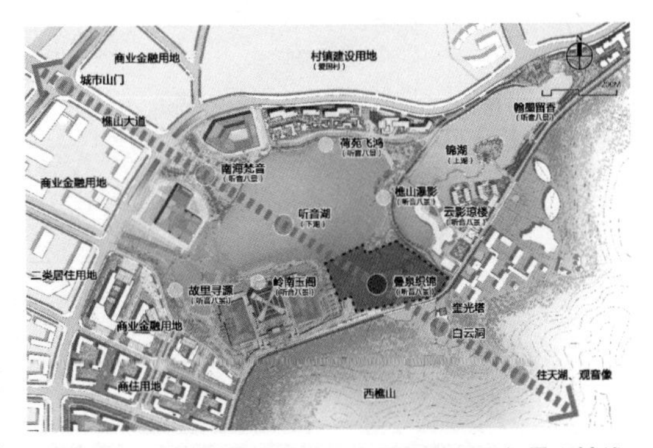

图 5-48　佛山西樵听音湖核心景区总平面与景观轴线示意（图片来源：项目组提供）

承接及延续西樵山的绿脉，渗透入城（图 5-48）。

5.3.1.2　场地分析

设计场地原为西樵山麓入口附近的林荫空间，平时有游客喜爱在此停留游玩，场地内原有配套于云影琼楼酒店的别墅建筑若干和青年旅馆一座。在上层规划中，此处用地调整为公共绿地，同时，位于场地北侧别墅建筑及其附属建筑结合规划要求将拆除，留出由山入城轴线的视线通廊。场地南侧的绿地中有岭南著名建筑师林克明设计的青年旅馆，其建筑造型与周边树木相映成趣，将保留其外观及结构，并配合建筑内部功能调整在其周边预留观赏、下客、后勤区域。

设计场地顺应山势入湖，地势南高北低，高差约 9m。场地中现存大量植被大多位于高程为 10.4m 的较为平坦的用地，集中在场地南侧，以自然式种植为主（图 5-49），已蔚然成林，行走林间，光影交织，阴凉惬意。场地北侧酒店别墅区亦有一定量乔木结合别墅规则式种植，但有个别树木与整体林木的氛围不协调。项目组将场地内所有乔木编号并记录树种、胸径、冠幅、高度及坐标，制成图表供设计时使用（图 5-50）。

图 5–49　佛山西樵听音湖叠泉织锦景点场地原有植被现场照片（图片来源：项目组提供）

图 5–50　佛山西樵听音湖叠泉织锦景点中场地保留乔木的标号图（图片来源：项目组提供）

5.3.1.3　设计构思："游于林隙、行于山野"

根据整体规划与场地分析，西樵山水的延续、西樵云瀑的隐喻、青葱树木的意趣、岭南建筑的映衬，这一切形成叠泉织锦景点"游于林隙、行于山野"的游赏氛围（图 5-51）。

景点的绿脉、水脉、石脉是整体氛围营造的关键（图 5-52）。设计结合乔木保留与种植，营造大绿量的整体效果，顺延、衔接西樵山的绿脉。保留的现状乔木起到骨干树种的作用，并结合移植与补植共同造景。同时，设计延续白云洞水脉至场地，顺应高差，结合溪流、湖面、叠泉和瀑布一路联通至听音湖，而石脉的延续主要体现在西樵本土石材锦石，结合溪流瀑布、登山径道的运用（图 5-53）。

图 5-51　佛山西樵听音湖叠泉织锦景点"游于林隙、行于山野"游赏氛围示意（图片来源：项目组提供）

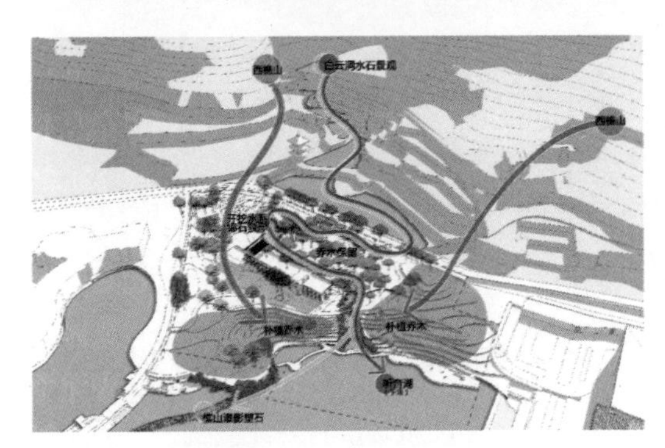

图 5-52　佛山西樵听音湖叠泉织锦景点绿脉、水脉、石脉延伸示意（图片来源：项目组提供）

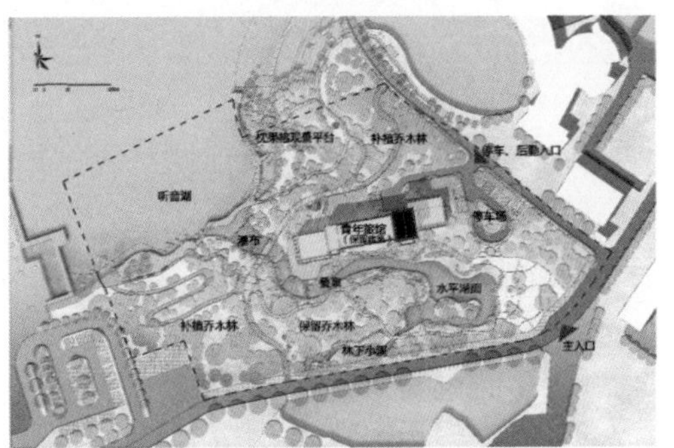

图 5-53　佛山西樵听音湖叠泉织锦景点总平面图（图片来源：项目组提供）

5.3.1.4　结合微气候模拟优化设计的目标

在提出了设计构思与整体方案后，如何能在方案实施前提前对未来建成环境的微气候与热舒适性进行预判，如何能针对方案中热环境不理想的区域进行优化调整？本人及课题组提出了利用 ENVI-met 热环境模拟软件，进行热环境模拟预判，并优化设计的想法。本次模拟的预设目标是：①预判方案建成后热环境的舒适度如何？能否在夏、冬两季达到游客的热舒适要求？②在方案中设定的游客停留点与观景点处，热环境的效果是否良好？③结合水脉联通的水系开挖，对场地的微气候有什么影响？④场地内保留了大片原有乔木，在提供场地遮阴条件的同时，对场地通风的影响是怎样的？⑤在目前的方案中有没有存在明显热不舒适的区域？

5.3.2 模型建立与模拟工况设定

5.3.2.1 建立模型

叠泉织锦场地接近湖侧有约 9m 的高差，并且设有瀑布等流动水体，而 ENVI-met 软件暂时未能对这点较好模拟，因此本次研究模拟选择叠泉织锦景点的核心区域，也是游客活动相对集中的区域——青年旅馆及南边的一块 150m × 90m 的场地作为主要模拟的区域，并以此为边界四边外扩 120m，建立了一个 330m × 270m 的模型区域，模型分辨率为 3m。

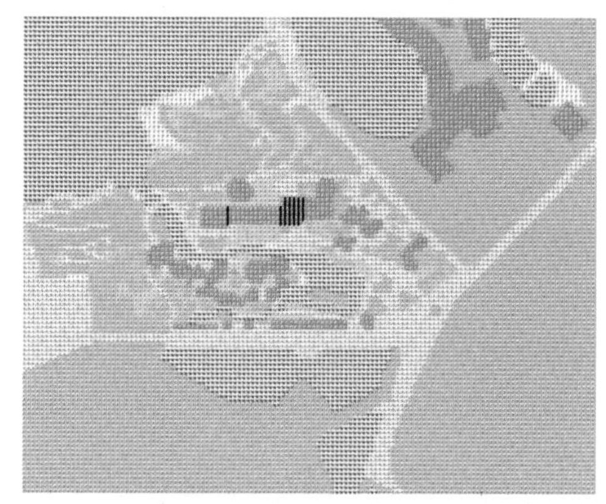
图 5-54 叠泉织锦模拟区域 ENVI-met 平面模型 [144]

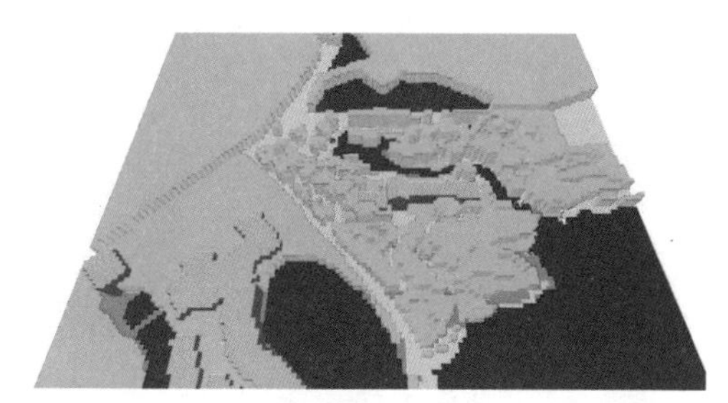
图 5-55 叠泉织锦模拟区域 ENVI-met 3D 模型 [144]

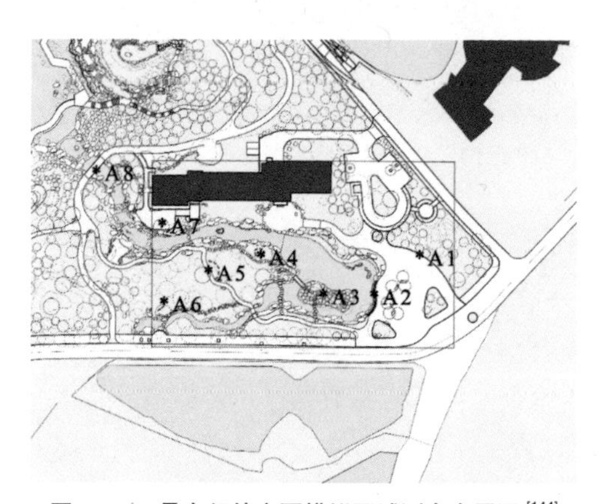

图 5-56 叠泉织锦主要模拟区域测点布置图 [144]

原场地紧邻西樵山，周边水体和绿化环境较好。因为 ENVI-met 模型默认模拟区域外为硬地，因此需要建立较大的缓冲空间，才能较为真实地还原模拟区域的现状，特别是上行风向会对场地内的温度湿度造成较大的影响。本次模拟采用了 120m 的缓冲空间，缓冲空间基本按照原场地的布置。本次模拟数据的分析主要是对主模拟区内的分析，周边环境作为对比参考。主模拟区包括了本景点中的主入口广场、大湖面、林荫活动区和主建筑入口区等。具体模型区域见图 5-54 ~ 图 5-56。

在 ENVI-met 自带的植物数据库（PLANTS.DAT）中，有常绿型 / 落叶型乔木、草、灌木、小麦等各种植物的数学模型。结合实际调研结果，将 ENVI-met 的植物数据库中的树种与本设计案例中使用的植物进行对比，选取了三种主要属性较相似的植物进行建模（表 5-7）。

模拟选用植物种类、高度及使用区域表　　表 5-7

植物种类	高度（m）	使用区域
（XX）Grass 40 cm aver. Dense（summer）	0.40	乔木不覆盖的草地
（DS）Tree 10m dense.，distinct crown layer	10.00	新增乔木
（SK）Tree 15m very dense，distinct crown layer	15.00	保留原有乔木

选取了（PN）concrete road（new）为主要硬质铺装材料，其表面的粗糙长度为 0.01，表面

的短波反照率为 0.4，长波表面辐射为 0.9；选取了（L）Loamy Soil 为壤土，其表面的粗糙长度为 0.015，表面的短波反照率为 0，长波表面辐射为 0.98；选取 W（Deep Water）作为水体，默认水深为 1.75m。

为了便于观测与评价模拟的热环境效果，结合设计方案中游客的主要停留区与休息点，设置了八个测点，包括了入口广场附近、湖心岛、林下、溪边、园路、桥上等各种工况，测点情况如表 5-8 所示。

叠泉织锦入口区模拟测点安排表　　**表 5-8**

区域	测点编号	位置	遮阴情况	下垫面	模拟数据
主模拟区	A1	入口广场	弱遮阴	硬地	T、RH、W、T_{mrt}
	A2	入口广场湖边	暴晒	硬地	T、RH、W、T_{mrt}
	A3	湖心岛	树荫	硬地	T、RH、W、T_{mrt}
	A4	溪边小路	树荫	草地	T、RH、W、T_{mrt}
	A5	树林大榕树下	树荫	草地	T、RH、W、T_{mrt}
	A6	林间小路	树荫	硬地	T、RH、W、T_{mrt}
	A7	青年旅馆平台	暴晒	硬地	T、RH、W、T_{mrt}
	A8	落瀑桥上	暴晒	硬地	T、RH、W、T_{mrt}

（注：T 为空气温度、RH 为相对湿度、W 为风速、T_{mrt} 为平均辐射温度）

5.3.2.2　背景条件值的设定

佛山西樵镇属于季风南亚热带气候，炎热潮湿，太阳辐射强烈，全年雨量充沛，年均降雨量约 1600mm，是典型的岭南气候区。岭南地区以仲夏时节的闷热使人感到难受，而冬季的湿冷也会令人不舒适，因此夏冬两季是岭南地区室外活动环境中最需要关注和应对的季节。本次对叠泉织锦的设计方案热环境模拟预判，也是选择夏季和冬季进行。

模拟分析需要输入项目所在地的典型气象日数据作为背景条件参数。受限于基础数据获取，研究中暂未能找到佛山市的典型气象日数据。根据日本学者吉野正敏（Yoshino）提出气候尺度分级中同属于中气侯的尺度（103 × 105）的观点，该项目距离广州约 37 公里（以广州城市原点为终点），且广州与佛山纬度相近，同属于珠江三角洲，地貌环境相似;因此，本次模拟采用广州典型气象日数据作为模拟的背景数据。其中有三个主要的影响背景因素:① Wind Speed in 10 m ab. Ground [m/s] 即 10m 高度的平均实测风速；② Initial Temperature Atmosphere [K] 即模拟开始时的大气温度；③ Relative Humidity in 2m [%] 即 2m 高平均实测相对湿度。模拟时采用的是典型气象日 6：00 ~ 18：00 的平均湿度。模拟的时间为 6：00 ~ 18：00 共 12 个小时，每小时记录一次，考虑到初始模拟时间段的不稳定，所以模拟数据分析采用的是 8：00 ~ 18：00。模拟的背景条件值见表 5-9 所示。

夏冬两季模拟背景条件值设置参数　　**表 5-9**

气象参数	夏季	模拟时间段	2015 年 7 月 23 日 6：00 ~ 18：00 共 12 小时
		10m 高风速：	2.0m/s
		风向：	135deg
		粗糙度：	0.1
		初始空气温度值：	300.55K
		2500m 空气含湿量：	7 g Water/kg air
		2m 相对湿度：	69.0%

续表

气象参数	冬季	模拟时间段	2015 年 12 月 27 日 6：00 ~ 18：00 共 12 小时
		10m 高风速：	1.4m/s
		风向：	0deg
		粗糙度：	0.1
		初始空气温度值：	284.65K
		2500m 空气含湿量：	7 g Water/kg air
		2m 相对湿度：	58.7%

（注：其他参数参考软件默认设定值）

5.3.3 夏季模拟数据分析与模拟热舒适预判

5.3.3.1 夏季模拟数据分析

（1）温度（T_a）

研究抽取 9：00、12：00、14：00 和 17：00 共四个典型的时间点的整体温度图对叠泉织锦主模拟区进行分析。模拟结果显示叠泉织锦夏季白天的温度差在 5℃左右。早上 9：00 模拟区整体气温在 28℃ ~ 29℃之间。中午 12：00 时模拟区整体气温上升至 30℃ ~ 31.5℃；下午 14：00 上升至 30.5℃ ~ 32℃，湖体与沿湖周边的广场和树林下温度较低；在通风良好的情况下，开阔水面周边的硬质铺装的温度也会下降 0.5℃，可知结合水脉联通的水系开挖，对场地的微气候有较好的降温效果（图 5-57）。

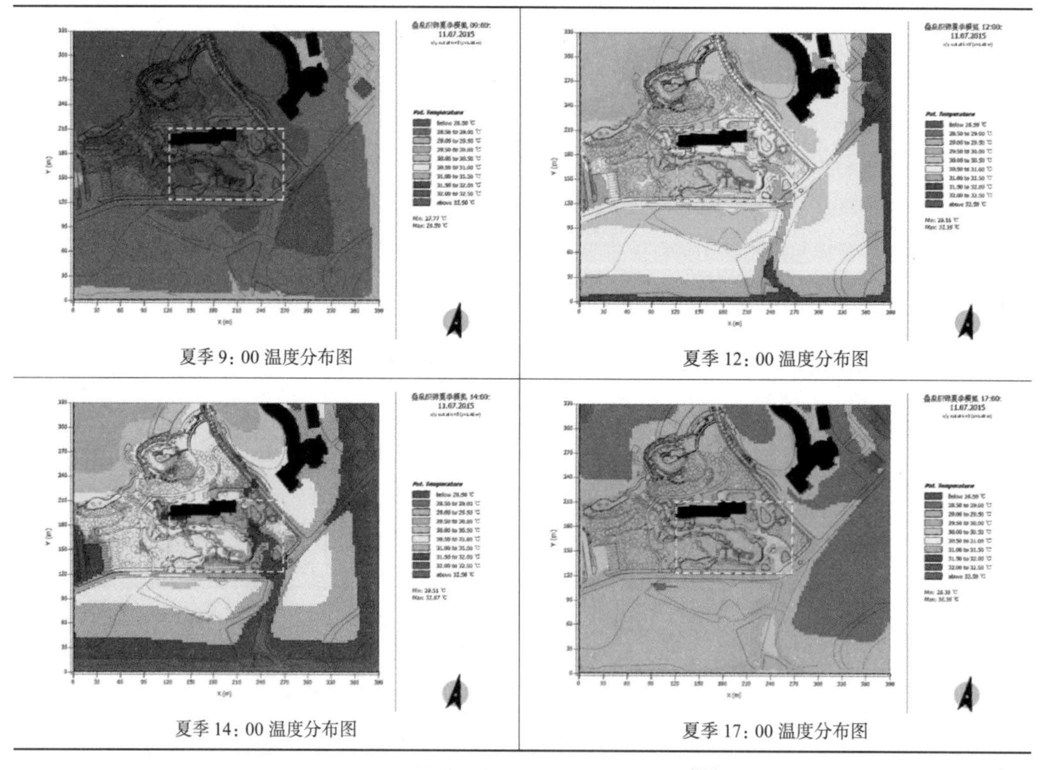

图 5-57 叠泉织锦夏季模拟温度分布图[144]

（2）相对湿度（RH）

模拟区的全天的相对湿度在 61% ~ 83% 之间，大部分时段在 65% ~ 70% 之间，较为宜人。早上 9：00 是四个时段中相对湿度最高的时间，各时段最高值均在滨水的保留树林中，入口广场湿度最低，但最高与最低之间差值在 10% 以内（图 5-58）。

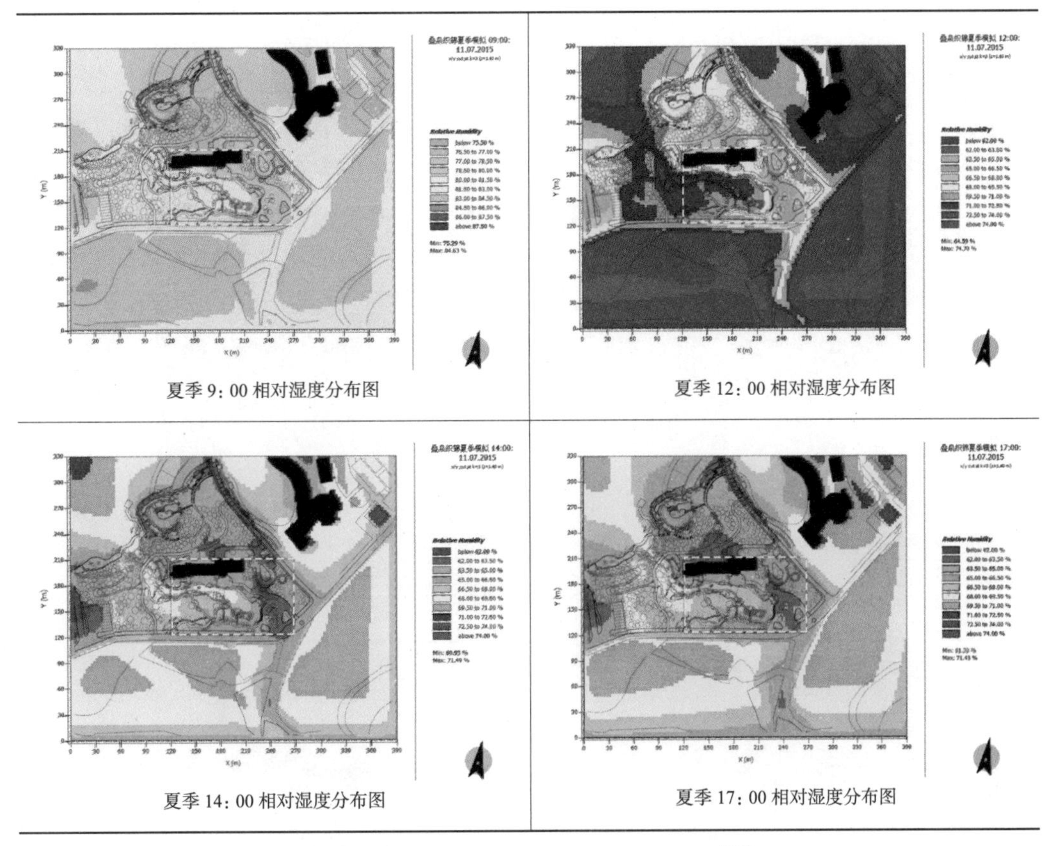

图 5–58　叠泉织锦夏季模拟相对湿度分布图 [144]

（3）平均辐射温度（T_{mrt}）

模拟结果显示平均辐射温度差值较大，这与场地是否受太阳直射有关。林下的游客停留点与观景点处的 T_{mrt} 值明显低于周边暴晒区域，当周边道路与暴晒停车场 T_{mrt} 值达到 60℃以上时，保留树林下游客休憩区的 T_{mrt} 值仍处于 30 ~ 35℃的范围，说明保留的乔木树林有良好的遮阳效果。同时，可以看到，景观水系的 T_{mrt} 值是较高的，而其周边的测点气温相对适宜，说明水体的被动蒸发降温效果显著。入口广场区全天的 T_{mrt} 值过高，需要在设计中进行遮阳优化（图 5-59）。

（4）风速（Va）

模拟中整体风向为东南风，风速全天较平均，介于 0.6 ~ 1.65m/s 之间，大部分区域全天均达到 1.00m/s 以上，整体通风良好。模拟结果显示，入口广场和湖溪水体的布局有效导风，将盛行风引入场地中部，为树林区带来凉风。因此，保留乔木树林区虽然林木较多，但风环境舒适怡人，风速全天都保持在 1.35 ~ 1.4m/s 的范围内，正是炎炎夏日下消暑的习习凉风（图 5-60）。

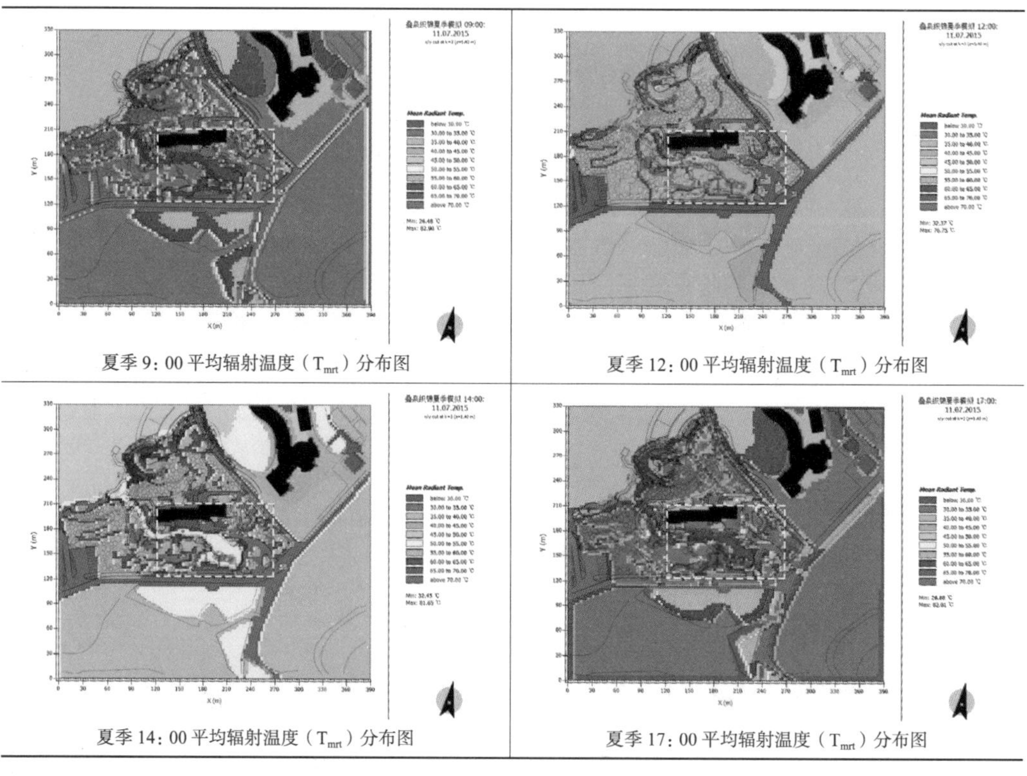

图 5–59　叠泉织锦夏季模拟平均辐射温度（T_{mrt}）分布图 [144]

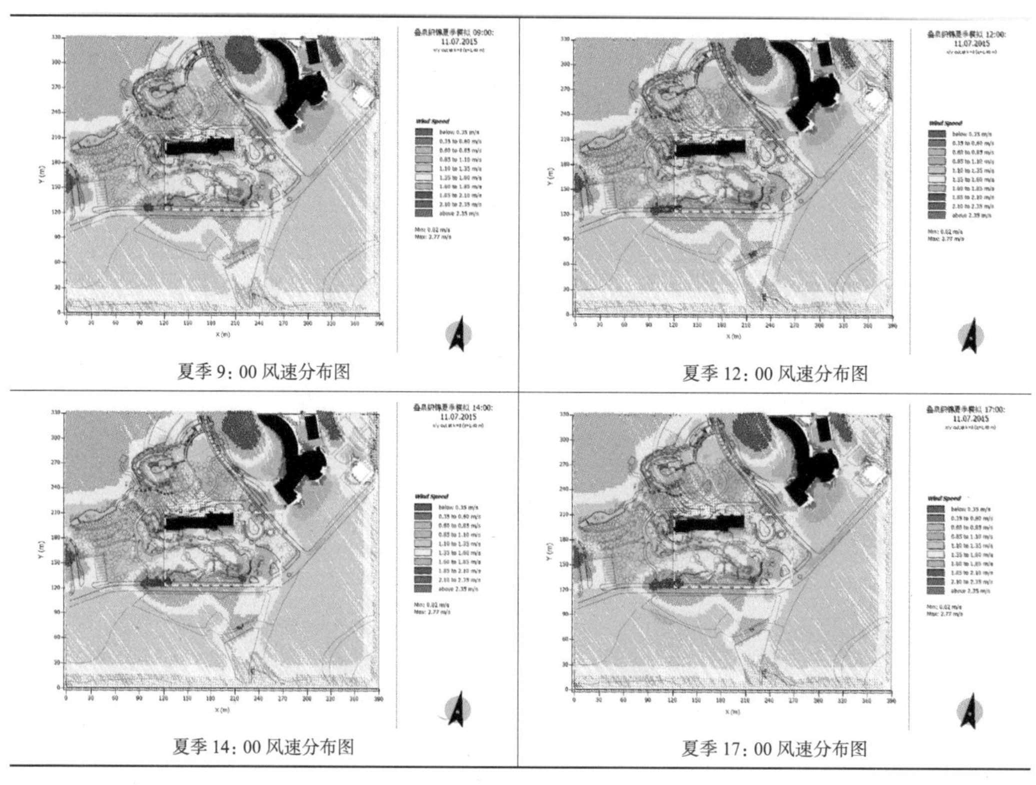

图 5–60　叠泉织锦夏季模拟风速分布图 [144]

5.3.3.2　夏季模拟热舒适预判与优化建议

夏季模拟热舒适预判是结合热舒适阈值来评价的。

本人带领的课题组对岭南园林典型案例进行了 4 次夏季实地调研，结合获得的 949 份有效热舒适问卷进行统计，衣阻的平均值为 0.5clo，其代表的意思是夏季服装（薄质长裤、开领短袖衬衣）短衣长裤情况。对运动量亦是取问卷中运动状态的众数即运动状态为步行，运动量为 1.9met（110.49 W/m^2），此为夏季热舒适分析时的标准人参数。

对 ENVI-met 模型放置的测点数据热环境数据结合夏季标准人的界定，计算出各测点的 SET 值变化如图 5-61 所示。将“微暖”、“中性”、“微凉”三个标度认为是热感觉较为舒适的区间，叠泉织锦的测点 A3（湖心岛）、A4（溪边休息点）、A5（大榕树下）和 A6（林荫小路）全天基本都处于这个热舒适的区间，这几个测点的 SET 值集中在微暖的区间，热感觉中性偏暖，是游客在炎热夏日的理想休息点。而测点 A1、A2、A7 都出现一个波峰，突破了热舒适的区间，全天中最热的测点是 A8，SET 值在热和暖之间波动。对 A1、A2、A7、A8 的优化建议如下：

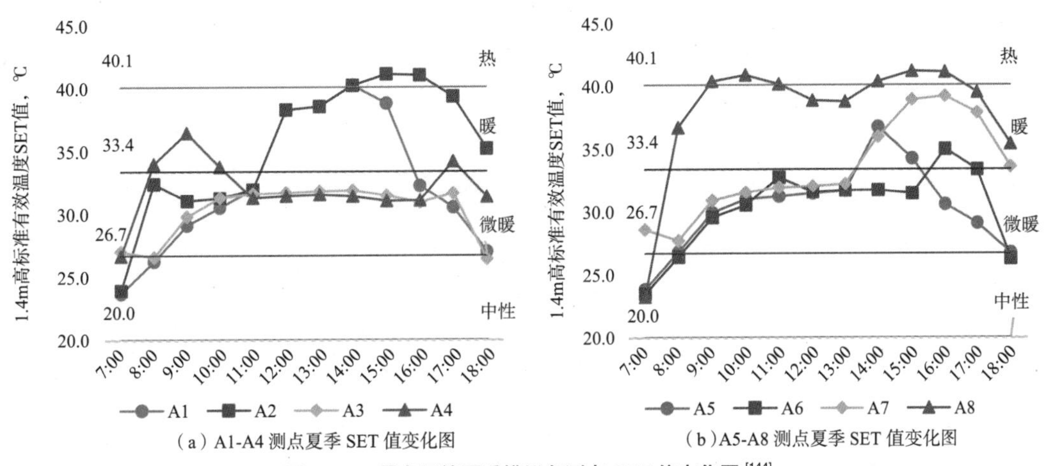

（a）A1-A4 测点夏季 SET 值变化图　（b）A5-A8 测点夏季 SET 值变化图

图 5–61　叠泉织锦夏季模拟各测点 SET 值变化图 [144]

A1 测点位于入口广场的东边，是给游客短暂停留休息的树荫空间。11：00 前这个测点较为舒适，下午会感觉偏热且晒。该区域通风良好，主要是遮阳不足带来的不舒适。由于这里是人流集散和短暂停留的广场，从功能和景观的角度不适合种植过于浓密的庭荫树，可以考虑局部加设绿化人工复合遮阳措施如植物廊架休息座椅等，有助于阻挡夏季正午的艳阳。

A2 测点位于入口广场西部亲水处，因为缺乏遮阳，在 11：00 过后这个测点的会偏热。由于设计上需要留出景观视线的通廊，在水边种植庭荫树和设置人工构筑物都会影响入口主广场的观景。出于观景和遮阴的需求，可以考虑结合空间需要，增加分支点高、树形疏朗的乔木。

A7 测点位于青年旅馆西侧，是户外休息平台和茶座。测点从 7：00 ~ 13：00 都处于微暖的区间中，热感觉舒适，但在下午 SET 值上升，处于暖的区间，原因是这里全天的平均辐射温度值都比较高，因此要改善此处的热舒适度，需要增设遮阴的措施，如结合户外茶座设置遮阳伞等人工遮阳设施等。

A8 测点是叠泉织锦的主观景点瀑布拱桥，但该测点全天的热感觉表现并不十分理想。主要原因是该测点位于叠泉溪流的桥上较晒，加之温度和湿度略高，造成 SET 值的上升。不过桥上的通风和观景条件都非常好，正对锦湖核心景区的中轴线。根据课题组对余荫山房廊桥的热环境的实测与问卷分析可知，较大的风速和开阔的视野可以增加人在此景中的环境舒适度，即使该处的热环境并不算太好，但也可以有很高的环境舒适度。由于A8处于景区主要轴线上的重要景点，因此综合各方面因素后，该点暂不进行设计修改（图5-61）。

5.3.3.3　夏季模拟小结

本部分基于ENVI-met软件模拟对叠泉织锦设计方案进行夏季热环境数据进行分析和热舒适预判。抽取了模拟中9：00、12：00、14：00、17：00四个时间段的热环境要素进行分析，有以下发现：

（1）预判方案建成后夏季热环境的舒适度：在夏季热舒适的预判中，即使处于大暑日，场地内的A3、A4、A5和A6等四个测点都能整个白天处于热舒适区间内，而且都是设计中主要的游客休息点，所以方案设计对于岭南夏季炎热天气下有较好的热环境改善作用，游客在叠泉织锦中停留、休息将会比较舒适。同时，也有一些测点因为受到太阳日晒的影响在正午过后出现温暖的情况，需要结合造景，使用功能增加一些人工遮阳和树木遮阳的措施，可以改善热环境的舒适度。

（2）景观要素对热环境的影响：方案中结合水脉联通的林间水系布局，对场地夏季微气候有积极改善，有效降温、加强通风；场地内保留了大片原有乔木，在提供场地良好遮阴的同时，依然能保持良好的通风效果，风速均在1.35 ~ 1.4m/s的范围内，是怡人的停留休憩观景区。

5.3.4　冬季模拟数据分析与模拟热舒适预判

冬季模拟的步骤与夏季相似，只是背景条件值设置和标准人设定有所区别。根据对岭南园林典型案例冬季共两次的916份热舒适问卷进行统计，得到冬季服装衣阻的众数为1.0clo，对应是上装长袖配薄外套，下装长裤或长裙的情况。调查问卷中冬季的运动状态众数也是步行，运动量为1.9met（110.49W/m^2）。

通过冬季模拟结果（具体过程不再赘述），可以知道：

（1）预判方案建成后冬季热环境的舒适度：冬季模拟中，整体气温在10 ~ 18℃之间，相对湿度在73% ~ 99%之间，风速0 ~ 1.4m/s之间，北风对场地中的温度和湿度的梯度变化有较大影响。冬季的热舒适预判上，八个测点都表现了很好的热舒适性。测点A1、A2、A3、A5、A7是会受到日晒影响的测点，整体大部分时间都在热舒适的区间内，属于中性偏热。整体上叠泉织锦的各个主要游客停留和休憩的测点在冬季都有很好的热舒适性。

（2）景观要素对热环境的影响：设计中的主要休息点A4、A6、A8在白天都会有很好的热感觉，说明方案中结合水脉联通的林间水系布局，对场地的冬季微气候有积极作用；水体+树荫的组合使休息点在温度、湿度、平均辐射温度和风速上都有很好的表现。同时，夏日较晒的瀑布桥上测点A8在冬季热感觉良好，说明在冬季，适当设置能受阳光直射的活动区域是可行且必要的（图5-62）。

5.3.5　基于热舒适预判的设计优化建议

通过在冬夏两季的热舒适性预判中，可知方案建成后热环境整体良好，能在夏、冬两季达到游客的热舒适要求。方案中设定的游客停留点与观景点处、热环境的效果良好，其中测点A4（溪边休息点）和测点A6（林间休息点）作为场地中主要休憩的地点都表现很好。测点A8

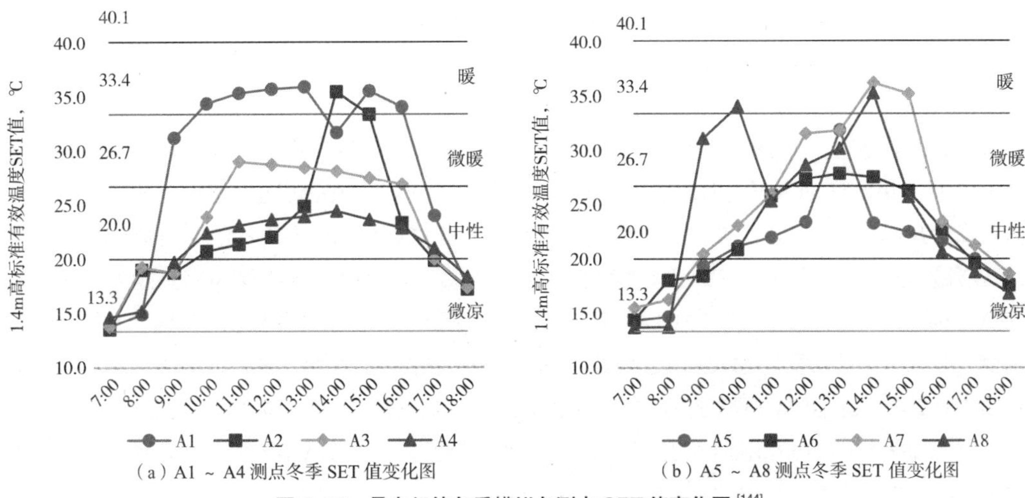

（a）A1 ～ A4 测点冬季 SET 值变化图　　（b）A5 ～ A8 测点冬季 SET 值变化图

图 5-62　叠泉织锦冬季模拟各测点 SET 值变化图[144]

在夏季的热舒适度并不高，但冬季的表现很好，如适当加强夏季的遮阴措施，能使这个测点在极端的冬夏两季中都得到很好的舒适度。其他测点表现都比较好，并没有非常不舒适的测点，总体上叠泉织锦在冬夏两季都有较好的热舒适性。在局部不舒适的地方，需要结合造景增加遮阳措施，沿广场周边加设绿化人工复合遮阳廊架；在滨水观景点，可加植分支点较高的疏朗乔木；青年旅馆平台设置移动式遮阳伞。

通过结合实践案例的模拟预判应用研究，可知该方法对已有方案的未来建成热环境能做出有助于方案优化的预判，并辅助设计人员思考、提出优化的策略与措施。但同时需要看到，受限于建模的精度、深度、广度，模拟的环境未能完全与实际情况吻合，需要设计师在应用与分析时保持清醒的认识与全面的分析。另外，能否在此思路与方法的基础上，进一步研发更为准确、方便的模拟辅助设计工具，也是课题组未来进一步研究与探索的方向之一。

5.4　气候适应性设计策略应用实践

本部分将结合本人近年负责及参与的景观实践项目，包括广东省天鹿湖森林公园（原天鹿湖郊野公园）主入口区景观设计、广东佛山南海西镇听音湖核心景区规划设计、广东江门新会小鸟天堂湿地公园规划设计、广东佛山东平生态新城景观设计导则编制等，阐述气候适应性设计策略在亚热带湿热地区景观案例实践中的具体应用。本研究在很大程度上是缘起于项目实践中的思考而展开的，由于实践与研究之间存在客观的先后时序，每个项目也有各自的特点，相关策略应用的程度深浅各异，因此，在本部分主要是结合案例实践梳理总结相关策略应用的体会和要点。

5.4.1　案例 1：广东省天鹿湖森林公园主入口区景观设计

5.4.1.1　项目概况

广东省天鹿湖森林公园的前身为天鹿湖郊野公园，位于广州市东北部，毗邻科学城，是黄埔区（原萝岗区内）重点打造的十公里地带中心区，是广州市东部重点生态安全保障区。天鹿湖森林公园主入口区位于森林公园的西北部，用地面积约为 64300m^2。是一个具有标志性的森林公园入口空间，同时也将为市民提供一个丰富多彩的公共休憩场所（图 5-63、图 5-64）。

图 5-63　天鹿湖东门入口区总平面

图 5-64　天鹿湖郊野公园东门入口区建成照片

拿到设计任务之后，笔者先对基地现状进行场地分析，主要从交通、高程、植被、热环境等四个方面进行分析：在道路交通方面，过境车流将主要通过隧道解决，到达主入口区的车流将由隧道两边的辅道引出；在用地规划中要合理组织隧道南北两面的辅道车流，并要考虑入口区停车场的适当位置。在场地高程方面，用地高程从 120m 变化到 143m，局部坡度较陡；场地西低东高，坡向主要为西北向与西南向；西面可望见天鹿湖；同时，隧道完成面高程为 133m，比起基地现状平坦部分高出 3m，如何衔接这 3m 高差是竖向设计中的一个重点。在植被分析方面，用地以乔木和果林为主，在场地 130m 高程的山脚处有十多株多年的大荔枝树，蔚然成林，在设计中宜保留这一场地的原有景观特征。场地的热环境分析：在现状调研中，笔者关注到基地沿山脚植被良好的区域热环境较为舒适，而人工开挖及平整过的场地因地面裸露、缺乏植被，并且靠近过境道路，热环境状况较为恶劣。

本项目在满足使用功能需求的前提下尽可能减少对原有地形的改造与扰动，利用坡地设置不同标高面的游人活动空间。在设计中，尽量将人工开发建设范围控制在山脚平地及缓坡地段。同时，因借地形、依山就势，将森林公园主入口区处理为台地形式。设计利用场地的高差，将礼仪集会广场设计为下沉广场，较好地解决了隧道完成面 133m 高程与基地现状 130m 高程的衔接问题，保留山脚的荔枝林，并且节省了土方量和缩短了施工时间。同时，设计因借地形、保留生态廊道，入口区的登山步道采用架空木栈道的形式（图 5-65），这样处理有三个作用：可以保留原有山体的生态廊道，使原有生态环境不至于受到过度的人为干扰；使得人群活动的线状区域下垫面为渗透性地面；可以节省工程造价与时间。

5.4.1.2　气候适应性景观设计策略在项目实践中的应用

在天鹿湖森林公园主入口区项目中，笔者在满足功能与景观需求的同时，尝试了气候适应性设计策略在景观设计中的具体应用。分述如下：

（1）设置热缓冲带策略

根据笔者对郊野公园热环境舒适性的调研发现，场地具备良好的综合绿化环境是影响局部

（a）登山栈道施工照片

（b）栈道建成照片

（c）栈道入口照片

图 5–65　天鹿湖郊野公园东门入口区登山架空栈道照片

气温的关键要素。也就是说，当测点周边是没有大树的不透水硬质地面时，即使是通过人工遮阳的方式进行微气候改良，其效果也不甚理想。在本项目的尝试中，笔者首先关注整体环境的热舒适性与生态性。在方案中，笔者结合原有地形及植被，对山脚的荔枝林与竹林给予保留，对面临道路的一侧则通过设置绿化带以隔离；在较大面积为硬质铺地的礼仪集会广场上设置了较多绿化（包括乔木与灌木），在广场的不同标高面穿插设置较大的花坛，在保证广场使用面积的前提下尽可能提高广场的绿化面积，并且乔木、灌木及地被植物相互搭配，营造“大树广场”的氛围。广场中的植物可以作为调节场地微气候的“热缓冲带”，并且在提升场地景观质量的同时给体验者带来愉悦的感受。

本设计中热缓冲界面的具体做法主要是采用渗透性地面及绿化停车场。地面具体形式为渗透性硬质铺地、绿地和水面。设计中考虑到该主入口区为人流活动密集区域，结合当地炎热多雨的气候特点，在人们休憩的主要场所（如半山荷塘）较大面积地采用了渗透性地面的做法。原因有三：①有利于公园休憩场所热环境的改善。透水地面能透水与保湿，在夏季能起到良好的降温、增湿及减尘作用。②有利于蓄水排水。由于渗透性地面具有良好的渗水性，可以有效地减少地表径流，尤其适合于多雨地区。③有利于生态环境。透水地面能有效地收集、蓄存雨水，增加了下垫层含水量，对周围植物及水体都具有生态意义，对于郊野公园而言，这种生态意义就更为突出。考虑到在湿热地区，露天停车场的热环境亟须改善，并且停车场需与公园景观更好地结合，在设计中采用绿化停车场的做法：除车行道外，停车位均采用植草格，停车带间为覆土 1m 深的树池，种上大叶紫薇、盆架子等遮阴乔木以及低矮的灌木。地面绿化停车场作为地下停车场的覆土上盖，有助于改善地下停车空间的热舒适性。

在本设计中建筑界面的具体做法是设置绿化屋顶。该公园主入口区的建筑物不太多，体量也不大，笔者主要在公共厕所单体建筑进行绿化屋面的设计尝试。其目的有二：一是公共厕所是自然通风建筑，设置绿化屋顶作为隔热层，可以有效减少太阳辐射对屋面的热作用，起到隔热降温的效果，保证在炎热气候下室内使用的舒适性；二是公共厕所位于山脚，当人们沿木栈道拾级而上时，能透过林间看到公共厕所的屋顶。绿化屋顶有助于增加游人的视觉愉悦感，屋顶绿化采用的是技术较为成熟的佛甲草种植屋面。

（2）运用遮阳体系策略

在本案例中，结合场地现有的植被条件，在设计中结合场地的使用功能，在结合植被遮阳的基础上重点考虑了人工遮阳的设置。

1）索膜

集会广场采用了圆形的形式，可用于组织较大型的户外活动，平时则可供游人休憩使用。广场的舞台设置了遮阳索膜，既强化了广场的中心感和领域感，又为舞台上的空间提供了一个较为舒适的热环境。舞台地面采用室外木地板，以降低地面对舞台空间的热辐射。根据现场实测，发现在广场暴晒区和广场索膜下的空间两者的黑球温度相差较大，说明索膜对太阳辐射有明显阻挡作用。广场暴晒区的气温比索膜下的高 1 ~ 2℃，实测数据表明索膜的遮阳降温效果较为明显。从使用后调查的资料反映，游客比较喜欢在索膜下的空间活动。

2）亭子

在半山荷花池景区，是游人聚集的场所之一，而荷花池实际上是一个半山的蓄水库，笔者在这里设置了一个木制观景凉亭，以让游人休憩片刻，观鱼赏花。据现场实测，"热缓冲带 + 遮阳"模式使亭子内的气温比相同条件下的室外气温低，相差气温最高可达 4℃。

3）售票亭

单独设置的售票亭一般是体量较小的建筑物，但因长期有人在内值班，所以它的气候适应性设计显得尤为重要。尽量采用新型屋面如绿化屋面、蓄水屋面或双层通风屋面等，结合新型墙体材料作为建筑界面，在售票口前应有较大的挑檐、避风廊或其他水平遮阳构件，为游客提供避雨空间的同时为售票窗遮阳。广东天鹿湖郊野公园的售票亭充分利用热缓冲环境创造良好的背景条件，再结合坡屋顶形式进行设计，有利于减少太阳辐射与排除雨水。

4）建筑物挑檐

主入口区的建筑体量都较小，笔者结合当地炎热多雨的气候特点，借鉴传统岭南建筑挑檐的做法，在建筑物的主要立面均设置了出挑 2m 的挑檐，可以遮挡部分的阳光辐射和雨水，对改善热环境的舒适度有一定作用。根据现场实测，挑檐下的气温比挑檐外太阳直射区域低 1 ~ 1.5℃。

（3）改善场地通风策略

首先，设计尽可能利用场地地形风，将建筑隐藏于大地，减少建构筑物对场地通风的影响；在设计中，遵循热压通风原理，结合场地使用功能，利用地形和热压差形成的气流，加强局部通风。根据现场实测，索膜下空间通风良好。东南方向的荔枝林树荫遮蔽区与暴晒下的广场两者之间形成较大的温差，产生热压气流，在索膜处形成风口，平均风速约为 2m/s，使人感觉舒适。

（4）被动蒸发降温策略

由于设计场地周边是山坡地形，因此设计中对场地汇水面积进行计算（山坡），结合场地山体汇水线保留原有水系及山体汇水通道，在不同高程结合游览路线设置较大的水面作为荷花池，并且在山脚扩大原有汇水水面形成足够的缓冲。在场地中具有较大高差的部分加强护坡处理，如停车场部分，在山脚处设置汇水线，并加强植被种植。设计利用原有的山体水系并加以优化，形成多层次的水景观效果。

设计在满足景观需求的同时，对在瞬时暴雨情况下山体的汇水排水进行缓冲，同时，蓄留的水体对改善景点微气候也有明显效果。设计的景观水系结合原有的山体汇水线，局部拓宽为景观水面，将被山体植被过滤后的雨水收集起来，种花养鱼，成为一景。根据现场实测，水体边的测点气温比其他区域的测点气温低 2 ~ 5℃。

广场的人工遮阳设施同时兼做临时避雨设置，索膜等构筑物设置了防雷电设施。场地材料选择上，结合排水与防滑的要求，设置了部分透水地面，部分地面采用荔枝面、烧面石材及透水砖等作为铺装的材料。

5.4.1.3　项目建成效果与思考

（1）项目建成后的效果与现场实测结论

项目落成投入使用后，在禾雀花节期间成功接待了数十万游客的到来，也是平日市民郊游的去处（图 5-66、图 5-67）。

（a）登山栈道照片

（b）栈道平台照片

（c）广场步道照片

图 5-66　天鹿湖郊野公园东门入口区建成后照片

图 5-67　天鹿湖郊野公园东门入口区集会广场建成后照片

笔者于2010年8月14日、2011年春季（4月10日）、夏季（8月19日）、秋季（11月6日）分别对广东省天鹿湖森林公园主入口区的微气候进行了现场实测。通过测试空气温度、湿度、风速等热环境变量，分析其变化的总体规律，探讨景观设计因子对森林公园以及郊野公园微气候的影响。通过综合分析比较实测所得的数据，可以得到以下结论：

1）热缓冲环境对微气候热舒适性有重要作用；

2）乔木及人工建构筑物具有一定的遮阳降温作用；

3）水体蒸发的降温作用较为明显；

4）渗透性地面对微气候热舒适性有一定作用；

5）通风具有一定的降温作用；

6）绿化及水体有助于减少气温波动幅度。

（2）项目建成后思考

在这个项目中，重点探索了热缓冲层、遮阳方式、景观要素（水体、绿化）、下垫面类型对热环境的影响，同时在建成后的测试研究中，进一步关注人体热感觉与环境设计的耦合关系，并初步探寻了亚热带湿热地区郊野公园游客热舒适阈值（详见本书第三章）。考虑到在郊野公园中，遮阳设施与游客步道设计相关性较高，对游客舒适性体验的影响较明显，提出了“环遮阳系统”的设想，对遮阳系数与相关设计导控的研究有待进一步推进。

5.4.2 案例2：广东佛山南海西樵听音湖核心景区景观规划设计

5.4.2.1 项目概况

佛山西樵听音湖片区紧邻西樵山风景区，是南海西部片区发展核心项目，同时亦是国家旅游产业集聚（实验）区的重要载体。西樵山以钟灵毓秀的自然景观和博大精深的人文景观著称，是国家5A级旅游景区，景区融山水人文、南狮文化与佛、道、儒三教文化于一体，具有浓郁的地方特色。

西樵听音湖片区位于西樵山西北山麓，规划总面积3.7km^2；根据上层规划定位，听音湖片区将发展成为集寻根文化、樵山文化、观音文化于一体的多元文化综合地区。本次景观设计以该片区的核心环湖区域为设计范围，面积约为57.8hm^2（含听音湖湖面面积），在听音湖片区控制性详细规划的基础上进行景观系统优化与设计细化。佛山南海西樵听音湖核心区景点策划以西樵本地的人文和自然资源为本，以“听音八景”点题，旨在建设城市级的滨水空间，为市民大众提供舒适可达的休闲地。“听音八景”为南海梵音、荷苑飞鸿、翰墨留香、故里寻源、樵山瀑影、岭南玉阁、叠泉织锦和云影琼楼。

佛山南海西樵听音湖核心景区的景观规划设计结合片区的景观轴线安排，营造从西樵山自然景观为主向听音湖新城区城市景观为主的景观层次过渡，其主要体现观音文化、樵山文化、寻根文化、石器文化。佛山南海西樵听音湖核心景区有上、下两湖，其中上湖为原有的位于西樵山山脚的锦湖，下湖为人工开挖的调蓄湖。听音湖旧湖水面标高8.04m，平均水深约1 m，面积约76760m^2，新湖水面标高1.54m，平均水深约2.3m，面积约145980m^2。规划方案利用上下湖之间的高差，结合场地景观设计为瀑布，题名“樵山飞瀑”，并从听、观、临、越等四方面丰富人与瀑布的互动关系，营造水帘洞、滨水栈道、观瀑平台、入水楼梯等给人不同感受的空间（图5-68 ~图5-71）。

图 5-68　佛山南海西樵听音湖核心景区景点布局及景观示意图（图片来源：项目组提供）

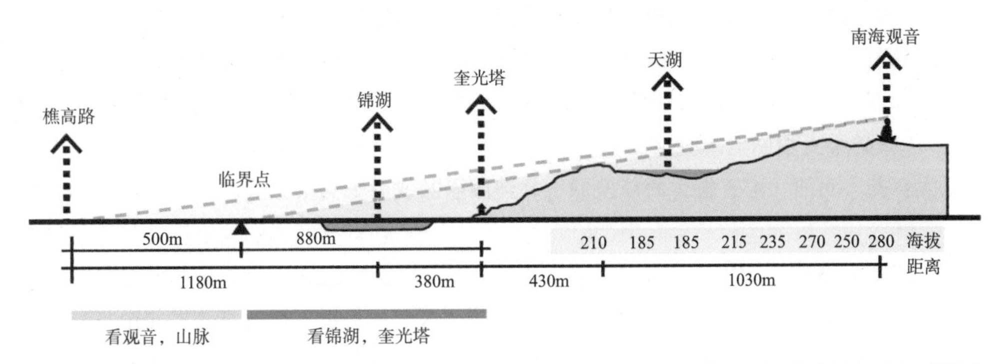

图 5-69　西樵听音新城核心景区“山 – 湖 – 城”景观轴线竖向空间关系分析图（图片来源：项目组提供）

图 5-70　“听音八景”在景观轴的空间关系分析（项目组提供）

图 5-71 佛山南海西樵听音湖核心景区鸟瞰效果图（项目组提供）

5.4.2.2 气候适应性景观设计策略在项目设计中的应用

佛山西樵镇属于季风南亚热带气候，炎热潮湿，太阳辐射强烈，全年雨量充沛，年均降雨量 1500 ~ 1600mm。结合本人近年来对珠江三角洲地区户外郊游环境的实地微气候测量及相关课题研究，发现在没有经过遮阳隔热设计的区域，其室外气温最高值比当地气象站公布的还要高，而人工处理后的不透水地面则使微气候环境更为恶劣。同时，听音湖核心景区作为城市的外部公共开放空间，是提供给人们户外游览休憩的活动场所，在这里受客观条件制约，不太可能通过空调等设备方式去提高热环境的舒适性，因此，结合地域气候的规划设计手法对营造舒适的游憩环境更为重要。

在设计中，听音湖核心景区通过热缓冲层、环遮阳系统、改善场地通风、被动蒸发降温等气候适应性策略的运用，改善场地的微气候环境，营造岭南湿热气候下的户外舒适游憩空间，增加景观环境友好度。例如南海梵音（听音广场）在满足集会广场使用功能的前提下，尽可能提高透水地面的比例，设计方案中该景点透水地面的比例达到 65% 以上。相应设计策略的具体应用分述如下：

（1）设置热缓冲带策略

听音湖核心景区位于南海西部片区的中心位置，周边是城市地块。在景区的规划设计中，利用开挖的湖面与西樵山原有良好的绿化植被，作为核心景区游客活动场地的热缓冲环境，调节场地的微气候。同时，在核心区与城市地块衔接的部分，加强植被绿化界面，一方面可以控制良好的视线景观，另一方面可以作为核心景区对外的热缓冲带。并且，结合西樵飞瀑与叠泉织锦两个景点，设置了较大型的动水景观，加强动态水体对场地微气候的调节，同时也增添了景观层次。

在界面处理上，设计中结合建筑设计（有大型地下空间）与场地的功能需求（满足大型集会），在地下室上盖设置了大型覆土种植屋面，在保证足够硬质铺装的前提下，室外场地尽可能采用透水地面，并且结合景区景观轴线的控制，在广场东南向朝湖望山的一面设置了疏林草地。并且在广场硬质铺地部分设置树池，种植大型遮阳乔木，营造大树广场的氛围。

在景观建构筑物的设计上，也运用了热缓冲界面的策略，例如在叠泉织锦景点的码头船屋，设计上运用地景建筑的方式，借用地形，设置覆土屋面，将建筑体量隐于大地之中。故里寻源景点的绿道驿站也采用了类似的手法。

在植物配置上首选乡土树种，将落叶树与常绿树种组合设置，在夏季可满足遮阳，在冬季则可吸纳阳光。例如在南海梵音广场两侧的步道设计（图 5-72），菩提榕、人面子以及水石榕构成了乔木层，其下种植龙船花、南天竹、秋海棠等花灌木，春夏是茂盛的绿树；秋冬季节菩提榕逐渐开始落叶，空间开始变得舒朗，但景观两旁的常绿景观依旧不减，整个季节色彩变得清晰而淡雅。

图 5–72　佛山西樵听音湖听音广场种植示意图（图片来源：项目组提供）

在叠泉织锦的场地中，现存较多生长良好的大型乔木，设计对原有的乔木进行了坐标定位与树种辨认，并制定了乔木保护定位图表，在方案中结合乔木的保护、水系的开挖及道路的设置均绕开这些树木的保护范围。原有场地乔木的保护除了有利于生态环境，也有利于该景点山林景观的营造。在景区设计中选用了引鸟的植物，例如水边的蒲桃，在故里寻源的景点，结合寻根文化的主体，营造岭南水乡的特色，在水边设置了大片的稻田景观，并结合地形营造微型梯田。

（2）运用遮阳体系策略

1）环湖遮阳体系：设计结合环湖绿道规划路线，运用自然植被遮阳与人工遮阳组合的方式营造环湖遮阳体系，令游人在环湖区漫步时有舒适的室外空间体验。并且结合环湖各个景点的特色与定位，遮阳设计的空间体验根据绿量的控制有所区别，例如广场草坡区是疏林草地的体验，荷苑飞鸿景点是线状的林荫步道空间，叠泉织锦景点是营造西樵山茂密绿林的绿脉延伸的感受。

2）景点场地遮阳设计：各个景点场地的遮阳设计结合场地使用功能整体考虑，例如在樵山飞瀑景点，在靠近瀑布景点的室外咖啡茶座部分结合落叶乔木遮阳与户外太阳伞进行复合遮阳设计，在夏季有利于遮挡阳光，在冬季收起太阳伞人们可在树下空间休闲晒太阳（图 5-73）。

3）建构筑物遮阳：例如在樵山飞瀑景点中的观光电梯兼作无障碍电梯，采用钢结构玻璃幕墙设计，考虑当地属湿热气候，除了电梯上部结合造型设置百页出风口外，在电梯朝西面的外墙玻璃设置竖向造型勒条，作为外遮阳构件，并且在该侧地面设置花池种植爬藤植被，增加垂直绿化遮阳；同时，该绿化可在行人视线高度减少因玻璃面反射光线带来的不适感。

（3）改善场地通风策略

在设计通风设计上，营造风廊；并控制植物之下的空间高度及灌木种植组合，营造良好的通风环境，例如在荷苑飞鸿景点的环湖绿道设计中，南向朝湖一面是夏季主导风向来源，因此，这一面不种植挡风乔灌木以迎纳从水面而来的南风，而在靠酒店的北侧草地护坡一侧种植常绿遮阳乔木，除了在湖区与酒店用地之间形成景观界面以外，还可在冬季兼作挡风林带。同时，在核心区也关注对局地风的利用，如山水通廊的设置以及对湖面水面风、草坡树林林地风的利用。

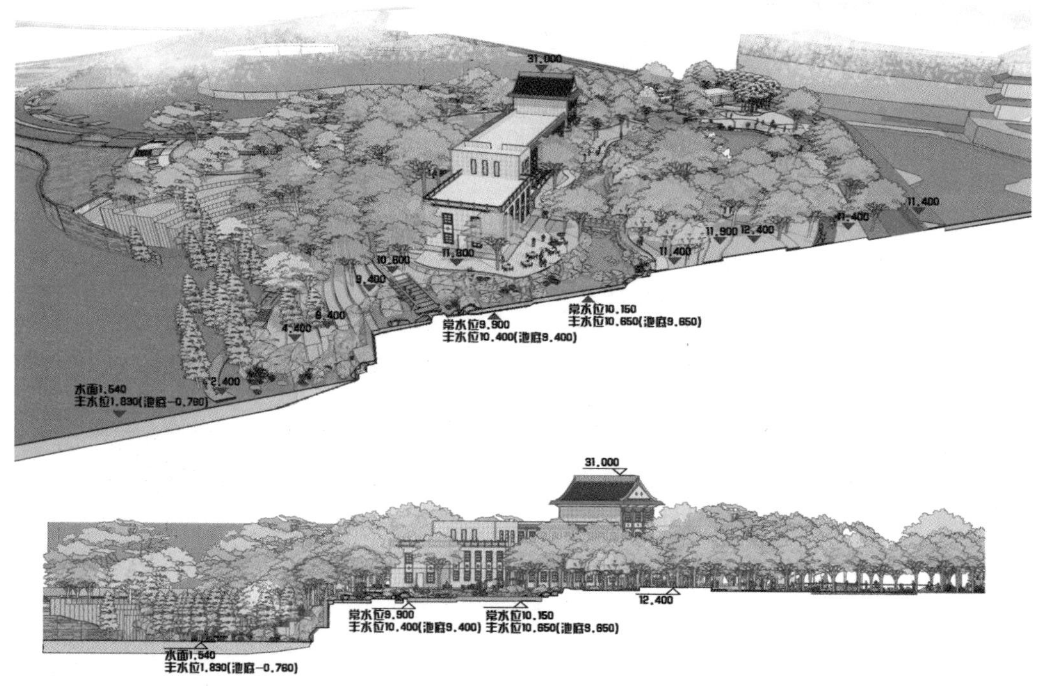

图 5-73　叠泉织锦景点利用植被和水体营造热缓冲带示意图（图片来源：项目组提供）

（4）被动蒸发降温策略

佛山南海有丰富的降雨资源，年均降水量为 1500 ~ 1600mm，听音湖为调蓄湖，有利于收集雨水资源加以利用。另外，环湖区的绿化喷灌系统采用的水源是听音湖的湖水以及环湖周边主要建筑（如南海会馆）的中水。

1）调蓄湖：核心区的两个湖体皆为水利部门设计的调蓄湖，其中，下湖听音湖直接与吉水涌相连。叠泉织锦的新开挖景观水道兼作上方西樵山山湖书院水体（山体汇水线）的过洪通道，而瀑布在设计上也可兼作上湖的溢洪通道。设计在湖面设置栈道，瀑布的落水结合水面微风带来凉气，利用动、静态不同水体的组合创造舒适的户外观赏空间。瀑布的水景营造是抽取下湖水的景观用水自循环体系，并且结合不同时段的需求采用水量分级管理控制，以节省日常用电量。每个水段通过水量控制也可以形成丰水和枯水两种不同的景观效果。利用瀑布，落水的动态水景创造出凉爽宜人的夏季户外活动空间（图 5-74）。

2）景观水体：在南海梵音广场硬质铺地部分设置听音池喷泉与铺地旱喷，在炎热夏日可通过喷泉及旱喷开放，利用水体的被动蒸发带走场地的部分热量。环湖驳岸设计采用蜂巢网箱宾格石笼驳岸，属于天然护坡，形成可渗透的界面，具有透水、透气的特点。在故里寻源景点结合水上的“寻根绿链”营造湿地景观，营造良好的生态环境。在叠泉织锦景点中的顺应山体汇水线而开挖的溪流部分也设计了微型湿地景观，利用水面被动蒸发降温的特点营造舒适的微气候环境。

3）场地安全：在场地高差较大的部分结合景观设计的需要设计生态护坡及绿化挡土墙，例如在南海梵音广场两侧隐形消防通道两侧的生态护坡，在龙舟广场草坡与堤顶路之间的挡墙及跌落花池设计。

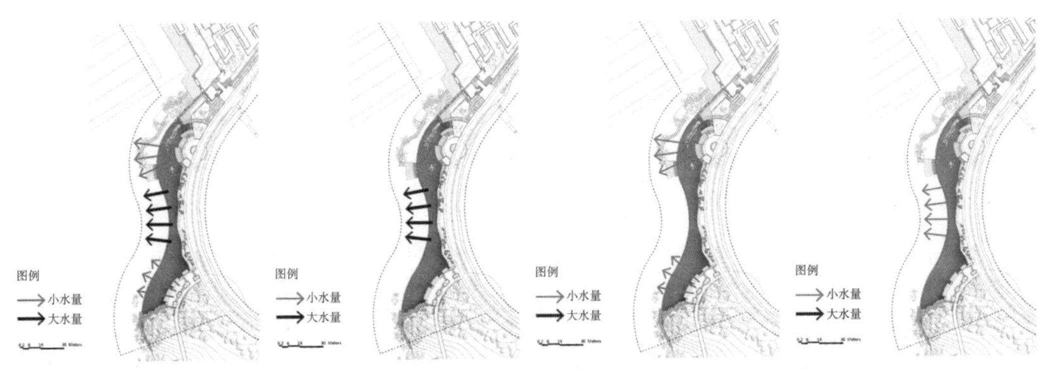

图 5-74　瀑布落水水量控制示意图（图片来源：项目组提供）

4）透水铺装：在设计中尽量采用透水铺装（如塑木、防腐木、透水混凝土、透水沥青、透水砖、碎砾石等）相结合，有利于场地排水和调节微气候。在环湖区设置的水上栈道以及在叠泉织锦景点山坡上的登山栈道均为架空栈道，尽量减少对场地的扰动并保留生态通廊（图 5-75、图 5-76）。

图 5-75　河源飞鸿景点透水铺装示意图（图片来源：项目组提供）

图 5-76　环湖绿道透水铺装现场照片（图片来源：项目组提供）

5.4.2.3　项目建成效果与思考

（1）项目建成效果

西樵听音新城核心景区的总体设计理念是将山水景观与城市景观渗透融合，打造岭南文明体验游赏地，构筑具地域特色的人与自然相生共荣的和谐景观。核心景区以西樵山和上下两湖为依托载体，营造“虽由人作、宛自天开”的造园核心意境。通过山湖城一体化空间格局与层次序列，在现代青山绿水“大格局，大园林”中诠释运用传统造园理念与手法。设置了“听音八景”，强化文化主题与空间意境，融合自然景观与人文景观，将传统园林的“画境”、“情境”、“意境”融入大尺度的山水景观格局。同时，设计构景营造“春夏秋冬，朝暮昼夜，阴晴雨雾”之四时动态景观，运用气候适应性策略应对岭南湿热多雨气候，构建宜人的户外景观游赏空间。根据相关管理部门、媒体、民众的反馈，佛山南海西樵听音湖核心景区建成后已经成为受群众喜爱的城市公共开放空间新亮点，实现了城市的风景园林人居环境升级与品质优化，开启了西樵及周边群众生活的新风气，并以文化旅游引领城市发展，改善城市风貌，共同推动西樵产、城、

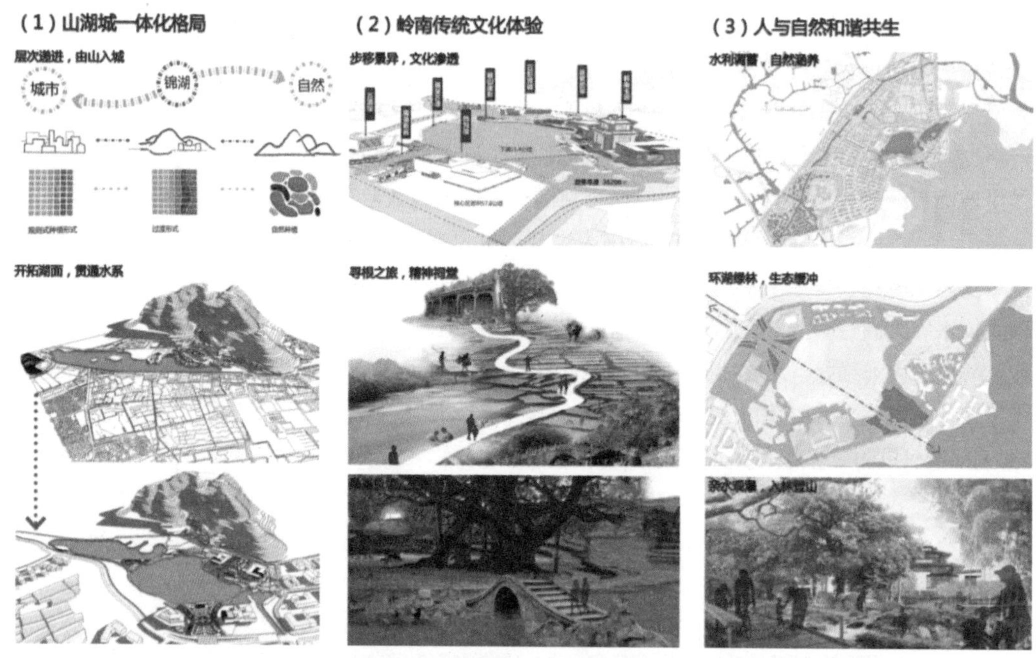

图 5-77　西樵听音新城核心景区规划设计理念示意图（图片来源：项目组提供）

图 5-78　“樵山瀑影”主要落水段建成照片
（图片来源：甲方提供）

图 5-79　“樵山瀑影”龙舟广场绿树成荫
（图片来源：项目组提供）

人共融发展（图 5-77 ~ 图 5-79）。

（2）项目建成后思考

在听音湖核心景区项目中，除了应用相关的设计策略外，课题组结合 ENVI-met 软件模拟对叠泉织锦景点设计方案的微气候环境进行了设计预判与优化，初步提出了结合 ENVI-met 软件的设计方案微气候特征评价与辅助方案优化的思路及方法。下一步的研究计划是基于提出的“设计方案—模拟—预判—反馈—优化”思路与方法，研发相应的面向设计师的使用工具。

同时，由于本项目是在城市新区中的核心景区，所处的区位条件、与城市建成区的关系与郊野公园差别较大，两者的背景气候条件不尽相同。并且，该项目的功能要求使得该景区建设强度、游客数量远高于郊野公园，因此，对此类园林空间的游客热舒适阈值的研究是有必要的，不能直接套用郊野公园中游客热舒适阈值的研究结论。课题组在近五年来也陆续展开了针对岭南园林空间条件下的热舒适阈值的相关研究。

5.4.3　案例 3：广东江门新会小鸟天堂湿地公园规划设计

5.4.3.1　项目概况

“小鸟天堂”是位于江门市新会城区天马河小岛上一棵巨大的独榕树，因巴金先生的散文《鸟的天堂》而全国闻名，具有独特的鸟类生态景观。小鸟天堂景区规划面积约 60 余公顷。基地南面是银湖大道，西邻天马村，东临保留农田。基地地势平坦、植被良好；园内水位稳定，水质良好。鸟岛榕树长势茂盛，但目前景区外村建用房严重威胁着小鸟天堂未来的生态环境。项目的 SWOT 分析显示小鸟天堂的未来发展是机遇与挑战并存，其可持续发展的关键在于实现人与自然的和谐共生。2010 年，胡锦涛总书记在上海世博广东馆参观“生命之树 · 小鸟天堂”互动展项，提出倡导绿色生活、发展绿色经济的科学理念，本规划设计项目正是在世博会契机和倡导绿色生活的时代背景下展开。作为江门“绿色名片”的“小鸟天堂”，将打造为一个具有全国影响力的湿地主题公园。

小鸟天堂景区规划倡导人与自然和谐共生的绿色生活，规划积极保护小鸟天堂长期形成的自然景观与人文景观有机融合的格局，使该景区的绿色生态景观可持续发展。景区结合鹭鸟保护半径的需要，将用地划分为核心保护区、科普教育区、保护缓冲区、游客游憩区、入口广场区。在保证湿地生态资源不被破坏的前提下，引入游客观赏，采用“保护先行、适度开发、严格分区、控制进入”的规划模式。规划尊重及利用原有水系、修复湿地系统，在设计中提炼了古时新会河网密布的形态、利用咸淡水交界处的自然潮汐运动，适度开挖河道，营造湿地景观。同时，在设计中营造净水生态景观体验，通过净水步骤，向游客展示了水和生命的依存关系，具有重要的生态旅游和科普教育功能（图 5-80）。

图 5–80　江门新会小鸟天堂湿地公园规划设计鸟瞰图（图片来源：项目组提供）

竖向设计利用当地软质地基与地下水位高的特点，局部开挖河道形成湿地景观，开挖的土方量就地堆土成坡，创造湿地岛屿高低起伏的地形，并且实现零余泥外运。同时，根据游客容量进行相应的配套设置，建议部分设施可利用原有建构筑物进行改造（如利用改造原来的天马中学教学楼作为观鸟楼），以减少对生态环境的影响。

5.4.3.2　气候适应性景观设计策略在项目设计中的应用

（1）设置热缓冲带策略

规划利用场地内原有的良好植被，并且加强用地周边的绿化种植，利用周边密林作为景区与城区之间的热缓冲带。景区原来的主入口是大面积、少遮阴的硬质铺装广场，在规划中将其改造为大树广场，成为景区极具特色的入口空间。规划设计中的河道生态水闸利用咸淡水交界处的潮汐能，低碳环保节能，同时大大降低了建造和运营成本。新会是著名的葵乡，其气候地理条件为水榕树、蒲葵等岭南本土植被提供的得天独厚的优势，因此在设计中强化地方材料与本土植被的运用，凸显新会小鸟天堂的岭南地域特色。

（2）运用遮阳体系策略

在小鸟天堂湿地公园景区步道系统规划中，融入环遮阳体系概念，在园区内主要步道采用人工与自然植被组合遮阳的形式为游客提供较为舒适的户外步行空间。在设计中传承岭南建筑形式，采用遮阳、架空、柱廊、坡屋顶等形式应对岭南湿热气候，积极利用当地材料营造本土建筑特色。开放式湿地生态展示馆稻草坡屋顶形式有利于遮阳隔热、排走雨水；鸟类博物馆采用绿色节能技术，从而减少甚至部分时间不需制冷设备运行。

（3）改善场地通风策略

在设计中，景区中的建构筑物利用架空、柱廊等形式，加强场地通风。同时，根据热压通风原理，利用地形和热压差形成的气流，加强局部通风。

（4）被动蒸发降温策略

小鸟天堂景区结合岭南气候多雨的特点，采用了较大面积的透水地面，并且利用湿地景观区作为汇聚地面水的调蓄区域。同时，结合湿地景观的水系营造，利用水体的被动降温效果创造热舒适环境。在硬质铺装部分采用防滑耐磨材料，排水坡度均大于1%，有利于迅速排除地面汇水（图5-81、图5-82）。

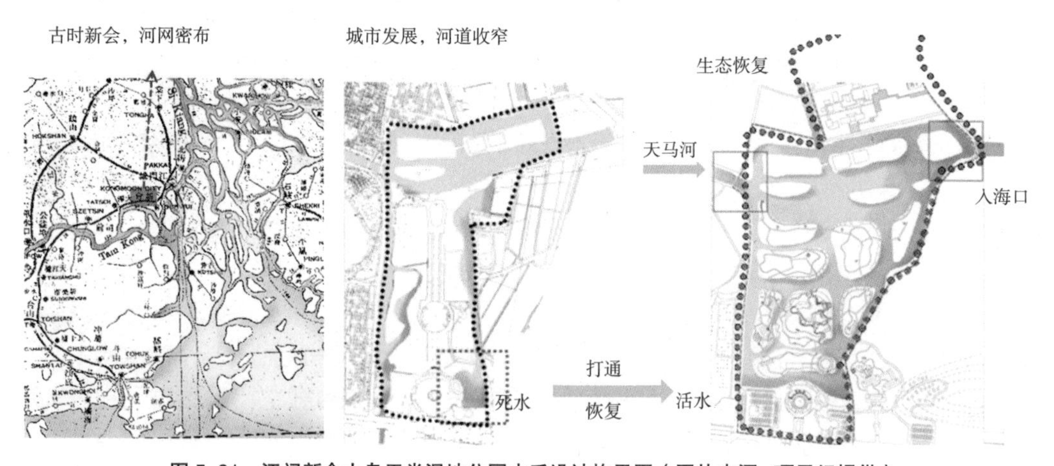

图5–81　江门新会小鸟天堂湿地公园水系设计构思图（图片来源：项目组提供）

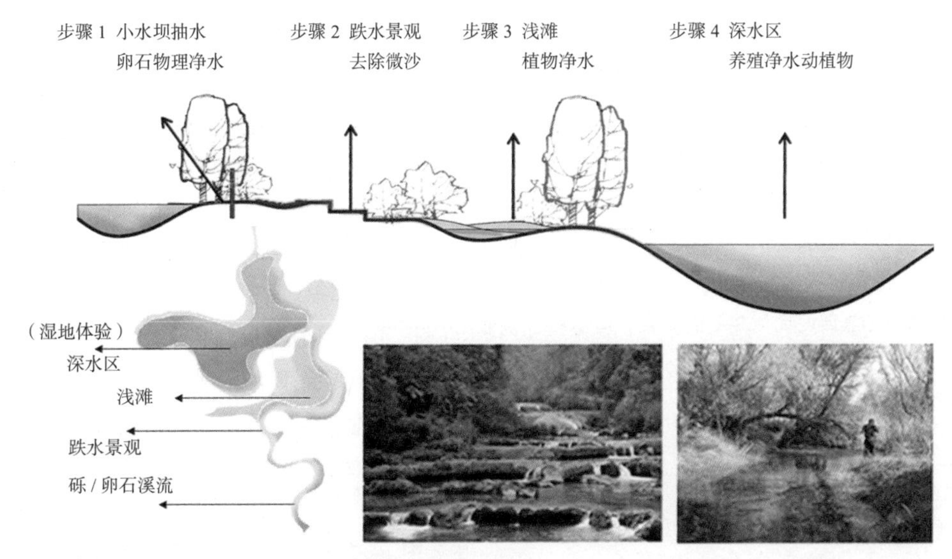

图 5-82　江门新会小鸟天堂湿地公园湿地生境设计示意图（图片来源：项目组提供）

5.4.3.3　项目建成效果与思考

（1）项目实施情况与建成效果

江门新会小鸟天堂湿地公园一期工程于 2011 年完成，为了观测规划实施后小鸟天堂湿地生境的发展情况，从 2014 年开始，我们结合研究生教学的《亚热带生态与景观》课程，每年对小鸟天堂湿地公园进行生态调研。

通过不同年份的航拍图，可以看到，2011 年规划方案首期实施后，“小鸟天堂”湿地公园的水系与湿地生境格局初成雏形，并在逐渐完善中。根据建设后回访，由于前期规划分区合理，鸟岛被严格保护起来，区内榕树长势良好，形成很多鹭鸟集中栖息的湿地生境。通过实地调研发现，景区西部的绿色屏障与园内缓冲区都对核心区的保护发挥了重要作用（图 5-83）。

（a）2008 年　　（b）2011 年　　（c）2014 年

图 5-83　江门新会小鸟天堂湿地公园湿地生境格局航拍图

在笔者与学生近年历次的生态调研中，采集的数据包括对小鸟天堂周边水系及水源的水质状况统计、园区内的水温、水质采样测量、土壤采样测量、动植物调查、噪声测量等，相关的调研评价包括景观资源评价、湿地公园健康评价、行为相容性评价、生态环境调研与评价，并形成了相关的调研报告。根据观测与分析，小鸟天堂湿地生境还是处于相对脆弱的亚健康状态，该景区未来的发展还面临着许多挑战，包括：①景区外部的压力：例如村镇建设的蔓延、人类干扰行为加强（外部污水汇入、噪声、灯光等等）、南侧银湖工业区、上层规划的影响（深茂铁路选线）；②景区内部的压力：例如游客游览行为干扰程度的评估与有效控制、相关配套设施仍有待完善。我们根据调研也尝试提出一些应对的建议，例如对园内过渡区的控制、对游船线路的优化等。

根据笔者对该项目的多次回访调研，发现核心保护区的鹭鸟数量比起 2010 年保护规划实施前有明显的增加，并且鹭鸟的活动范围已经从核心区拓展至缓冲区的边缘地带，当初营造“鸟宜居、人喜游”的湿地生境的设计目标已初步实现（图 5-84 ~ 图 5-87）。小鸟天堂景区现在已成为江门新会小鸟天堂国家湿地公园。

图 5-84　小鸟天堂核心保护区原鸟岛

图 5-85　小鸟天堂核心保护区修复湿地（一）

图 5-86　小鸟天堂核心保护区修复湿地（二）

图 5-87　小鸟天堂核心保护区的栖息鹭鸟

（2）项目建成后思考

这个项目与前面两个项目实践的最大区别是设计的出发点不一样，就是“为谁而设计”？在湿地公园当中，湿地生境的保护、修复、营造，与人类行为的引入、影响、干扰，将长期并存。那么，在湿地生境中，游客的观鸟、摄影、游船、湿地体验甚至餐饮行为应如何正确引导？建成区包围下的湿地公园，长期面临人类干扰行为所带来的巨大压力。城市热岛、道路割裂、灯光噪声、高层幕墙、各类污染等，都是城镇建成区这个基质环境对湿地公园生境（包括生物）产生的背景性包围式影响，这类影响是持续、不间断地存在着的。如何在城市密集区构建人与自然和谐共存的湿地生境？这将是城市湿地公园可持续、健康发展的核心问题。同时，湿地生境的营造、健康发展，与气候条件、气候变化的耦合关系是怎样的？气候要素在湿地生境中的作用与影响应如何进行评价与设计指引？围绕这些思考，课题组在近年来也展开了“珠江三角洲城市群地区湿地公园生境营造途径探索”、“珠江三角洲湿地公园健康评估与管理工具研究”等方面的持续研究。

5.4.4　案例 4：广东佛山东平绿色低碳生态新城景观规划设计导则

5.4.4.1　项目概况

佛山东平新城位于佛山中心组团的南部，跨禅城、南海、顺德三区，总用地面积 88.6km^2，以东平水道为界，划分为南北两个片区。此次绿色低碳建设研究范围面积为 22.97km^2。位于佛山新城中部，东平水道以南，乐从大道以北，佛山大道以东，佛山一环以西，为佛山新城的核心区域。

佛山东平绿色低碳生态新城建设导则的技术导则部分包括发展规划、开发控制、建筑设计、环境景观设计、市政与道路工程等五个部分，其中笔者主要负责的是环境景观设计部分。环境景观设计导则的具体内容包括三个方面：景观设计通则、各类城市绿地及开放空间景观设计导则、基于 SGF（Seattle Green Factor，缩写为 SGF）标准的绿色因子评估体系；同时，结合资料调研与前期基础研究，该导则提出了佛山东平生态新城景观设计控制指标，并初步提出了佛山的绿色因子评估体系 FGF（Foshan Green Factor，缩写为 FGF）。

为了突出生态特色，建设环境优美、和谐宜居的生态新城，坚持生态保护优先的原则，尊重本地自然生态条件，采取适宜的生态修复和重建手段，恢复自然水系、湿地和植被，构筑以多级水系、绿色网络为骨架的复合生态系统。东平新城的生态结构是以水系及道路等绿色生态廊道为骨架，将城市生态系统纳入到整个区域生态系统中，形成整体生态系统的良性循环，促进规划范围内生态系统与区域生态系统的有机融合。形成“两核、一轴、五廊”的生态结构。大力发展城市绿道网络，通过绿廊、绿链和绿带将城市慢行系统与不同大小的公园、绿地与开放空间有机地联结起来，构成一个多样、稳定、可持续的自然生态网络系统。

以东平河道区域为生态核心区，建设生态廊道，加强生态核心区与外围生态系统的连接，形成开放式的生态空间格局，积极推进区域生态系统一体化。保护东平河道、河涌和湿地，保障自然生态廊道的畅通，形成以河流、河涌为脉络的区域生态网络。通过建设湿地系统，调节气候，改善区域生态环境，保持生物多样性。在生态城内部，沿河道、湿地建设楔型绿地，形成与区域联系的生态廊道；在快速路和对外通道两侧设置防护绿带，为生态城提供生态屏障。结合绿道系统（自行车道系统和步行系统），建立覆盖范围广阔的绿廊网格；构建“河流—河道—湿地—绿地”的多层次的生态网络格局。

5.4.4.2　气候适应性景观设计策略在建设导则中的应用

佛山东平生态新城环境景观设计导则运用气候适应性设计策略，结合城市形态建设引导与管理，以达到减少建设及场地能耗、创造健康和舒适室外环境的目的。

（1）设置热缓冲带策略

在土地利用上，土地集约利用可以增加单位的产出，减少日益蔓延的城市扩张问题，从而能得以保留乡村、农田、自然风景区等开敞空间，保留珍贵的自然资源，这是在日益紧张的人地矛盾下的低碳开发模式。水系河涌是基地最有岭南特色的生态要素，也是建设岭南特色的生态型新城的重要基础。对新城内现状主要水系河涌进行严格保护，修缮连通形成网络，强化其生态作用；控制水网两侧生态绿带，形成基地内水网绿带生态骨架。考虑区域环境承载力，并从资源、能源的合理利用角度出发，保持区域生态一体化格局，强化生态安全，建立健全区域生态保障体系。从导则推行之日起自然湿地净损失为0。2020年之前，东平新城人均公共绿地≥ $12m^2$/人。同时，将绿地景观布局作为城市规划的最重要组成部分，视城市为自然中的斑块，特别注意自然的自我平衡与自我修复。增加城市的森林覆盖率，增加绿地面积，保留沼泽地等。落实在城市空间结构中就是构建区域—城市—社区级的绿地系统结构。加强城市绿道、蓝道的整体构建，有利于城市通风，减弱城市的热岛效应等，能有效减少城市能源消耗与污染排放。城市的绿地及湿地，除了起到生态保护的作用外，还是城区的良好热缓冲环境。

在场地布局方面，应能充分利用并且改善当地气候对建筑的影响，改善不利的气候条件，创造对建筑节能设计有利的微气候环境。在建筑群体布局设计上，需达到建筑间夏季通风和防晒，冬季尽量吸收日照。保持良好的室外通风状况，减少气流对区域微环境和建筑本身的不利影响。在设计时应综合考虑布局形态与建筑单体组合、场地地形、建筑高度的关系。通过优化建筑布局和室外环境设计、合理选择下垫面材料、有效配置绿化及水景，提高夏季室外热舒适度，降低热岛强度。宜采用动态手法（跌水、喷泉、溪流、瀑布等）营造水景，扩大水与空气的接触面积，提高水景的降温加湿效果。结合景观设计，开阔的休憩场所可采用人工降温措施，如水雾风机。

（2）运用遮阳体系策略

针对亚热带地区炎热多雨的气候特点，环境设计需通过人工遮阳与植物遮阳相结合，结合绿道即城市步行系统规划设计，在户外活动区域内形成连续的遮阳及避雨系统。室外地面遮阳面积不应小于地面面积的30%，并且植物遮阳面积不少于总遮阳面积的50%。结合夏季风场活跃区设置室外活动场地，合理利用庇护性景观（亭、廊、棚架、膜结构等）为刚性地面提供遮阳。

（3）改善场地通风策略

室外应采取有效措施保证建筑物周围行人区风速不高于5m/s，不得影响室外活动的舒适性和建筑通风。在规划和设计阶段应进行室内外自然通风模拟分析，以营造安全、舒适的室内外风环境。

宜在场地夏季弱风区布置雕塑、假山、挡墙等小品，避免人到该处活动，减少热带来不舒适的感觉。围合式布局宜采用半围合式结构，半围合结构的开口宜迎向当地的全年主导风向，且沿主导风向上宜布置首层架空层、开敞连廊、可开启门厅等出风口。当建筑呈一字平直排开而体形较长时（超过30m），首层宜采用部分架空结构或采用过街楼结构，在提供休闲场地的同时改善近地区（距地2m范围）室外通风状况。建筑组团宜采用交错的行列式布局，合理设计建筑间距，确保建筑单体前后不会形成较大面积的气流漩涡区。建筑组团的轴线和开口宜迎向当地的全年主导风向，保证气流能顺畅流过小区和组团内部，形成良好的自然通风效果，改善小区内部空气质量。

（4）被动蒸发降温策略

充分储存并利用雨水，将雨水利用与雨水径流污染控制、城市防洪、生态景观改善相结合，使其作为水景创作的主要资源。合理利用雨水，使其作为主要的灌溉及水景资源从而减少水资源浪费。例如，屋面雨水大部分（60% ~ 70%）通过屋面绿化储存起来，经过蒸腾作用向大气散发，其余部分则经排水管系统向地面渗透或储存，并为水景创作提供主要的水源。

硬质铺地的设计宜提高通透性来促进室外空间环境的可持续发展。硬质铺面材料的选用应该依照节能环保和再生的原则，真正做到创造美观、环保和可持续发展的人类室外空间环境。尽量避免硬质材料作为地面铺装，最大限度地让雨水自然均匀地渗入地下，形成良好的地表水循环系统，以保护当地的地下水资源。对硬质地面，如主要道路或水泥铺面，利用地面坡度和设置雨水渗透口使雨水均匀地渗入地下。在园林环境中尽量采用渗透地面或半硬质地面，如镶草卵石、块石铺面，使雨水直接渗入地下。室外非机动车车道、地面停车场和其他硬质地面宜采用透水地面，场地的硬质不透水铺装控制在 40% 以下。透水铺面断面的坡度以 1.5% ~ 2.0% 为最佳，能确保铺装场地不会在降雨时有积水的现象。透水地面的表层宜采用孔隙率较高的耐压材料，如植草砖、透水沥青、砌石等材料，并以透水性高的砂石为基层。大面积刚性地面铺装的广场周围宜设计渗透井，以及时分散暴雨时在地面的积水，并采取有效措施使雨水渗透入地面，防止地面过量的地表径流。铺装地面外表颜色宜以浅色调为主，避免过大面积的深色地面铺装。透水性地面宜设置人工补水装置，在高温炎热的季节向地面淋水，利用水分蒸发冷却改善微气候环境。

5.4.4.3　基于 SGF 标准的绿色因子评估体系

在当前城市化快速发展的背景下，城市建设发展方式直接影响着城市微气候与生态环境的变化。长期以来，对于如何衡量城市各项建设中的景观要素的生态效益及其对城市微气候的影响有着广泛的讨论，但在目前国家相关法规及规范中，并没提出相关的评估方法和体系。如在绿化量的计算中，如 $1m^2$ 的草地和 $1m^2$ 的乔木（灌木），绿地率指标是相同的，但其对微气候的影响与生态效益是大不相同的。在城市规划和城市建设过程中，引入对景观要素生态效益的科学合理的评估体系，具有极其重要的意义。

西雅图绿色因子（Seattle Green Factor，缩写为 SGF）是在美国西雅图市推行的具有开创性的标准，旨在提高城市绿色要素的数量和质量。西雅图绿色因子标准是在德国柏林生物栖息地因子（Biotope Area Factor，缩写为 BAF）标准上的改良，通过计分制的方式促使业主及设计者在项目规划设计和建设的过程中，着重提高景观元素生态效能，如通过引入屋面绿化、垂直绿化、透水性铺装和树木保育等方式。西雅图市在 2006 年通过该项标准，并在 2009 年进行推广。

在东平新城绿色低碳建设研究中，引入对景观要素生态效益的科学合理的评估体系，为东平城市规划建设提供可量化的评估手段，可促使各个建设项目朝着绿色、生态和环保的方向进发，并确保城市生态的可持续发展。具体来说，政府可通过引入此体系对特定项目中包含的生态效益作出预评估，从而对项目规划和建设作出引导并激发其绿色潜能。基于气候适应性设计策略与生态低碳目标，笔者尝试提出佛山东平生态新城景观设计控制指标（表 5-10），其中景观设计因子绿化系数一栏是以西雅图绿色因子（SGF）标准作为参考建立的佛山东平新城绿色因子评估体系 FGF（Foshan Green Factor，缩写为 FGF）（表 5-11）。

佛山东平生态新城景观设计控制指标 表 5-10

指标性质	地域特色（气候适应性）控制指标	各适用范围的指标控制值	
		挂牌出让地块；部分划拨地块	划拨地块（绿地类）、各类城市开发绿地、城市广场、市政道路绿地
控制项	环遮阳系统（遮阳避雨）（含植物人工综合遮阳）占比	≥ 30%	≥ 50%
	植物遮阳面积比例（指占遮阳系统的面积比）	≥ 50%	≥ 80%
	渗透地面面积比例	≥ 60%	≥ 80%
	本地植物指数	≥ 0.5	≥ 0.7
	自然湿地净损失面积	0	0
	通风安全及良好区域	100%	100%
	热岛强度系数	≤ 1.5℃	≤ 1.5℃
	景观设计因子绿化系数	≥ 0.3（居住区需≥ 0.6）	≥ 0.6
	空气质量评价（负离子、粉尘微粒）	待定	待定
加分项	自然湿地净增加面积	≥ 20%	≥ 50%
	活水面积（河道河涌湖面湿地水域等）比例	≥ 10%	≥ 50%
	生态驳岸的长度（或面积）比例	≥ 60%	≥ 90%
	岭南传统活动的年均次数（龙舟舞狮等）	≥ 2	≥ 10

佛山东平新城绿色因子评估体系 FGF（Foshan Green Factor，缩写为 FGF） 表 5-11

	项目名称：	得分：	数量	面积	因子数值	总计
景观元素	**地域性 / 气候适应性**					
	环遮阳系统（遮阳避雨）（含植物人工综合遮阳）		—		1.0	
	植物遮阳面积					
	渗透地面		—			
	本地植物指数					
	自然湿地净损失面积				− 1.0	
	自然湿地净增加面积					
	通风安全					
	活水面积（河道河涌湖面湿地水域等）					
	空气质量评价（负离子、粉尘微粒）					
	岭南传统活动的年均次数（龙舟舞狮等）				—	
	原 SGF 景观元素生态因子					
	Ⅰ种植区域					
	1. 土层厚度小于 60cm 的种植区域		—		0.1	
	2. 土层厚度大于 60cm 的种植区域		—		0.6	
	Ⅱ植栽类型					
	1. 成熟时高度小于 60cm 的植物		—		0.1	
	2. 成熟期高度大于 60cm 的植物			—	0.3	
	3. 小型乔木			—	0.3	

续表

	项目名称：	得分：	数量	面积	因子数值	总计
景观元素	4. 中型乔木			—	0.4	
	5. 大型乔木			—	0.4	
	6. 保留大型乔木（胸径大于 15cm，按每增加 1cm 胸径增加 $1m^2$ 面积计算；此项输入胸径计算）			—	0.8	
	Ⅲ屋面绿化					
	1. 厚度为 5 ～ 10cm 的种植介质		—		0.4	
	2. 厚度大于 10cm 的种植介质		—		0.7	
	Ⅳ垂直绿化					
	1. 墙面垂直绿化		—		0.7	
	2. 以金属线网支撑的垂直绿化		—		0.7	
	3. 模块化网格垂直绿化		—		0.7	
	4. 模块化垂直绿化		—		0.7	
	Ⅴ可渗透铺面					
	1. 基层（含土壤和砾石层）厚度大于 15cm 且小于 60cm 的可渗透铺面		—		0.2	
	2. 基层（含土壤和砾石层）厚度大于 60cm 可渗透铺面		—		0.5	
	Ⅵ人工雨水滞留设施					
	1. 雨水花园和生态草沟		—		1.0	
	2. 雨水收集种植池		—		1.0	

5.4.4.4　基于项目实践的思考

在东平新城绿色低碳建设研究中，除了引入对景观要素生态效益科学合理的评估体系外，如何有效地界定城市绿地斑块对城市微气候的作用，其空间分布、尺度大小、组合形态与城市微气候的耦合效益又是如何？城市的蓝绿系统能如何被有效规划以改善城市的微气候乃至环境品质？如果说前面的三个案例均是在场地设计尺度上对微气候与景观设计策略与技术要点耦合关系的探索，在东平新城这个项目值已经拓展到在城市区域尺度层面对城市气候适应性设计策略的研究。不同空间尺度层面研究的侧重点、技术路径都会有所区别，这里蕴含着亟待探索研究的问题，也是气候适应性设计值得深化研究的领域之一。

5.5　本章小结

郊野公园规划设计的重要基本理念是“保护、修复、合理利用”。笔者结合对亚热带郊野公园室外环境热舒适指标及关键规划设计导控指标的研究，在现场实测、软件模拟、问卷调查的前提下，提出基于气候适应性的亚热带湿热地区郊野公园规划设计目标与基本原则是舒适性、安全性和健康性。本章主要围绕安全性与热舒适性原则提出了亚热带湿热地区郊野公园气候适应性设计四大策略，分别是设置热缓冲带策略、运用遮阳体系策略、改善场地通风策略、被动蒸发降温策略。研究在对相关设计策略进行阐述的基础上，结合郊野公园调研案例，具体讲述了气候适应性策略设计在郊野公园设计中的要点及运用，涵盖了从规划设计到材料构造等不同设计层面的具体处理方式。同时，本章提出了气候适应性设计策略的应用思路与途径——“设计方案—模拟—预判—反馈—优化”，并以佛山南海区西樵镇听音湖核心景区的“叠泉织锦”景点进行操作运用说明。本章进而结合近年的相关景观设计实践案例，论述了亚热带湿热地区气候适应性设计四大策略在项目中的具体运用，其中结合佛山东平生态新城景观设计导则编制，提出了佛山东平生态新城景观设计控制指标，并初步提出了佛山的绿色因子评估体系 FGF（Foshan Green Factor，缩写为 FGF）。同时，结合案例阐述，对相关策略在项目中的实施情况与建成效果进行总结，对相关研究问题未来深化拓展的方向进行了思考。基于气候适应性设计策略的设计要点与导控建议指标涵盖了从选址布局、建筑设计、场地处理、地域材料选择与构造做法选定、植被配置等方面的内容，是后续研究“亚热带郊野公园规划设计导则”的核心部分。基于近年来的努力，《亚热带郊野公园规划设计导则》已形成初稿，本书以附录形式附上该导则的目录框架。

第6章 结语与展望

6.1 主要结论

本研究主要是对亚热带湿热地区郊野公园室外环境微气候的热舒适性进行研究，并在现场实测、软件模拟、项目实践、使用后评价等基础上，尝试总结提出亚热带湿热地区郊野公园气候适应性规划设计策略，为建构基于气候适应性的亚热带郊野公园规划设计导则奠定基础。笔者具体的研究工作及相关结论概括如下：

（1）发现亚热带湿热地区郊野公园游客活动区室外微气候变化规律及主要特征，并总结对郊野公园室外热环境有重要影响的景观设计因子

本研究对亚热带湿热地区（以珠江三角洲地区为重点研究范围）的郊野公园典型案例进行实地调研，并进行全白天的气象数据测试，根据游客活动区范围内 1.5m 高处测点的空气温度、风速、湿度、黑球温度等的测试结果进行定量及定性分析，得到亚热带湿热地区郊野公园游客活动区夏季室外微气候的变化规律及主要特征，并总结景观设计因子对郊野公园室外热环境的影响。并且，本研究在 2011 年春夏秋三季对设计实践案例广东天鹿湖郊野公园（现为森林公园）进行全白天实测，进一步探讨亚热带湿热地区郊野公园游客活动区在全年春夏秋三季室外微气候的主要特征及景观设计因子对郊野公园室外热环境的影响。通过对以上郊野公园典型案例的实地调研与测量数据的分析，笔者初步得到以下结论：

1）郊野公园室外热环境春夏秋三季的变化规律

在亚热带湿热地区郊野公园中，夏季的太阳辐射强度最大，秋季略小一些，最高黑球温度与夏季接近，而春季的太阳辐射强度相对较小；测点的空气温度季节性的变化规律也相近似。空气温度的变化趋势在春季较为平稳，而秋季变化最大；秋季的空气温度在 13：30 ～ 14：30 后较春夏两季下降迅速，降幅较大。

2）在亚热带郊野公园的室外环境设计中必须考虑遮阳、避雨设施

在暴晒工况下，春夏秋三季在郊野公园游客集中活动时段太阳辐射很强烈，并且，在郊野公园中未经过遮阳隔热设计的场地测点气温高于气象站的纪录气温。因此，在亚热带郊野公园的室外游客活动区中进行遮阳降温设计是很有必要的。同时，在亚热带湿热地区，降雨频繁，在 2011 年马峦山郊野公园夏季实测当天就有三次降雨，在天鹿湖郊野公园 2011 年夏季实测当天有两次降雨，并且多是突然而来的阵雨，因此，在游客活动区以及游客步道的设计中，考虑避雨设施的设计很有必要。同时，避雨设施与人工遮阳设施可以结合设计。

3）热缓冲环境是影响郊野公园室外环境微气候的重要景观设计因子

影响郊野公园室外环境微气候的景观设计因子可归纳为热缓冲环境、场地地形、遮阳设计（人工与植被）、水体形式、地面材质与构造、海拔高度等因子。热缓冲环境对场地环境微气候有决定性影响；场地地形的差异，造成了向阳面和背阳面，形成了变化较大的局地风环境；乔木及人工建构筑物具有一定的遮阳降温作用，其中高大乔木的遮阳效果优于索膜等人工建构筑物；水体面积大小、形状、水深、动静形态及接近程度会对气温有不同的调节作用；透水地面（如草地、栈道）对微气候的影响优于硬化地面；但面积过小的草地对微气候的影响效果甚微。

在此，笔者尝试对“热缓冲环境”进行界定：位于设计区域周边的具有良好自然植被的环境，对设计区域的微气候有重要而明显的影响。当热缓冲环境为带状浓密树林或林带时，可称之为“热缓冲带”，其设计的宽度、高度、郁闭度将对场地的微气候有直接影响。

4）景观设计因子对场地微气候降温效果排序

根据实测调研，可初步归纳在室外环境中景观设计因子的降温效果从大到小依次为热缓冲环境（热缓冲带）+ 树荫 / 水体 / 草地 > 树荫下水体旁 > 树荫下草地 > 水体边构筑物内 > 人工构筑物下。地面不同的材质对气温也有不同影响，例如同样是暴晒条件下，大面积草地地面就比花岗岩石材地面、停车场的水泥地面的气温低。由以上的结论可知，气候适应性设计策略及具体应用的研究重点包括热缓冲环境（热缓冲带）的设定、游客活动区选址布局、建构筑物、绿化、水体、地面铺装等方面的设计要点。

（2）提出亚热带湿热地区郊野公园春夏秋三季的室外环境热舒适 SET 阈值

本部分结合对亚热带湿热地区郊野公园典型案例的春夏秋三季的实测研究与现场热舒适问卷调查，通过对各个测点标准有效温度（SET）的计算以及对问卷调查结果的分析，对亚热带湿热地区郊野公园游客活动区春、夏、秋三季室外环境的热舒适阈值进行探讨，运用线性方程法推导热舒适阈值范围，运用正态分布法、热舒适投票百分比拟合曲线对郊野公园各季节的室外环境的热舒适阈值进行校验，并对春季人工环境与自然环境下的热舒适阈值进行对比探讨，以及对三季的热舒适范围进行初步叠加研究。通过以上的实地调研与数据分析，可以得到以下结论：

1）亚热带湿热地区郊野公园春季的室外环境热舒适 SET 阈值为 19.21 ~ 32.09℃（7 级标尺），若采用合并后的 5 级标尺则约是 19 ~ 32℃；

2）亚热带湿热地区郊野公园夏季的室外环境热舒适 SET 阈值为 27.86 ~ 34.44℃（5 级标尺）；

3）亚热带湿热地区郊野公园秋季的室外环境热舒适 SET 阈值为 25.19 ~ 30.02℃（9 级标尺），若采用合并后的 5 级标尺则约是 24 ~ 32℃；

4）亚热带湿热地区郊野公园春夏秋三季的室外环境热舒适 SET 阈值叠加后的范围是 22.81 ~ 31.94℃（5 级标尺）。

此部分的初步结论为正文中对影响室外热环境的相关景观设计因子的模拟测试做比照研究的准备。

（3）对模拟与实测数据进行校验研究，并提出基于模拟分析的郊野公园关键景观设计因子“热缓冲带”及其草地、乔木、水体等因子组合的设计导控指标

研究以广东天鹿湖郊野公园东大门入口区为例，首先运用 ENVI-met 模拟软件建立该区域的测试模型，分别进行春、夏、秋三季的模拟实验。通过对其春夏秋三季室外微气候的模拟与实测数据进行对比校验研究，得出模拟结果与实测结果在误差可接受的范围内变化趋势较为吻合的结论，从而将该模拟软件ENVI-met运用在亚热带湿热地区郊野公园室外微气候的模拟研究之中，并认为其可作为辅助设计的工具。

同时，本部分在亚热带湿热地区郊野公园典型案例室外热环境实测研究与热舒适的SET阈值研究的基础上，利用ENVI-met模拟软件、结合郊野公园游客活动区的理想模型对影响室外热环境的相关景观设计因子进行模拟研究，探寻热缓冲带及不同面积草地、乔木种植区、水体对场地微气候影响，计算理想模型中各观察点的SET，并结合本研究提出的亚热带湿热地区郊野公园室外环境热舒适的SET阈值进行比照研究，尝试提出使目标场地气温低于夏季典型气象日气温及达到热舒适范围的相关景观设计因子的设计导控指标。通过以上的模拟测试与数据比照分析，可以得到以下结论：

1）热缓冲带导控指标：对于郊野公园游客活动区的理想模型而言，热缓冲带能有效降低目标区域气温，与其他设计因子组合时能使场地内观察点气温低于夏季典型气象日气温。当理想模型仅设置遮阳乔木"热缓冲带"时，其能有效推迟场地气温峰值的到来时间约2小时；各模型观察点在上午9：00 ~ 11：00的温度基本都在典型气象日之下；当遮阳乔木"热缓冲带"达到110m宽时，位于场地上风向的观察点5全白天气温均低于典型气象日。

2）"热缓冲带+草地"组合设计因子导控指标：对于理想模型而言，所有观察点在绝大部分时间点的气温都在典型气象日的温度线之下，观察点A1的气温最大可低于广州典型气象日温度最大接近2℃，可以初步推论"热缓冲带+草地"的组合方式对模拟目标区域的微气候调整具有很大的作用。当目标区域场地内绿地面积达到50%（70m×105m）及以上，同时组合110m宽乔木热缓冲带时，可使该区域内全白天气温均低于夏季典型气象日。

3）"热缓冲带+乔木"组合设计因子导控指标：对于理想模型而言，除A4观察点外，在全白天时间点的气温都在典型气象日的温度线之下，场地活动中心观察点A1的气温最大可低于广州典型气象日温度约2.5℃，可以初步推论"热缓冲带+乔木"的组合方式对模拟目标区域的微气候调整具有很大的作用。当目标区域场地内乔木种植面积达到36%（60m×90m）及以上，同时组合110m宽乔木热缓冲带时，可使该区域内所有观察点全白天气温均低于夏季典型气象日。

4）"热缓冲带+水体"组合设计因子导控指标：对于理想模型而言，观察点A1、A2、A5全白天时间点的气温都在典型气象日的温度线之下，水体中心观察点A1的气温最大可低于广州典型气象日温度接近3℃，可以初步推论"热缓冲带+水体"的组合方式对模拟目标区域的微气候调整具有很大的作用。当目标区域场地内水体面积达到36%（60m×90m）及以上，同时组合110m宽乔木热缓冲带时，目标区域内所有观察点的全白天气温均低于夏季典型气象日。

通过模拟测试还可知道，在测试的相同时间点，同样工况下，各观察点受其上风向的环境影响较为明显，因此，场地游客休憩点的选择较为重要。本部分的结论将为基于气候适应性的亚热带湿热地区郊野公园规划设计策略的提出做相关准备工作。

（4）整合提出亚热带湿热地区郊野公园气候适应性规划设计策略，并对该策略在景观实践案例中的应用进行总结反思

郊野公园规划设计的重要基本理念是"保护、修复、合理利用"。笔者结合对亚热带郊野公园室外环境热舒适指标及关键规划设计导控指标的研究，在舒适性、安全性和健康性的规划设计目标与基本原则下，提出基于亚热带湿热地区郊野公园气候适应性设计的四大策略，分别是设置热缓冲带策略、运用遮阳体系策略、改善场地通风策略、被动蒸发降温策略。研究在对相关设计策略进行阐述的基础上，结合郊野公园调研案例，具体讲述了气候适应性策略设计在郊野公园设计中的要点及运用，涵盖了从规划设计到材料构造等不同设计层面的具体处理方式。本研究提出了气候适应性设计策略的应用思路与途径——“设计方案—模拟—预判—反馈—优化”，并以佛山南海区西樵镇听音湖核心景区的“叠泉织锦”景点进行操作运用说明。同时，结合近年的相关景观设计实践案例（如广东省天鹿湖郊野公园主入口区景观设计、江门新会小鸟天堂湿地公园规划设计、佛山南海西樵听音湖核心景区景观规划设计、佛山东平新城绿色低碳生态新城建设导则等），论述了亚热带湿热地区气候适应性设计四大策略在项目中的具体运用；其中结合佛山东平生态新城景观设计导则编制，笔者提出了佛山东平生态新城景观设计控制指标，并初步提出了佛山的绿色因子评估体系 FGF（Foshan Green Factor，缩写为 FGF）。

本研究的成果可指导亚热带湿热地区郊野公园的规划设计，是对亚热带湿热地区气候适应性设计理论的重要补充，是对亚热带城市室外热环境研究的发展补充，是对模拟软件 ENVI-met 应用研究的补充。基于气候适应性的郊野公园规划设计策略是后续研究工作的核心内容，在本研究过程建立的基础数据库可为将来的后续研究奠定坚实的基础。

6.2 创新点

本研究重点关注亚热带湿热地区郊野公园景观设计的地域特色及气候适应性研究，将风景园林、建筑技术、城市规划、建筑设计等学科的理论有机结合，定性分析与定量分析相结合，实现理论研究的跨学科交叉合作与交流，为相关研究提供了一个新的视角。本研究的特色与创新之处包括以下四个方面：

（1）提出了亚热带湿热地区郊野公园室外热环境变化规律与关键设计因子

本研究通过对珠江三角洲地区郊野公园典型案例的热环境现状进行基础资料调研与现场实测（测量与问卷调查），首次系统、定量地分析了亚热带湿热地区郊野公园室外热环境的基本特征与规律；并提出了影响其室外热环境的关键景观设计因子，提出热缓冲环境为其中关键影响因子，为后续的研究提供了指引。

（2）初步确定了亚热带湿热地区郊野公园室外环境春夏秋三季热舒适阈值

在室外热舒适指标研究方面，目前国际上公认的评价和预测热舒适的标准主要是以欧美等国家的健康青年为研究对象，这些标准未必完全适用于中国人，也未必适用于亚热带湿热地区，因此亚热带室外热舒适指标的阈值界定存在较大的研究空间。本研究通过问卷调查、实地测量、数据统计分析等多种方式尝试探寻亚热带湿热地区郊野公园室外环境热舒适指标阈值。本成果对目前被普遍采用的室外热环境温度评价指标（SET）结合地域特点进行补充发展，是对室外热环境理论研究的重要补充。并且，该成果也是将建筑技术研究与景观规划设计研究有机连接的关键结合点。

（3）提出了影响郊野公园游客活动区室外热环境的重要景观设计因子“热缓冲带”及组合因子的设计导控指标

本研究以亚热带湿热地区郊野公园室外环境热舒适指标阈值为目标导向，结合 ENVI-met 软件模拟与实证研究的方式对影响郊野公园微气候的景观因子对理想模型进行模拟研究，探索基于气候适应性的亚热带郊野公园规划设计关键因子“热缓冲带”及其与草地、乔木、水体等组合因子的设计导控指标，该研究为亚热带郊野公园气候适应性规划设计策略提供了基于模拟分析的量化指标。该设计指标的提出可直接指导亚热带湿热地区郊野公园的规划设计，是对郊野公园规划设计理论的有力补充。

（4）提出及验证了亚热带湿热地区郊野公园气候适应性规划设计策略

本研究结合基于气候适应性的亚热带湿热地区郊野公园规划设计关键导控因子的研究，对亚热带湿热地区郊野公园气候适应性规划设计策略进行整合建构，首次提出了亚热带湿热地区郊野公园气候适应性设计的四大策略。同时，结合工程实践案例运用相应的气候适应性设计策略作为实证研究，提出了气候适应性设计策略的应用思路与途径——“设计方案—模拟—预判—反馈—优化”，通过模拟实验以辅助设计优化。亚热带湿热地区郊野公园气候适应性规划设计策略的提出是对郊野公园规划设计理论的有力补充，部分成果可直接指导郊野公园的规划设计，是对亚热带湿热地区气候适应性规划设计理论研究的重要补充与拓展。

6.3 研究展望

本研究的工作只是亚热带湿热地区城市微气候研究与郊野公园规划设计理论研究领域的一部分内容，并且主要是探索亚热带湿热地区郊野公园气候适应性设计策略的研究方法与思路。本研究工作仍存在需要优化之处，在今后的研究工作需要进一步完善及继续开展的相关工作有：

（1）在基础资料调研方面，限于本人的时间与精力等条件，文献资料的调研可能未必全面；同时，在现场实测研究中所调研的公园数量有限，并且实地调研的范围限于珠江三角洲区域，今后的后续研究还可对亚热带湿热气候区更多郊野公园典型案例进行调研，获得更多相关数据，并结合实地调研不断补充完善气候适应性设计策略的相关要点。同时，由于在亚热带湿热地区，全年的季节均适合郊外游憩，因此，未来后续研究中将补充对郊野公园冬季室外热环境的气候数据实测，以获得郊野公园室外环境更完整的全年微气候变化特征与规律。

（2）本研究在亚热带湿热地区郊野公园室外环境热舒适的 SET 阈值的初步研究中，取得的有效问卷调查样本数量有限，并且缺乏对郊野公园冬季室外热环境的问卷调查及冬季 SET 阈值的研究，因此提出的亚热带湿热地区郊野公园室外环境热舒适的 SET 阈值的初步结论仅对春夏秋三季的热舒适范围进行初步叠加，有待进一步的优化与调整。笔者在后来负责的亚热带建筑科学国家重点实验室自主课题项目《岭南园林气候适应性规划设计手法研究》、广东省自然科学基金项目《岭南园林典型案例热环境测定与评价研究》中，吸取经验，统一了热感觉问卷的标尺级别划分，结合现场微气候实测进行游客的热舒适问卷调查，取得冬、春、夏、秋四季的相关数据。另外，由于近年的文献中较多地采用 PET 指标对室外热舒适阈值进行研究，接下来计划从 PET 指标的角度对郊野公园的室外热舒适阈值进行分析，以便能与其他采用 PET 指标的文献进行比较研究。

（3）在基于 ENVI-met 软件的郊野公园景观设计因子对室外热环境影响的模拟研究中，仍存在需进一步优化的部分，具体包括：

1）模拟研究中所建立的郊野公园游客活动区理想模型，对影响室外热环境的相关景观设计因子（如热缓冲带、绿地、乔木及水体等）进行了抽象简化，对自然界复杂的情况无法全面反映；

同时，由于软件原因个别观察点无法与实际测量测点工况一致，因此，在模拟研究中模拟值与实测值之间会存在一定偏差，在今后的研究工作中需修正热缓冲层、树木、水体、地面类型等因子及其组合形式的计算模型。

2）模拟研究中的热缓冲层宽度的提出是基于特定的理想模型尺寸提出的，对于在实际设计中，游客活动区的场地面积及规模未必能与理想模型设定的一致，因此，后续研究将尝试从设计目标场地与热缓冲层之间的空间尺度比例关系提出基于室外环境热舒适 SET 范围的热缓冲层宽度比例控制，以使研究结论具有更广泛的应用意义。同时，限于本人时间与精力关系，本研究未能进一步对理想模型中对遮阳乔木、水体、地形及相关景观因子的多种组合方式对微气候的影响进行模拟实验，这也是在后续研究中会关注的内容。

3）在模拟软件建模中，树的模型仅采用了 10m 高的落叶树等条件的界定。不过在实际环境中，不同植物的遮阴效果不同，特别是在不同的地区，树种的差异性更加明显。在今后模拟实验中，可以进一步考虑这一点，选用比较贴合亚热带湿热地区的常用树种来建立模型。

（4）郊野公园对于城市而言，是城市绿地系统中的重要组成部分，是城市气候的“热缓冲带”，对“热缓冲带”的相关研究将来可进一步拓展至城市尺度层面。同时，笔者将结合景观设计项目的实践进一步探索气候适应性设计策略的具体运用及其实际效果，继续探寻地域特色的创作之路。

附录1

《亚热带郊野公园气候适应性设计导则》—目录部分

郊野公园规划设计的重要基本理念是“保护、修复、合理利用”。本导则尝试系统构建基于气候适应性、彰显地域特色的“亚热带郊野公园规划设计导则”。本导则由总则、选址、资源评价、分区布局、场地设计、园路交通、建筑设施、生态保育等八个部分以及附录条文说明组成。本导则已于2015年11月完成讨论稿，目录如下：

亚热带湿热地区郊野公园规划设计导则
（讨论稿）

资助项目：

中央高校基本科研业务费专项资金重点项目 No：2014ZZ0013

目　录

项目负责：方小山

编制人员：方小山、宋振宇、王凌、张颖、梁颖瑜、沈蕾、罗健萍、乔德宝、黄杰、黎英健

参与人员：课题组全体成员

编制时间：2015年11月

附录 2

春、夏、秋三季实测与模拟数值的具体对比

春季实测与模拟数值对比　　附表 2–1

时间	测点 1：树荫下，植草砖		测点 2：暴晒下，混凝土路面		测点 3：索膜下		测点 4：暴晒下，石材硬铺地		测点 5：树荫下，花池	
	实测 T	模拟 T	实测 T	模拟 T	实测 T	模拟 T	实测 T	模拟 T	实测 T	模拟 T
9：30	24.48	27.79	26.04	26.76	23.5	25.61	24.58	25.7	23.11	25.61
10：00	25.07	28.53	25.87	27.4	24.4	26.14	24.51	26.24	23.59	26.13
10：30	26.09	29.15	26.28	27.94	25.3	26.65	25.53	26.77	24.77	26.59
11：00	26.04	29.63	26.77	28.39	25.7	27.08	25.94	27.23	24.77	26.96
11：30	27.78	30.06	27.65	28.78	29.8	27.49	26.97	27.65	26.13	27.33
12：00	27.78	30.36	28.94	29.08	26.7	27.82	27.55	27.99	26.62	27.58
12：30	28.20	30.63	31.00	29.35	27.8	28.11	27.53	28.29	27.33	27.87
13：00	29.27	30.82	33.11	29.54	28.8	28.34	29.09	28.52	28.07	28.06
13：30	28.32	30.9	32.28	29.66	28.1	28.48	28.59	28.67	27.43	28.3
14：00	29.27	30.94	32.30	29.72	29.5	28.57	29.41	28.76	28.82	28.39
14：30	30.42	30.89	33.60	29.69	29	28.57	30.39	28.75	29.54	28.4
15：00	30.52	30.29	33.47	29.44	29.1	28.48	30.39	28.65	29.32	28.31
15：30	30.09	29.35	32.79	28.76	29.1	28.27	30.19	28.43	28.92	27.95
16：00	30.47	28.72	32.48	28.26	29.4	27.99	31.74	28.14	28.97	27.63
16：30	30.07	28.3	31.33	27.83	28.8	27.64	30.75	27.78	28.52	27.28
17：00	29.57	27.73	31.77	27.27	28.8	27.14	31.51	27.26	28.37	26.77
17：30	29.19	26.98	31.36	26.55	28.3	26.48	30.39	26.59	27.65	26.07
平均值	28.39	29.47	30.41	28.50	27.77	27.58	28.53	27.73	27.17	27.37

春季实测的平均气温值高低大小排序为测点 2（暴晒混凝土路面）> 测点 4（暴晒石材硬铺地）> 测点 1（树荫下植草砖）> 测点 3（索膜下）> 测点 5（树荫下花池）。

春季模拟的平均气温值高低大小排序为观察点 1（树荫下植草砖）> 观察点 2（暴晒混凝土路面）> 观察点 4（暴晒石材硬铺地）> 观察点 3（索膜下）> 观察点 5（树荫下花池）。

夏季实测与模拟数值对比　　　　附表 2–2

时间	测点 1：树荫下，植草砖		测点 2：暴晒下，混凝土路面		测点 3：索膜下		测点 4：暴晒下，石材硬铺地		测点 5：树荫下，花池	
	实测 T	模拟 T	实测 T	模拟 T	实测 T	模拟 T	实测 T	模拟 T	实测 T	模拟 T
9：30	30.24	32.49	33.99	31.73	30.67	30.99	33.68	31.13	30.09	30.63
10：00	30.62	33.05	34.05	32.22	30.85	31.44	32.36	31.61	30.14	31.01
10：30	31.56	33.53	37.26	32.66	31.97	31.9	35.32	32.09	31.28	31.38
11：00	31.26	33.92	33.34	33.04	31.46	32.32	33.11	32.53	30.90	31.7
11：30	33.81	34.25	37.87	33.37	32.54	32.69	35.96	32.92	33.16	31.99
12：00	33.78	34.52	36.53	33.66	33.16	33.02	35.00	33.27	33.42	32.24
12：30	34.05	34.77	37.23	33.92	33.34	33.33	35.45	33.58	33.55	32.52
13：00	34.62	34.97	37.15	34.13	33.99	33.58	36.20	33.84	33.78	32.71
13：30	34.47	35.09	36.66	34.27	33.97	33.76	36.12	34.02	33.73	32.93
14：00	35.08	35.2	37.15	34.41	34.31	33.91	36.50	34.16	34.23	33.15
14：30	34.92	35.21	35.96	34.43	34.12	33.94	36.17	34.2	33.76	33.19
15：00	35.13	34.82	35.29	34.29	33.73	33.92	36.20	34.17	33.11	33.21
15：30	35.99	34.57	36.23	34.08	34.52	33.79	36.25	34.03	33.78	33.06
16：00	35.56	33.62	34.97	33.39	34.20	33.53	35.61	33.77	32.95	32.68
16：30	34.70	33.26	32.79	33.03	32.51	33.22	33.24	33.45	31.82	32.39
17：00	37.23	32.84	34.26	32.58	33.31	32.8	35.80	33.02	32.69	32
17：30	35.58	32.24	34.20	31.97	33.13	32.21	35.05	32.43	32.72	31.4
平均值	34.03	33.91	35.58	33.25	33.05	32.83	35.18	33.05	32.65	32.14

夏季实测的平均气温值高低大小排序为测点 2（暴晒混凝土路面）> 测点 4（暴晒石材硬铺地）> 测点 1（树荫下植草砖）> 测点 3（索膜下）> 测点 5（树荫下花池）。

夏季模拟的平均气温值高低大小排序为观察点 1（树荫下植草砖）> 观察点 2（暴晒混凝土路面）> 观察点 4（暴晒石材硬铺地）> 观察点 3（索膜下）> 观察点 5（树荫下花池）。

秋季实测与模拟数值对比　　　　附表 2–3

时间	测点 1：树荫下，植草砖		测点 2：暴晒下，混凝土路面		测点 3：索膜下		测点 4：暴晒下，石材硬铺地		测点 5：树荫下，花池	
	实测 T	模拟 T	实测 T	模拟 T	实测 T	模拟 T	实测 T	模拟 T	实测 T	模拟 T
9：30	25.99	28.66	28.00	27.93	26.50	27.22	29.14	27.28	25.70	27.11
10：00	26.33	29.28	27.80	28.48	26.57	27.69	28.57	27.76	25.79	27.56
10：30	28.05	29.75	29.52	28.87	27.36	28.01	30.75	28.11	26.82	27.83
11：00	30.12	30.14	31.77	29.22	28.35	28.32	32.51	28.45	28.00	28.1
11：30	32.33	30.46	31.26	29.51	28.84	28.62	32.48	28.77	28.69	28.35
12：00	29.77	30.69	30.82	29.72	29.14	28.86	32.79	29.02	29.19	28.61
12：30	29.67	30.85	30.37	29.87	29.29	29.05	32.79	29.22	29.44	28.76
13：00	30.57	30.9	30.32	29.93	30.14	29.15	34.41	29.33	30.19	28.89
13：30	31.74	30.89	31.41	29.95	30.95	29.2	35.29	29.38	30.85	28.97
14：00	31.51	30.59	30.82	29.83	30.85	29.18	34.47	29.37	30.55	28.95

续表

时间	测点 1：树荫下，植草砖		测点 2：暴晒下，混凝土路面		测点 3：索膜下		测点 4：暴晒下，石材硬铺地		测点 5：树荫下，花池	
	实测 T	模拟 T	实测 T	模拟 T	实测 T	模拟 T	实测 T	模拟 T	实测 T	模拟 T
14：30	30.98	30.29	30.65	29.63	30.75	29.07	33.84	29.26	30.34	28.84
15：00	30.85	29.46	30.80	29.03	31.36	28.86	33.37	29.05	30.42	28.53
15：30	29.82	29.01	30.32	28.65	30.82	28.55	32.28	28.75	29.62	28.22
16：00	29.52	28.52	30.24	28.18	30.12	28.1	31.36	28.31	29.32	27.77
16：30	28.79	27.84	29.34	27.52	29.41	27.52	30.12	27.69	28.64	27.13
17：00	27.24	26.73	28.10	26.5	27.78	26.68	28.39	26.83	27.53	26.14
17：30	25.99	24.98	26.77	24.98	26.67	25.43	26.97	25.6	26.55	24.71
平均值	29.37	29.36	29.90	28.69	29.11	28.21	31.74	28.36	28.68	27.91

秋季实测的平均气温值高低大小排序为测点 4（暴晒石材硬铺地）> 2（暴晒混凝土路面）> 测点 1（树荫下植草砖）> 测点 3（索膜下）> 测点 5（树荫下花池）。

秋季模拟的平均气温值高低大小排序为观察点 1（树荫下植草砖）> 观察点 2（暴晒混凝土路面）> 观察点 4（暴晒石材硬铺地）> 观察点 3（索膜下）> 观察点 5（树荫下花池）。

综合春、夏、秋三季实测与模拟的不同景观因子对户外热环境不同的影响程度的对比分析，可观测出在春、夏、秋三季的模拟实验中，测点 1（树荫下植草砖）在模拟结果中最热，与实测的测点 2（暴晒混凝土路面）和测点 4（暴晒石材硬铺地）最热的情况不符。分析模拟实验里建立模型时观察点 1 中实际的情况为树荫下植草砖，而在建立植草砖的模型时树下并没有考虑到草，只是单一地考虑了树这个变量，因此，测点 1（树荫下植草砖）在模拟实验中与实际的情况不符，从而导致了模拟结果与实测结果具有一定偏差。

参考文献

［1］ 广东林业网 [N]．http://www.gdf.gov.cn/，2008-11-20.

［2］ 张骁鸣．香港郊野公园的发展与管理 [J]．规划师，2004，10.

［3］ 政府在线 [N]．http://www.szsmb.gov.cn ，2006-4-6.

［4］ 产经网 - 中华建筑报 [N]．http://www.sina.net，2007-01-04.

［5］ 龙虎新闻网 [N]．http://news.longhoo.net，2007-9-25.

［6］ 胡卫华．郊野公园管理存在的问题及对策——以深圳市为例 [J]．城市管理与科技，2009，06.

［7］ 官秀玲．香港郊野公园管理及对大陆的启示 [J]．林业经济，2007.

［8］ 陈光广州地区底层架空对教育建筑组团室外热环境影响 [D]．广州：华南理工大学，2012.

［9］ 信息时报 [N]．2014-5-25．http://informationtimes.dayoo.com/html/2014-05/25/content_2640895.htm.

［10］ 李琼．湿热地区规划设计因子对组团微气候的影响研究 [D]．广州：华南理工大学，2009.

［11］ 蔡强新．既有居住区室外环境热舒适性研究 [D]．杭州：浙江大学，2010.

［12］ 陈卓伦．绿化体系对湿热地区建筑组团室外热环境影响研究 [D]．广州：华南理工大学，2010：184.

［13］ 林楚燕．郊野公园的地域性研究 [D]．北京：北京林业大学，2006：9.

［14］ Maliphant A，Thompson W.Towards a renaissance for country parks：a brief summary of the report prepared for the Countryside Agency by the Urban Parks Forum（GreenSpace）in consultation with the Garden History Society[J]．Countryside Recreation，2003，11（2）：17，31

［15］ David Lambert. The history of the country park，1966–2005：Towards a renaissance?[J]. Landscape Research，2006，31（1）：43-62.

［16］ 刘扬．城市公园规划设计 [M]. 北京：化学工业出版社，2010.

［17］ 陈乔之．港澳大百科全书 [M]. 广州：花城出版社，1993.

［18］ CJJ/T85-2002，城市绿地分类标准 [S]．北京：中国建筑工业出版社，2002.

［19］ 高玉平，王希华．郊野公园的规划设计初探 [J]．农业科技与信息（现代园林），2007，01.

［20］ 百度百科 [G]．http://baike.baidu.com/view/93914.htm.

［21］ 世界气候分布图 [G]．互动百科．http://www.baike.com/wiki/%E6%B8%A9%E5%B8%A6%E5%AD%A3%E9%A3%8E%E6%B0%94%E5%80%99.

［22］ 周巧．适应湿热地区气候特征的病房楼设计研究 [D]．广州：华南理工大学，2006.

［23］ 张宇峰，王进勇，陈慧梅．我国湿热地区自然通风建筑热舒适与热适应现场研究 [J]. 暖通空调，2011，41（9）：91-99.

［24］ 华南理工大学主编．建筑物理 [M]. 广州：华南理工大学出版社，2002：80-81，126，133-136.

［25］ GB50178-93，建筑气候区划标准 [S]．北京：中华人民共和国建设部，1994.

［26］ 林其标．亚热带建筑——气候·环境·建筑 [M]. 广州：广东科技出版社，1997：139.

［27］ 尼古拉斯·T·丹尼斯，凯尔·D·布朗．景观设计师便携手册 [M]. 北京：中国建筑工业出版社，2002：2-6，211.

［28］ J.K.Pag． Application of building climatology to the problems of housing and building for human settlements [M]. World Meteorological Organization，1976.

［29］ [美] 凯文·林奇著，黄富厢、朱琪、吴小亚等译．总体设计 [M]. 北京：中国建筑工业出版社，1999.

[30] 平岩．寒地公共建筑形态的气候适应性设计研究 [D]．哈尔滨：哈尔滨工业大学，2007．

[31] [美]诺伯特·莱希纳著，张利等译．建筑师技术设计指南——采暖、降温、照明 [M]．北京：中国建筑工业出版社，2004：68．

[32] 中国大百科全书 [M]．光盘版．北京：中国大百科全书出版社，2000．

[33] 现代地理词典 [M]．北京：商务印书馆，1990 年：121．

[34] 王振．夏热冬冷地区基于城市微气候的街区层峡气候适应性设计策略研究 [D]．武汉：华中科技大学，2008．

[35] [英]T A 马克斯，E N 莫里斯，陈士磷译．建筑物·气候·能量 [M]．北京：中国建筑工业出版社，1990．

[36] Countryside Act 1968[S]．英国政府立法官网．1968 年 7 月 3 号颁布 http://www.legislation.gov.uk/ukpga/1968/41/introduction/enacted?view=plain．

[37] 方小山，梁颖瑜．英国郊野公园规划设计探析 [J]．中国园林，2014（11）：40-43．

[38] 张骁鸣．香港新市镇与郊野公园发展的空间关系 [J]．城市规划学刊，2005，6．

[39] 香港渔农署郊野公园科．与华南理工大学“亚热带地区郊野公园规划设计的地域性研究”课题组交流提供的内部资料 [G]．2012.11．

[40] 深圳建设网 [G]．http://www.szjs.com.cn 6．2004 年 07 月．

[41] 深圳市绿地系统规划（2004-2020）[S]．深圳：深圳市人民政府城市绿化行政管理部门、城市规划行政主管部门，2004．

[42] Cheung，LTO．Improving visitor management approaches for the changing preferences and behaviours of country park visitors in Hong Kong[J]．NATURAL RESOURCES FORUM .37（4）：231-241，2013.11．

[43] Lee,CS（Lee,CS）；Li,XD（Li,XD）；Shi,WZ（Shi,WZ）；Cheung,SC（Cheung,SC）；Thornton,I（Thornton,I）．Metal contamination in urban，suburban，and country park soils of Hong Kong：A study based on GIS and multivariate statistics[J]．SCIENCE OF THE TOTAL ENVIRONMENT（3.25）．356（1-3）：45-61．2006.3．

[44] Lin，H；Gong，JH．PHOTOGRAMMETRIC ENGINEERING AND REMOTE SENSING[J]．PHOTOGRAMMETRIC ENGINEERING AND REMOTE SENSING.68（4）：369-377．2002.4．

[45] 庄荣．香港郊野公园模式初探 [J]．广东园林，2006.2．

[46] 方小山，黎英健，黄杰．浅议香港郊野公园人文资源的特色与保护利用 [J]．南方建筑，2011.6．

[47] 李信仕，于静，张志伟，蔡文婷．基于港深郊野公园建设比较的城市郊野公园规划研究 [J]．城市发展研究，2011.12．

[48] 张锦新．深圳市马峦山郊野公园生态修复规划 [J]．风景园林，2007.5．

[49] 杨际明．深圳市塘朗山郊野公园总体规划 [J]．广东园林，2006.4．

[50] 江俊浩．成都十陵郊野公园规划设计 [J]．中国园林，2007.8．

[51] 孙卫国，张小星，徐新华．菜花席地竹荫堂——论湛江东坡荔园郊野公园复合规划模式 [J]．中国园林，2009.6．

[52] 朱祥明，孙琴．英国郊野公园的特点和设计要则 [J]．中国园林，2009.6．

[53] 徐晞，刘滨谊．美国郊野公园的游憩活动策划及基础服务设施设计 [J]．中国园林，2009.6．

[54] 彭永东，庄荣．郊野公园总体规划探讨 [J]．风景园林，2007.4．

[55] 徐树杰，孟祥彬．北京市海淀区郊野公园规划设计理论与实践的研究 [J]．江西农业学报，2011.7．

[56] Xiaoshan Fang，Zhifeng Kuang，Shifu Wang，Zhenyu Song．The design characteristics and inspiration of the Sai Kung West country park in HongKong [A]. 2011 International Conference on Multimedia Technology（ICMT）[C]．Hangzhou，China，July 26 ~ 28，2011．

[57] 丛艳国，魏立华，周素红．郊野公园对城市空间生长的作用机理研究 [J]．规划师，2005.9.

[58] 张公保．郊野公园在城市绿地系统中的作用 [J]．山西农业科学，2008.4.

[59] “中国知网”对近 20 年关于郊野公园研究文献的统计 [G]. 中国知网 CNKI，2019.5.

[60] 蔡伟．郊野公园的植物景观模式研究 [D]．上海：上海交通大学，2009.

[61] 张婷．郊野公园植物群落配置研究 [D]．上海：上海交通大学，2010.

[62] 顾亚春．南京郊野公园植物景观研究 [D]．南京：南京林业大学，2012.

[63] 申书侃．北京市八家郊野公园植物配置与游憩功能研究 [D]．北京：北京林业大学，2012.

[64] 陈广绪．基于生态安全的杭州郊野公园发展研究 [D]．杭州：浙江农林大学，2011.

[65] 杨芳．北京郊野公园空间分布特征及优化策略分析 [D]．北京：北京林业大学，2012.

[66] 李婷婷．郊野公园评价指标体系的研究 [D]．上海：上海交通大学，2010.

[67] 王恒．郊野公园景观生态规划研究 [D]．西安：长安大学，2010.

[68] 孙琴．郊野公园景观规划设计研究初探 [D]．上海：东华大学，2009.

[69] 郝美彬．山地型郊野公园景观规划设计研究 [D]．泰安：山东农业大学，2010.

[70] 胡俊勇．水体在南方郊野公园中优化设计研究 [D]．长沙：湖南大学，2009.

[71] Jennifer Spagnolo，Richard de Dear．A field study of thermal comfort in outdoor and semi-outdoor environments in subtropical Sydney Australia[J]．Building and Environment 38（2003）721-738.

[72] John E.Oliver．Climate and man’s environment an introduction to applied climatology [M]. New York：Wiley，1973：119.

[73] Chen Yu，Wong Nyuk Hien．Thermal benefits of city parks[J]．Energy and Buildings，2006，31（1）：105-120.

[74] Ca VT，Asaeda T，Abu EM．Reductions in air conditioning energy caused by a nearby park[J]. Energy and Buildings，1998，29：83-92.

[75] Bonan．Goulon B.Mieroclimates of a suburban Colorado（USA）landscape and implications for planning and design [J]．Landscand Urban planning（Amsterdam），2000.

[76] N. Al Hemiddi．Measurement of surface and air temperature over sites with different land treatments [A]. Proceeding of Passive and Low Energy Conference [C]，Spain.1991.

[77] A research center in the College of Environmental Design at the University of California，Berkeley．RESEARCH PLAN 2010-2013 REVIEW DRAFT[G]．2010.

[78] Michael Bruse，Heribert Fleer．Simulating surface-plant-air interactions inside urban environments with a three dimensional numerical model[J]. Environmental Modelling & Software，1998，13：272-284.

[79] 杨小山 . 室外微气候对建筑空调能耗影响的模拟方法研究 [D]. 广州：华南理工大学，2012：17.

[80] 茅艳．人体热舒适气候适应性研究 [D]．西安：西安建筑科技大学，2006.

[81] 曾忠忠．基于气候适应性的中国古代城市形态研究 [D]．武汉：华中科技大学，2011.

[82] 钱炜、唐鸣放 . 城市户外环境热舒适评价模型 [J]. 西安建筑科技大学学报，2001，（9）：229-232.

[83] 陆莎．基于集总参数法的室外热环境设计方法研究 [D]．广州：华南理工大学，2012.

[84] 郑洁 . 夏热冬冷地区居住小区户外空间气候适应性设计策略研究 [D]. 武汉：华中科技大学，2005.

[85] 李晓锋 . 住区微气候模拟方法研究 [D]. 北京：清华大学，2003.

[86] 林波荣 . 绿化对室外热环境影响的模拟研究 [D]. 北京：清华大学，2004.

[87] 汤国华 . 东莞可园热环境设计特色 [J]. 广东园林，1995 年：33-40.

[88] Fang Xiaoshan，Tang Liming．The Climate-adapted Landscape Design for the Hot-humid Region：Case Study on the Design of Tianluhu Forest Park Entrance Area[A]. ACEE 2011 [C]．Lushan，China，April 22 ～ 24，2011.

[89] 宋振宇，方小山 . 气候启发形式——浅谈印度现代建筑对岭南地区建筑设计的启示 [J]. 热带建筑，2004 年 6 月，2（2）：4-9.

[90] 阿尔温德·克里尚，尼克·贝克，西莫斯·扬纳斯，S·V·索科洛伊．建筑节能设计手册——气候与建筑 [M]. 北京：中国建筑工业出版社，2005.8.

[91] （英）艾弗·理查兹著，汪芳 张翼译．T·R·哈姆扎和杨经文建筑师事务所：生态摩天大楼 [M]. 北京：中国建筑工业出版社，2005.6.

[92] 沙利文（美）著，沈浮，王志姗译．庭院与气候 [M]. 北京：中国建筑工业出版社，2005.11.

[93] 林宪德．绿色建筑——生态·节能·减废·健康 [M]. 第二版 . 北京：中国建筑工业出版社，2011.11.

[94] 虞葳，洪碧婉，林婉華．绿建筑绿改善——打开绿建筑的 18 把钥匙 [M]. 台湾：内政部建研所，2012.12.

[95] 林宪德．热湿气候的绿色建筑计画——由生态建筑到地球环保 [M]. 台北：詹氏书局，1996.

[96] 董卫、王建国．可持续发展的城市与建筑设计 [M]. 东南大学出版社，1999.

[97] 柏春．城市气候设计——城市空间形态气候合理性实现的途径 [M]. 北京：中国建筑工业出版社，2009 年：146-149，153，180-193.

[98] 刘滨谊，魏冬雪．城市绿色空间热舒适评述与展望 [J]. 规划师，2017，第 3 期第 33 卷：102-107.

[99] 刘滨谊，黄莹．上海市街道风景园林冬季微气候感受分析 [J]. 城市建筑，2018 年 11 月，第 33 期，总第 302 期：53-57.

[100] 张琳，刘滨谊，林俊．城市滨水带风景园林小气候适应性设计初探 [J]. 中国城市林业，2014 年 8 月，第 12 卷，第 4 期：36-39.

[101] 董靓，焦丽，季静．成都市望江楼公园微气候舒适度体验与评价 [J]. 城市建筑，2018 年 11 月，第 33 期，总第 302 期：77-81.

[102] 陈睿智，董靓．湿热气候区风景园林微气候舒适度评价研究 [J]. 建筑科学，2013 年 8 月，第 29 卷，第 8 期：28-33.

[103] 陈睿智，董靓，马黎进．湿热气候区旅游建筑景观对微气候舒适度影响及改善研究 [J]. 建筑学报，2013（S2）：93-96.

[104] 赵晓龙，赵冬琪，卞晴，王之锴．寒地植物群落空间特征与风环境三维分布模拟研究 [J]. 城市建筑，2018 年 11 月，第 33 期，总第 302 期：58-62.

[105] 李保峰 . 夏热冬冷地区建筑表皮之可变化技术策略 [D]. 北京：清华大学，2004.

[106] 陈宏，李保峰，张卫宁 . 城市微气候调节与街区形态要素的相关性研究 [J]. 城市建筑，2015 年 11 月，第 31 期：41-43.

[107] 金虹，崔鹏，乔梁 . 严寒地区广场微气候舒适度与参与人数相关性研究 [J]. 建筑科学，2017 年 10 月，第 33 卷第 10 期：1-7.

[108] 冷红，李姝媛 . 冬季公众健康视角下寒地城市空间规划策略研究 [J]. 上海城市规划，2017 年 6 月，第 3 期：1-5.

[109] 王晶懋，刘晖，梁闯，吴小辉 . 校园绿地植被结构与温湿效应的关系 [J]. 西安建筑科技大学学报（自然科学版），2017 年 10 月，第 49 卷第 5 期：708-713.

[110] 李愉 . 应对气候的建筑设计——在重庆湿热山地条件下的研究 [D]. 重庆：重庆大学，2006.

[111] 陈宇青 . 结合气候的设计思路——生物气候建筑设计方法研究 [D]. 武汉：华中科技大学，2005.

[112] 汤国华．岭南湿热气候与传统建筑 [M]. 北京：中国建筑工业出版社，2005.6：25，101，104.

[113] 汤国华 . 岭南传统建筑适应湿热气候的经验和理论 [D]. 广州：华南理工大学，2002.

[114] 林宪德．热湿气候的绿色建筑 [M]. 台湾：詹氏书局，2003.

[115] 陶郅，宋振宇，方小山．适于亚热带地区的建筑设计——以河源职业技术学院图书馆建筑创作实践为例 [A]. 孟庆林主编．泛亚热带地区可持续建筑设计与技术：华南及香港实例 [C]．北京：中国建筑工业出版社，2006.12.

[116] 宋振宇，谢纯，林琳，方小山 . 岭南体育休闲会所设计策略探索——以广州科学城网羽中心会所为例 [J]. 南方建筑，2013.6，(3)：65-68.

[117] 宋振宇 . 适于岭南湿热气候的高校生态图书馆设计初探 [D]. 广州：华南理工大学，2006.

[118] 董玮 . 湿热气候区建筑复合表皮遮阳构件设计方法探索 [D]. 广州：华南理工大学，2010.

[119] 周峰 . 亚热带地区医院护理单元气候适应性设计研究 [D]. 广州：华南理工大学，2010.

[120] 宣怡 . 湿热地区大学校园户外空间的气候适应性研究——以厦门地区为例 [D]. 泉州：华侨大学，2012.

[121] Gagge A.P.，Stolwijk J.A.J.，Nishi Y. A standard predictive index of human respons to the thermal environment. ASHRAE Transactions[J]. 1986，92 (1)：709-731.

[122] 陈慧梅 . 湿热地区混合通风建筑环境人体热适应研究 [D]. 广州：华南理工大学，2010.

[123] Höppe P. The physiological equivalent temperature – a universal index for the biometeorological assessment of the thermal environment[J]. International Journal of Biometeorology，1999，43 (2)：71-75.

[124] 杨建坤，张旭，刘东，黄艳 . 自然通风作用下中庭建筑热环境的数值模拟 [J]. 暖通空调，2005，35 (05)：26-29.

[125] 施锜 . 城市公共空间的安全性及其设计中的安全伦理意识 [J]. 装饰，2001.

[126] Whyte，William H. he Social Life of Small Urban Spaces [J]. Washington D. C：Conversation Foundation，1980：67.

[127] 高绍凤等．应用气候学 [M]. 北京：气象出版社，2001：66.

[128] 闫海燕 . 基于地域气候的适应性热舒适研究 [D]. 西安：西安建筑科技大学，2013.

[129] 吴岩等 . 长春文化广场夏季热环境考察研究 [J]. 吉林建筑工程学院学报，1999，(6)：29-38.

[130] Xiaoshan Fang，Shuqun Chen，Yingyu Liang，Zhifeng Kuang，Zhiyuan Li．Study on Establishing the Country Park's Resources Evaluation System[A]. The 2016 International Forum on Energy，Enviroment and Sustainable Development (IFEESD)[C]. Shenzhen，China，April 16 -17，2016.

[131] 住房和城乡建设部科技发展促进中心组织编写．绿色建筑评价技术指南 [M]. 北京：中国建筑工业出版社，2010：27，31，34，36，41，167.

[132] 谢浩 . 蓄水屋面的隔热构造设计 [J]. 新型建筑材料，2002，(4) .

[133] 谢浩 . 实施墙面垂直绿化，构筑良好热工环境 [J]. 城市管理与科技．2007. (5)：199-201.

[134] 巴鲁克·吉沃尼（美）著，汪芳、阚俊杰、张书海、刘鲁译．建筑设计和城市设计中的气候因素 [M]. 北京：中国建筑工业出版社，2011：236，237.

[135] (美) B. 吉沃尼著，陈士笎译．人·气候·建筑 [M]. 北京：中国建筑工业出版社，1982：190-193.

[136] 王波，李成 . 透水性铺装与城市生态及物理环境 [J]. 工业建筑．2002.

[137] 林宪德．绿色建筑设计指南：绿建筑 84 技术 [M]. 台湾：詹氏书局，2010：11，21，35，37，43，44，59.

[138] 刘伟毅 . 夏热冬冷地区城市广场气候适应性设计策略研究 [D]. 武汉：华中科技大学，2006.

[139] [英] 阿伦·布兰克著，罗福午，黎钟译 . 园林景观构造及细部设计 [M]. 北京：中国建筑工业出版社，2002：1.

[140] 张晨，张晓天 . 外热环境下人体热感觉与环境的关系 [J]. 山西建筑，2007（20）.

[141] 林董卫，王建国 . 可持续发展的城市与建筑设计 [M]. 南京：东南大学出版社，2001.

[142] 张磊，孟庆林 . 广州地区屋顶遮阳构造尺寸对遮阳效果的影响 [J]. 建筑学报，2004：73.

[143] 李会知 . 城市建筑风环境的风洞模拟研究 [J]. 华北水利水电学院学报，1999（03）.

[144] 罗健萍 . 岭南庭园热舒适阈值探索研究 [D]. 广州：华南理工大学，2016.

后记（致谢）

本书缘于我对气候适应性设计的浓厚兴趣和长期关注，也是我博士论文的延续与深化。在本书撰写过程中，我得到诸多帮助，在此衷心感谢我的老师、朋友、同学、学生和亲人们一直以来所给予的鼓励和协助！

特别感谢我的博士导师孟庆林教授对我论文研究方向的肯定与支持，鼓励我大胆尝试，给予我悉心指导，令我潜心于科学探索与发现之中。孟老师深厚的学术造诣、敏锐的科学洞察力、严谨的治学态度、忘我的工作精神是我学习的楷模和努力的方向。

同时，衷心感谢中国科学院院士、亚热带建筑科学国家重点实验室首届主任吴硕贤教授的无私帮助与大力支持！吴院士在百忙之中仍每日创作诗词，日积月累，从未间断。这种持之以恒、滴水穿石的精神是我辈学习的榜样！

衷心感谢我的硕士导师、亚热带建筑科学国家重点实验室主任肖大威教授一直以来的帮助与支持！他对学生循循善诱的教诲使我受益终生。

特别感谢在20多年前引领我跨入建筑学之门的周家柱先生，周老先生画艺精湛、教学认真、待人热情、关爱学生。每次回想周老先生，心中充满了温暖与感激。

衷心感谢华南理工大学建筑学院的蔡伟明、汤黎明、王世福等老师的帮助，为本研究提供了难得的案例实践平台与机会。感谢一同参与项目实践的所有设计人员与学生们，与你们一起工作的时光让人难忘！衷心感谢华南理工大学建筑节能中心的赵立华教授、张宇峰教授、张磊副研究员、李琼研究员、任鹏副研究员等各位老师的鼓励与帮助。你们的帮助使我获益匪浅！感谢华南理工大学袁晓梅教授、赵越喆教授、陆琦教授、吴桂宁教授、鲍戈平副教授、谢纯副教授以及其他同事们的支持与帮助！特别感谢学姐张华，以及许自力、张颖、郭祥、王凌、刘虹等好友的帮助与鼓励！衷心感谢国内外共同关注小气候研究的许多前辈专家、学长好友们的鼓励与厚爱！

衷心感谢亚热带郊野公园课题组的成员陪同我一起完成了众多典型案例的实地调研及数据资料整理工作。他们是华南农业大学的王凌老师、郑明轩老师；华南理工大学建筑学院的学生梁颖瑜、罗健萍、王杰、黎英健、徐靖、梁昊飞、陈梦君、麦路茵、黎志远、邝志峰、马熙捷、周少旋、林楚杰；华南农业大学的学生唐小清、徐志强、曾思婷、林哲丽、黄顺龙、黄戈晗。感谢我的学生协助我完成大量的实测与模拟数据分析工作，他们是梁颖瑜、沈蕾、邓晚、罗健萍、乔德宝、刘之欣、陈淑群、李桐、陈伟智、秦雅楠、郭健男、胡静文与王平清。感谢他们对本研究提供的协助与辛勤付出！华桂园年轻学子们的活力与热情，增添了我前进的动力！

衷心感谢在论文调研过程中给予我无私帮助的相关管理部门及其负责人员，包括香港渔农自然护理署、各郊野公园管理处、深圳市公园管理中心、西樵山风景名胜区管理委员会资源保护局等等，恕不逐一罗列。还有大量不知名的相关工作人员及被访游客。他们的支持与配合使得调研工作得以顺利进行，在此一并致谢。

特别感谢为了本书顺利出版而付出辛勤工作的中国建筑工业出版社的程素荣主任、孙硕编辑及其同事们。

最后，特别感谢我的家人！特别感激养育我成长的父亲方展武先生和母亲赖文华女士。父母勤勉自强、与人为善的身体力行的教导让我受益终生！感谢我的丈夫宋振宇和儿子承骏所给予我的有力支持，让我能腾出时间在工作之余进行本书的撰写工作。他们给我的生活带来无限的欢乐！感谢我的妹妹小岗、可仪，使我在人生成长的道路上感受到浓浓的姐妹之情！感谢众多未能一一点名致谢的亲友们这些年来对我的关心与帮助！